目录
contents

U0162219

向量

方程组

向量

(一)向量的线性表示

1.线性表示的定义

对于 n 维向量组 $\boldsymbol{\alpha}_1, \boldsymbol{\alpha}_2, \cdots, \boldsymbol{\alpha}_m$ 和向量 $\boldsymbol{\beta}$,如果存在一组数 $k_1, k_2, \cdots, k_m$,使 $\boldsymbol{\beta} = k_1 \boldsymbol{\alpha}_1 + k_2 \boldsymbol{\alpha}_2 + \cdots + k_m \boldsymbol{\alpha}_m$,则称向量 $\boldsymbol{\beta}$ 可由向量组 $\boldsymbol{\alpha}_1, \boldsymbol{\alpha}_2, \cdots, \boldsymbol{\alpha}_m$ 线性表示.

2.线性表示的判定

$\boldsymbol{\beta}$ 能(不能)由 $\boldsymbol{\alpha}_1, \boldsymbol{\alpha}_2, \cdots, \boldsymbol{\alpha}_m$ 线性表示

⇔ 存在(不存在)$k_1, k_2, \cdots, k_m$,使得 $k_1 \boldsymbol{\alpha}_1 + k_2 \boldsymbol{\alpha}_2 + \cdots + k_m \boldsymbol{\alpha}_m = \boldsymbol{\beta}$ 成立

⇔ 方程组 $(\boldsymbol{\alpha}_1, \boldsymbol{\alpha}_2, \cdots, \boldsymbol{\alpha}_m) \begin{bmatrix} x_1 \\ x_2 \\ \vdots \\ x_m \end{bmatrix} = \boldsymbol{\beta}$ 有(无)解

⇔ $R(\boldsymbol{\alpha}_1, \boldsymbol{\alpha}_2, \cdots, \boldsymbol{\alpha}_m) = (\neq) R(\boldsymbol{\alpha}_1, \boldsymbol{\alpha}_2, \cdots, \boldsymbol{\alpha}_m, \boldsymbol{\beta})$.

(二)向量组的线性相关性

1.向量组线性相关性的定义

(1)对于 n 维向量组 $\boldsymbol{\alpha}_1, \boldsymbol{\alpha}_2, \cdots, \boldsymbol{\alpha}_m$,如果存在 m 个不全为零的数 $k_1, k_2, \cdots, k_m$,使得 $k_1 \boldsymbol{\alpha}_1 + k_2 \boldsymbol{\alpha}_2 + \cdots + k_m \boldsymbol{\alpha}_m = \boldsymbol{0}$ 成立,则称 $\boldsymbol{\alpha}_1, \boldsymbol{\alpha}_2, \cdots, \boldsymbol{\alpha}_m$ 线性相关.

(2)对于 n 维向量组 $\boldsymbol{\alpha}_1, \boldsymbol{\alpha}_2, \cdots, \boldsymbol{\alpha}_m$,当且仅当 $k_1, k_2, \cdots, k_m$ 全为零时,才有 $k_1 \boldsymbol{\alpha}_1 + k_2 \boldsymbol{\alpha}_2 + \cdots + k_m \boldsymbol{\alpha}_m = \boldsymbol{0}$ 成立,则称 $\boldsymbol{\alpha}_1, \boldsymbol{\alpha}_2, \cdots, \boldsymbol{\alpha}_m$ 线性无关.

2.向量组线性相关性的判定

n 维向量组 $\boldsymbol{\alpha}_1, \boldsymbol{\alpha}_2, \cdots, \boldsymbol{\alpha}_m$ 线性相关(无关)

⇔ 存在(不存在)一组不全为零的数 $k_1, k_2, \cdots, k_m$,使得 $k_1 \boldsymbol{\alpha}_1 + k_2 \boldsymbol{\alpha}_2 + \cdots + k_m \boldsymbol{\alpha}_m = \boldsymbol{0}$ 成立

⇔ 方程组 $(\boldsymbol{\alpha}_1, \boldsymbol{\alpha}_2, \cdots, \boldsymbol{\alpha}_m) \begin{bmatrix} x_1 \\ x_2 \\ \vdots \\ x_m \end{bmatrix} = \boldsymbol{0}$ 有非零解(只有零解)

⇔ $R(\boldsymbol{\alpha}_1, \boldsymbol{\alpha}_2, \cdots, \boldsymbol{\alpha}_m) < (=) m$.

3.向量组的性质

(1) 设 $\boldsymbol{\alpha}_1, \boldsymbol{\alpha}_2, \cdots, \boldsymbol{\alpha}_m$ 为 n 维向量组,则

1)$m > n$ 时,$\boldsymbol{\alpha}_1, \boldsymbol{\alpha}_2, \cdots, \boldsymbol{\alpha}_m$ 线性相关.

2)$m = n$ 时,$|\boldsymbol{\alpha}_1, \boldsymbol{\alpha}_2, \cdots, \boldsymbol{\alpha}_m| = 0 \Leftrightarrow \boldsymbol{\alpha}_1, \boldsymbol{\alpha}_2, \cdots, \boldsymbol{\alpha}_n$ 线性相关.

$\qquad \qquad |\boldsymbol{\alpha}_1, \boldsymbol{\alpha}_2, \cdots, \boldsymbol{\alpha}_m| \neq 0 \Leftrightarrow \boldsymbol{\alpha}_1, \boldsymbol{\alpha}_2, \cdots, \boldsymbol{\alpha}_n$ 线性无关.

(2) 如果向量组 $\boldsymbol{\alpha}_1, \boldsymbol{\alpha}_2, \cdots, \boldsymbol{\alpha}_m$ 中有一部分向量线性相关,则整个向量组也线性相关.

(3) 设 $\boldsymbol{\alpha}_1, \boldsymbol{\alpha}_2, \cdots, \boldsymbol{\alpha}_m$ 是 s 维向量,$\boldsymbol{\beta}_1, \boldsymbol{\beta}_2, \cdots, \boldsymbol{\beta}_m$ 是 t 维向量,令

$$\boldsymbol{\gamma}_1 = \begin{pmatrix} \boldsymbol{\alpha}_1 \\ \boldsymbol{\beta}_1 \end{pmatrix}, \boldsymbol{\gamma}_2 = \begin{pmatrix} \boldsymbol{\alpha}_2 \\ \boldsymbol{\beta}_2 \end{pmatrix}, \cdots, \boldsymbol{\gamma}_m = \begin{pmatrix} \boldsymbol{\alpha}_m \\ \boldsymbol{\beta}_m \end{pmatrix},$$

其中 $\boldsymbol{\gamma}_1, \boldsymbol{\gamma}_2, \cdots, \boldsymbol{\gamma}_m$ 是 $s+t$ 维向量.若 $\boldsymbol{\alpha}_1, \boldsymbol{\alpha}_2, \cdots, \boldsymbol{\alpha}_m$ 线性无关,则 $\boldsymbol{\gamma}_1, \boldsymbol{\gamma}_2, \cdots, \boldsymbol{\gamma}_m$ 线性无关.

(4) 向量组 $\boldsymbol{\alpha}_1, \boldsymbol{\alpha}_2, \cdots, \boldsymbol{\alpha}_m (m \geqslant 2)$ 线性相关的充要条件是 $\boldsymbol{\alpha}_1, \boldsymbol{\alpha}_2, \cdots, \boldsymbol{\alpha}_m$ 中至少有一个向量可由其余 $m-1$ 个向量线性表示.

(5) 若向量组 $\boldsymbol{\alpha}_1, \boldsymbol{\alpha}_2, \cdots, \boldsymbol{\alpha}_m$ 线性无关,而 $\boldsymbol{\beta}, \boldsymbol{\alpha}_1, \boldsymbol{\alpha}_2, \cdots, \boldsymbol{\alpha}_m$ 线性相关,则 $\boldsymbol{\beta}$ 可由 $\boldsymbol{\alpha}_1, \boldsymbol{\alpha}_2, \cdots, \boldsymbol{\alpha}_m$ 线性表示,且表示法唯一.

(6) n 个 n 维向量 $\boldsymbol{\alpha}_1, \boldsymbol{\alpha}_2, \cdots, \boldsymbol{\alpha}_n$ 线性无关,则任一 n 维向量 $\boldsymbol{\alpha}$ 可由 $\boldsymbol{\alpha}_1, \boldsymbol{\alpha}_2, \cdots, \boldsymbol{\alpha}_n$ 线性表示,且表示法唯一.

(三) 向量组等价

1.向量组的线性表示

设 n 维向量组(Ⅰ)$\boldsymbol{\beta}_1, \boldsymbol{\beta}_2, \cdots, \boldsymbol{\beta}_t$ 与 n 维向量组(Ⅱ)$\boldsymbol{\alpha}_1, \boldsymbol{\alpha}_2, \cdots, \boldsymbol{\alpha}_s$.

若 n 维向量组(Ⅰ)中每一个向量 $\boldsymbol{\beta}_i (i = 1, 2, \cdots, t)$ 可由向量组(Ⅱ)线性表示,则称向量组(Ⅰ)可由向量组(Ⅱ)线性表示.

2.向量组等价

若向量组(Ⅰ)可由向量组(Ⅱ)线性表示,且向量组(Ⅱ)可由向量组(Ⅰ)线性表示,则称向量组(Ⅰ)和(Ⅱ)是等价的.

3.向量组线性表示的性质

(1) 若向量组 $\boldsymbol{\beta}_1, \boldsymbol{\beta}_2, \cdots, \boldsymbol{\beta}_t$ 可由向量组 $\boldsymbol{\alpha}_1, \boldsymbol{\alpha}_2, \cdots, \boldsymbol{\alpha}_s$ 线性表示,则

$$R(\boldsymbol{\beta}_1, \boldsymbol{\beta}_2, \cdots, \boldsymbol{\beta}_t) \leqslant R(\boldsymbol{\alpha}_1, \boldsymbol{\alpha}_2, \cdots, \boldsymbol{\alpha}_s).$$

(2) 若向量组 $\boldsymbol{\beta}_1, \boldsymbol{\beta}_2, \cdots, \boldsymbol{\beta}_t$ 可由向量组 $\boldsymbol{\alpha}_1, \boldsymbol{\alpha}_2, \cdots, \boldsymbol{\alpha}_s$ 线性表示,且 $t > s$,则 $\boldsymbol{\beta}_1, \boldsymbol{\beta}_2, \cdots, \boldsymbol{\beta}_t$ 线性相关.

(3) 若向量组 $\boldsymbol{\beta}_1, \boldsymbol{\beta}_2, \cdots, \boldsymbol{\beta}_t$ 可由向量组 $\boldsymbol{\alpha}_1, \boldsymbol{\alpha}_2, \cdots, \boldsymbol{\alpha}_s$ 线性表示,且 $\boldsymbol{\beta}_1, \boldsymbol{\beta}_2, \cdots, \boldsymbol{\beta}_t$ 线性无关,则 $t \leqslant s$.

(四) 向量组的极大线性无关组和向量组的秩

1.定义

设向量组 $\boldsymbol{\alpha}_1, \boldsymbol{\alpha}_2, \cdots, \boldsymbol{\alpha}_s$ 的部分向量 $\boldsymbol{\alpha}_{i_1}, \boldsymbol{\alpha}_{i_2}, \cdots, \boldsymbol{\alpha}_{i_r}$ 满足条件:

(1)$\boldsymbol{\alpha}_{i_1}, \boldsymbol{\alpha}_{i_2}, \cdots, \boldsymbol{\alpha}_{i_r}$ 线性无关;

(2)$\boldsymbol{\alpha}_1, \boldsymbol{\alpha}_2, \cdots, \boldsymbol{\alpha}_s$ 中的任一向量均可由它们线性表示,

则称向量组 $\boldsymbol{\alpha}_{i_1},\boldsymbol{\alpha}_{i_2},\cdots,\boldsymbol{\alpha}_{i_r}$ 为向量组 $\boldsymbol{\alpha}_1,\boldsymbol{\alpha}_2,\cdots,\boldsymbol{\alpha}_s$ 的一个极大线性无关组.

向量组的极大线性无关组所含向量的个数称为向量组的秩,记为 $R(\boldsymbol{\alpha}_1,\boldsymbol{\alpha}_2,\cdots,\boldsymbol{\alpha}_s)=r$.

2.求法

对矩阵 $\boldsymbol{A}=(\boldsymbol{\alpha}_1,\boldsymbol{\alpha}_2,\cdots,\boldsymbol{\alpha}_n)$ 作初等行变换化为 $\boldsymbol{B}$,则 $\boldsymbol{A}$ 与 $\boldsymbol{B}$ 的任何对应的列向量组有相同的线性相关性,即 $\boldsymbol{A}=(\boldsymbol{\alpha}_1,\boldsymbol{\alpha}_2,\cdots,\boldsymbol{\alpha}_n)\xrightarrow{\text{初等行变换}}(\boldsymbol{\beta}_1,\boldsymbol{\beta}_2,\cdots,\boldsymbol{\beta}_n)=\boldsymbol{B}$,从而列向量组 $\boldsymbol{\alpha}_{i_1},\boldsymbol{\alpha}_{i_2},\cdots,\boldsymbol{\alpha}_{i_r}$ 与 $\boldsymbol{\beta}_{i_1},\boldsymbol{\beta}_{i_2},\cdots,\boldsymbol{\beta}_{i_r}(1\leqslant i_1<i_2<\cdots<i_r\leqslant n)$ 有相同的线性相关性.

【注】这个可以简记为:初等行变换不改变列向量组的线性关系.

【证明】设矩阵 $\boldsymbol{A}$ 为 $m\times n$ 矩阵,$\boldsymbol{A}=(\boldsymbol{\alpha}_1,\boldsymbol{\alpha}_2,\cdots,\boldsymbol{\alpha}_s)$,$\boldsymbol{x}=(x_1,x_2,\cdots,x_s)^{\mathrm{T}}$,

若 $\boldsymbol{A}\boldsymbol{x}=\boldsymbol{0}$,则

$$x_1\boldsymbol{\alpha}_1+x_2\boldsymbol{\alpha}_2+\cdots+x_n\boldsymbol{\alpha}_n=\boldsymbol{0}.$$

记 $\boldsymbol{B}=(\boldsymbol{\beta}_1,\boldsymbol{\beta}_2,\cdots,\boldsymbol{\beta}_n)$,由 $\boldsymbol{A}$ 经初等行变换化为 $\boldsymbol{B}$,则 $\boldsymbol{A}\boldsymbol{x}=\boldsymbol{0}$ 与 $\boldsymbol{B}\boldsymbol{x}=\boldsymbol{0}$ 同解,即

$$x_1\boldsymbol{\beta}_1+x_2\boldsymbol{\beta}_2+\cdots+x_n\boldsymbol{\beta}_n=\boldsymbol{0},$$

则初等行变换不改变列向量组间的线性关系.

线索

利用初等行变换判别列向量组线性相关与线性无关;利用初等行变换说明列向量组的线性关系.

(五) 向量空间

1.向量的内积

(1) 内积:设有 n 维向量 $\boldsymbol{\alpha}=(x_1,x_2,\cdots,x_n)^{\mathrm{T}}$,$\boldsymbol{\beta}=(y_1,y_2,\cdots,y_n)^{\mathrm{T}}$,则称 $(\boldsymbol{\alpha},\boldsymbol{\beta})=\boldsymbol{\alpha}^{\mathrm{T}}\boldsymbol{\beta}=\boldsymbol{\beta}^{\mathrm{T}}\boldsymbol{\alpha}=x_1y_1+x_2y_2+\cdots+x_ny_n$ 为向量 $\boldsymbol{\alpha}$ 与 $\boldsymbol{\beta}$ 的内积.

(2) 模、长度:向量 $\boldsymbol{\alpha}$ 的长度 $\|\boldsymbol{\alpha}\|=\sqrt{(\boldsymbol{\alpha},\boldsymbol{\alpha})}$.

(3) 正交:当 $(\boldsymbol{\alpha},\boldsymbol{\beta})=0$ 时,称向量 $\boldsymbol{\alpha}$ 与 $\boldsymbol{\beta}$ 正交.

(4) 正交矩阵:若 n 阶矩阵 $\boldsymbol{A}$ 满足 $\boldsymbol{A}\boldsymbol{A}^{\mathrm{T}}=\boldsymbol{A}^{\mathrm{T}}\boldsymbol{A}=\boldsymbol{E}$,则称 $\boldsymbol{A}$ 为 n 阶正交矩阵.

2.施密特正交法

设 $\boldsymbol{\alpha}_1,\boldsymbol{\alpha}_2,\cdots,\boldsymbol{\alpha}_r$ 是一组线性无关的向量,可用下述方法把 $\boldsymbol{\alpha}_1,\boldsymbol{\alpha}_2,\cdots,\boldsymbol{\alpha}_r$ 标准正交化.令

$$\boldsymbol{\beta}_1=\boldsymbol{\alpha}_1,$$

$$\boldsymbol{\beta}_2=\boldsymbol{\alpha}_2-\frac{(\boldsymbol{\beta}_1,\boldsymbol{\alpha}_2)}{(\boldsymbol{\beta}_1,\boldsymbol{\beta}_1)}\boldsymbol{\beta}_1,$$

$$\cdots,$$

$$\boldsymbol{\beta}_r=\boldsymbol{\alpha}_r-\frac{(\boldsymbol{\beta}_1,\boldsymbol{\alpha}_r)}{(\boldsymbol{\beta}_1,\boldsymbol{\beta}_1)}\boldsymbol{\beta}_1-\frac{(\boldsymbol{\beta}_2,\boldsymbol{\alpha}_r)}{(\boldsymbol{\beta}_2,\boldsymbol{\beta}_2)}\boldsymbol{\beta}_2-\cdots-\frac{(\boldsymbol{\beta}_{r-1},\boldsymbol{\alpha}_r)}{(\boldsymbol{\beta}_{r-1},\boldsymbol{\beta}_{r-1})}\boldsymbol{\beta}_{r-1},$$

则 $\boldsymbol{\beta}_1,\boldsymbol{\beta}_2,\cdots,\boldsymbol{\beta}_r$ 两两正交.

3.向量空间的基本概念(数一要求)

(1) 向量空间:设 V 是 n 维向量的集合,如果 V 非空,且对于向量的加法和数乘两种运算封闭,即 V 中两个向量之和及数乘 V 中向量所得到的向量仍属于 V,则称 V 为向量空间.

（2）基：V 的极大无关组.

（3）维数：基包含向量的个数.

（4）坐标：设 $\boldsymbol{\alpha}_1, \boldsymbol{\alpha}_2, \cdots, \boldsymbol{\alpha}_n$ 是 n 维向量空间 V 的一个基，对任一元素 $\boldsymbol{\alpha} \in V$，总有且仅有一组数 $x_1, x_2, \cdots, x_n$，使 $\boldsymbol{\alpha} = x_1 \boldsymbol{\alpha}_1 + x_2 \boldsymbol{\alpha}_2 + \cdots + x_n \boldsymbol{\alpha}_n, x_1, x_2, \cdots, x_n$ 称为 $\boldsymbol{\alpha}$ 在基 $\boldsymbol{\alpha}_1, \boldsymbol{\alpha}_2, \cdots, \boldsymbol{\alpha}_n$ 下的坐标.

（5）基变换与过渡矩阵

基变换公式：设 $\boldsymbol{\alpha}_1, \boldsymbol{\alpha}_2, \cdots, \boldsymbol{\alpha}_n$ 与 $\boldsymbol{\beta}_1, \boldsymbol{\beta}_2, \cdots, \boldsymbol{\beta}_n$ 都是 n 维向量空间 V 的基，且

$$
\begin{cases}
\boldsymbol{\beta}_1 = a_{11} \boldsymbol{\alpha}_1 + a_{21} \boldsymbol{\alpha}_2 + \cdots + a_{n1} \boldsymbol{\alpha}_n, \\
\boldsymbol{\beta}_2 = a_{12} \boldsymbol{\alpha}_1 + a_{22} \boldsymbol{\alpha}_2 + \cdots + a_{n2} \boldsymbol{\alpha}_n, \\
\qquad\qquad\qquad \cdots \\
\boldsymbol{\beta}_n = a_{1n} \boldsymbol{\alpha}_1 + a_{2n} \boldsymbol{\alpha}_2 + \cdots + a_{nn} \boldsymbol{\alpha}_n,
\end{cases}
$$

即 $(\boldsymbol{\beta}_1, \boldsymbol{\beta}_2, \cdots, \boldsymbol{\beta}_n) = (\boldsymbol{\alpha}_1, \boldsymbol{\alpha}_2, \cdots, \boldsymbol{\alpha}_n) \begin{pmatrix} a_{11} & a_{12} & \cdots & a_{1n} \\ a_{21} & a_{22} & \cdots & a_{2n} \\ \vdots & \vdots & & \vdots \\ a_{n1} & a_{n2} & \cdots & a_{nn} \end{pmatrix} = (\boldsymbol{\alpha}_1, \boldsymbol{\alpha}_2, \cdots, \boldsymbol{\alpha}_n) \boldsymbol{C}$，称 $\boldsymbol{C}$ 为基 $\boldsymbol{\alpha}_1$,

$\boldsymbol{\alpha}_2, \cdots, \boldsymbol{\alpha}_n$ 到基 $\boldsymbol{\beta}_1, \boldsymbol{\beta}_2, \cdots, \boldsymbol{\beta}_n$ 的过渡矩阵.

坐标变换公式：设 $\boldsymbol{\alpha} \in V, \boldsymbol{\alpha}$ 在基 $\boldsymbol{\alpha}_1, \boldsymbol{\alpha}_2, \cdots, \boldsymbol{\alpha}_n$ 下的坐标为 $x_1, x_2, \cdots, x_n$，在基 $\boldsymbol{\beta}_1, \boldsymbol{\beta}_2, \cdots, \boldsymbol{\beta}_n$ 下的坐标为 $y_1, y_2, \cdots, y_n$，且

$$
(\boldsymbol{\beta}_1, \boldsymbol{\beta}_2, \cdots, \boldsymbol{\beta}_n) = (\boldsymbol{\alpha}_1, \boldsymbol{\alpha}_2, \cdots, \boldsymbol{\alpha}_n) \boldsymbol{C},
$$

其中 $\boldsymbol{C}$ 是从基 $\boldsymbol{\alpha}_1, \boldsymbol{\alpha}_2, \cdots, \boldsymbol{\alpha}_n$ 到基 $\boldsymbol{\beta}_1, \boldsymbol{\beta}_2, \cdots, \boldsymbol{\beta}_n$ 的过渡矩阵，则

$$
\begin{pmatrix} x_1 \\ x_2 \\ \vdots \\ x_n \end{pmatrix} = \boldsymbol{C} \begin{pmatrix} y_1 \\ y_2 \\ \vdots \\ y_n \end{pmatrix} \text{ 或 } \begin{pmatrix} y_1 \\ y_2 \\ \vdots \\ y_n \end{pmatrix} = \boldsymbol{C}^{-1} \begin{pmatrix} x_1 \\ x_2 \\ \vdots \\ x_n \end{pmatrix}.
$$

（6）规范正交基

设 $\boldsymbol{\alpha}_1, \boldsymbol{\alpha}_2, \cdots, \boldsymbol{\alpha}_n$，若 $(\boldsymbol{\alpha}_i, \boldsymbol{\alpha}_j) = \begin{cases} 1, & i = j, \\ 0, & i \neq j, \end{cases} i, j = 1, 2, \cdots n$，则称 $\boldsymbol{\alpha}_1, \boldsymbol{\alpha}_2, \cdots, \boldsymbol{\alpha}_n$ 是一组标准正交基（规范正交基）.

进阶专项题

题型1 向量组的秩

一阶溯源

例1 设 $\boldsymbol{\alpha}_1 = (1, 1, 2, 2, 1)^{\mathrm{T}}, \boldsymbol{\alpha}_2 = (0, 2, 1, 5, -1)^{\mathrm{T}}, \boldsymbol{\alpha}_3 = (2, 0, 3, -1, 3)^{\mathrm{T}}, \boldsymbol{\alpha}_4 =$

$(1,1,0,4,-1)^{\mathrm{T}}$,则 $R(\boldsymbol{\alpha}_1,\boldsymbol{\alpha}_2,\boldsymbol{\alpha}_3,\boldsymbol{\alpha}_4)=$ _____.

【答案】3

> **线索**
>
> 求列向量的秩直接转换为矩阵的秩;矩阵的秩等于对应行向量的秩,等于对应列向量的秩.

【解析】$R(\boldsymbol{\alpha}_1,\boldsymbol{\alpha}_2,\boldsymbol{\alpha}_3,\boldsymbol{\alpha}_4)=R\begin{bmatrix} 1 & 0 & 2 & 1 \\ 1 & 2 & 0 & 1 \\ 2 & 1 & 3 & 0 \\ 2 & 5 & -1 & 4 \\ 1 & -1 & 3 & -1 \end{bmatrix}$

$\xrightarrow{\text{初等行变换}} R\begin{bmatrix} 1 & 0 & 2 & 1 \\ 0 & 1 & -1 & 0 \\ 0 & 0 & 0 & 1 \\ 0 & 0 & 0 & 0 \\ 0 & 0 & 0 & 0 \end{bmatrix}=3.$

例2 已知 $\boldsymbol{\alpha}=(1,0,-1,2)^{\mathrm{T}},\boldsymbol{\beta}=(0,1,0,2)^{\mathrm{T}}$,矩阵 $\boldsymbol{A}=\boldsymbol{\alpha\beta}^{\mathrm{T}}$,则 $R(\boldsymbol{A})=$ _____.

【答案】1

> **线索**
>
> (1) 可以求出矩阵 $\boldsymbol{A}$ 再求秩;(2) 利用矩阵秩的放缩;(3) 利用 $R(\boldsymbol{A})=1 \Leftrightarrow \boldsymbol{A}=\boldsymbol{\alpha\beta}^{\mathrm{T}}$($\boldsymbol{\alpha}$,$\boldsymbol{\beta}$ 均为非零列向量)的结论.

【解析】$\boldsymbol{A} \neq \boldsymbol{O} \Rightarrow R(\boldsymbol{A}) \geqslant 1, R(\boldsymbol{A})=R(\boldsymbol{\alpha\beta}^{\mathrm{T}}) \leqslant R(\boldsymbol{\alpha})=1 \Rightarrow R(\boldsymbol{A})=1.$

例3 已知 $\boldsymbol{\alpha}_1=(1,2,3,4)^{\mathrm{T}},\boldsymbol{\alpha}_2=(2,3,4,5)^{\mathrm{T}},\boldsymbol{\alpha}_3=(3,4,5,6)^{\mathrm{T}},\boldsymbol{\alpha}_4=(4,5,6,t)^{\mathrm{T}}$,且 $R(\boldsymbol{\alpha}_1,\boldsymbol{\alpha}_2,\boldsymbol{\alpha}_3,\boldsymbol{\alpha}_4)=2$,则 $t=$ _____.

【答案】7

> **线索**
>
> 利用向量组的秩反求参数:个数与维数相同的向量组的秩,可借助矩阵的秩求解.

【解析】$R(\boldsymbol{\alpha}_1,\boldsymbol{\alpha}_2,\boldsymbol{\alpha}_3,\boldsymbol{\alpha}_4)=2<4 \Rightarrow$ 任意一个含 t 的 3 阶行列式等于 $0 \Rightarrow t=7.$

二阶提炼

例4 设向量组

$$\boldsymbol{\alpha}_1=\begin{pmatrix} a \\ 3 \\ 1 \end{pmatrix}, \boldsymbol{\alpha}_2=\begin{pmatrix} 2 \\ b \\ 3 \end{pmatrix}, \boldsymbol{\alpha}_3=\begin{pmatrix} 1 \\ 2 \\ 1 \end{pmatrix}, \boldsymbol{\alpha}_4=\begin{pmatrix} 2 \\ 3 \\ 1 \end{pmatrix}$$

的秩为 2,求 $a=$ _____,$b=$ _____.

【答案】2,5

【解析】对含参数 a 和 b 的矩阵 $(\boldsymbol{\alpha}_3,\boldsymbol{\alpha}_4,\boldsymbol{\alpha}_1,\boldsymbol{\alpha}_2)$ 作初等行变换，求其行阶梯形．

$$(\boldsymbol{\alpha}_3,\boldsymbol{\alpha}_4,\boldsymbol{\alpha}_1,\boldsymbol{\alpha}_2)=\begin{pmatrix}1 & 2 & a & 2\\ 2 & 3 & 3 & b\\ 1 & 1 & 1 & 3\end{pmatrix}\rightarrow\begin{pmatrix}1 & 2 & a & 2\\ 0 & -1 & 3-2a & b-4\\ 0 & -1 & 1-a & 1\end{pmatrix}\rightarrow\begin{pmatrix}1 & 2 & a & 2\\ 0 & -1 & 3-2a & b-4\\ 0 & 0 & a-2 & 5-b\end{pmatrix},$$

由 $R(\boldsymbol{\alpha}_1,\boldsymbol{\alpha}_2,\boldsymbol{\alpha}_3,\boldsymbol{\alpha}_4)=2$，得 $a=2,b=5$．

小结

将向量组的秩转化成矩阵秩的运算，把含参数的列放在不含参数的列的后面，通常可以简化计算．

例5 设 $\begin{cases}\boldsymbol{\alpha}_1=\boldsymbol{\beta}_2+\boldsymbol{\beta}_3+\cdots+\boldsymbol{\beta}_n,\\ \boldsymbol{\alpha}_2=\boldsymbol{\beta}_1+\boldsymbol{\beta}_3+\cdots+\boldsymbol{\beta}_n,\\ \quad\cdots\\ \boldsymbol{\alpha}_n=\boldsymbol{\beta}_1+\boldsymbol{\beta}_2+\cdots+\boldsymbol{\beta}_{n-1},\end{cases}$ 证明：向量组 $\boldsymbol{\alpha}_1,\boldsymbol{\alpha}_2,\cdots,\boldsymbol{\alpha}_n$ 与向量组 $\boldsymbol{\beta}_1,\boldsymbol{\beta}_2,\cdots,\boldsymbol{\beta}_n$

的秩相等．

【证明】记 $\boldsymbol{A}=(\boldsymbol{\alpha}_1,\boldsymbol{\alpha}_2,\cdots,\boldsymbol{\alpha}_n),\boldsymbol{B}=(\boldsymbol{\beta}_1,\boldsymbol{\beta}_2,\cdots,\boldsymbol{\beta}_n)$，由题意得

$$\boldsymbol{A}=\boldsymbol{B}\begin{pmatrix}0 & 1 & 1 & \cdots & 1\\ 1 & 0 & 1 & \cdots & 1\\ 1 & 1 & 0 & \cdots & 1\\ \vdots & \vdots & \vdots & & \vdots\\ 1 & 1 & 1 & \cdots & 0\end{pmatrix}=\boldsymbol{BC},$$

又 $|\boldsymbol{C}|=(-1)^{n-1}(n-1)\neq 0$，知 $\boldsymbol{C}$ 可逆，故 $R(\boldsymbol{A})=R(\boldsymbol{B})$，向量组 $\boldsymbol{\alpha}_1,\boldsymbol{\alpha}_2,\cdots,\boldsymbol{\alpha}_n$ 与向量组 $\boldsymbol{\beta}_1,\boldsymbol{\beta}_2,\cdots,\boldsymbol{\beta}_n$ 秩相等．

小结

抽象向量组的秩通常转化为对应矩阵的秩，利用矩阵秩的关系说明向量组秩的关系．事实上此题中两向量组是等价的，请自行证明．

例6 设 $\boldsymbol{\alpha}_1,\boldsymbol{\alpha}_2,\boldsymbol{\alpha}_3,\boldsymbol{\alpha}_4$ 均为非零向量，若 $R(\boldsymbol{\alpha}_1,\boldsymbol{\alpha}_2,\boldsymbol{\alpha}_3,\boldsymbol{\alpha}_4)=2,R(\boldsymbol{\alpha}_2,\boldsymbol{\alpha}_3,\boldsymbol{\alpha}_4)=1$，则 $R(\boldsymbol{\alpha}_1,\boldsymbol{\alpha}_2)=$ _____．

【答案】2

【解析】由 $\boldsymbol{\alpha}_1,\boldsymbol{\alpha}_2,\boldsymbol{\alpha}_3,\boldsymbol{\alpha}_4$ 均为非零向量，知 $R(\boldsymbol{\alpha}_1,\boldsymbol{\alpha}_2)\geqslant 1$．

又 $R(\boldsymbol{\alpha}_1,\boldsymbol{\alpha}_2,\boldsymbol{\alpha}_3,\boldsymbol{\alpha}_4)=2,R(\boldsymbol{\alpha}_2,\boldsymbol{\alpha}_3,\boldsymbol{\alpha}_4)=1$，则 $\boldsymbol{\alpha}_1$ 不可由 $\boldsymbol{\alpha}_2,\boldsymbol{\alpha}_3,\boldsymbol{\alpha}_4$ 线性表出，则 $\boldsymbol{\alpha}_1$ 不可由 $\boldsymbol{\alpha}_2$ 线性表出，故 $R(\boldsymbol{\alpha}_1,\boldsymbol{\alpha}_2)=2$．

小结

向量组的秩即为对应矩阵的秩，同时熟练掌握秩与线性关系的相互转化．

🔖**三阶突破**

例7 设 3 维列向量组 $\boldsymbol{\alpha}_1,\boldsymbol{\alpha}_2,\boldsymbol{\alpha}_3$ 线性无关,$\boldsymbol{\beta}_1=\boldsymbol{\alpha}_1+\boldsymbol{\alpha}_2-\boldsymbol{\alpha}_3,\boldsymbol{\beta}_2=3\boldsymbol{\alpha}_1-\boldsymbol{\alpha}_2,\boldsymbol{\beta}_3=4\boldsymbol{\alpha}_1-\boldsymbol{\alpha}_3,\boldsymbol{\beta}_4=2\boldsymbol{\alpha}_1-2\boldsymbol{\alpha}_2+\boldsymbol{\alpha}_3$,则向量组 $\boldsymbol{\beta}_1,\boldsymbol{\beta}_2,\boldsymbol{\beta}_3,\boldsymbol{\beta}_4$ 的秩为_____.

【答案】2

线索

当向量组 $\boldsymbol{\alpha}_1,\boldsymbol{\alpha}_2,\boldsymbol{\alpha}_3$ 线性无关时,判断由其构成的向量组的秩一般通过矩阵分解来说明.

【解析】由题意知$(\boldsymbol{\beta}_1,\boldsymbol{\beta}_2,\boldsymbol{\beta}_3,\boldsymbol{\beta}_4)=(\boldsymbol{\alpha}_1,\boldsymbol{\alpha}_2,\boldsymbol{\alpha}_3)\begin{pmatrix}1&3&4&2\\1&-1&0&-2\\-1&0&-1&1\end{pmatrix}$,又 $\boldsymbol{\alpha}_1,\boldsymbol{\alpha}_2,\boldsymbol{\alpha}_3$ 列满秩,故

$$R(\boldsymbol{\beta}_1,\boldsymbol{\beta}_2,\boldsymbol{\beta}_3,\boldsymbol{\beta}_4)=R\begin{pmatrix}1&3&4&2\\1&-1&0&-2\\-1&0&-1&1\end{pmatrix}=R\begin{pmatrix}1&3&4&2\\0&-4&-4&-4\\0&3&3&3\end{pmatrix}=2.$$

小结

(1) 若 $\boldsymbol{C}=\boldsymbol{AB}$,$\boldsymbol{A}$ 可逆或列满秩,则 $R(\boldsymbol{C})=R(\boldsymbol{B})$;

(2) 若 $\boldsymbol{C}=\boldsymbol{AB}$,$\boldsymbol{B}$ 可逆或行满秩,则 $R(\boldsymbol{C})=R(\boldsymbol{A})$;

(3) 若 $\boldsymbol{C}=\boldsymbol{AB}$,则 $R(\boldsymbol{C})\leqslant \min\{R(\boldsymbol{A}),R(\boldsymbol{B})\}$.

例8 已知 $\boldsymbol{\alpha}$ 是 n 维列向量,且 $\boldsymbol{\alpha}^{\mathrm{T}}\boldsymbol{\alpha}=1$,若 $\boldsymbol{A}=\boldsymbol{E}-\boldsymbol{\alpha}\boldsymbol{\alpha}^{\mathrm{T}}$,

(1) 证明:$R(\boldsymbol{A})<n$;(2) 求 $R(\boldsymbol{A})$.

线索

$\boldsymbol{\alpha}$ 是 n 维列向量,由 $\boldsymbol{\alpha}\boldsymbol{\alpha}^{\mathrm{T}}$ 构成的矩阵,通常构造 $(\boldsymbol{\alpha}\boldsymbol{\alpha}^{\mathrm{T}})^2=\boldsymbol{\alpha}\boldsymbol{\alpha}^{\mathrm{T}}\boldsymbol{\alpha}\boldsymbol{\alpha}^{\mathrm{T}}=\boldsymbol{\alpha}(\boldsymbol{\alpha}^{\mathrm{T}}\boldsymbol{\alpha})\boldsymbol{\alpha}^{\mathrm{T}}$ 来解决.

【证明】(1) 由 $\boldsymbol{\alpha}^{\mathrm{T}}\boldsymbol{\alpha}=1,\boldsymbol{A}=\boldsymbol{E}-\boldsymbol{\alpha}\boldsymbol{\alpha}^{\mathrm{T}}$ 得 $\boldsymbol{E}-\boldsymbol{A}=\boldsymbol{\alpha}\boldsymbol{\alpha}^{\mathrm{T}}$,则

$$(\boldsymbol{E}-\boldsymbol{A})^2=\boldsymbol{\alpha}\boldsymbol{\alpha}^{\mathrm{T}}\boldsymbol{\alpha}\boldsymbol{\alpha}^{\mathrm{T}}=\boldsymbol{\alpha}\boldsymbol{\alpha}^{\mathrm{T}}=\boldsymbol{E}-\boldsymbol{A}\Rightarrow \boldsymbol{A}^2=\boldsymbol{A}.$$

方法一: 若 $R(\boldsymbol{A})=n\Rightarrow \boldsymbol{A}$ 可逆 $\Rightarrow \boldsymbol{A}^{-1}\boldsymbol{A}^2=\boldsymbol{A}^{-1}\boldsymbol{A}\Rightarrow \boldsymbol{A}=\boldsymbol{E}$,与题意矛盾,故 $R(\boldsymbol{A})<n$.

方法二: $\boldsymbol{A}^2=\boldsymbol{A}\Rightarrow \boldsymbol{A}(\boldsymbol{A}-\boldsymbol{E})=\boldsymbol{O}\Rightarrow R(\boldsymbol{A})+R(\boldsymbol{A}-\boldsymbol{E})\leqslant n$.

又 $\boldsymbol{A}-\boldsymbol{E}\neq \boldsymbol{O}\Rightarrow R(\boldsymbol{A}-\boldsymbol{E})\geqslant 1\Rightarrow R(\boldsymbol{A})<n$.

方法三: $\boldsymbol{A}^2=\boldsymbol{A}\Rightarrow \boldsymbol{A}(\boldsymbol{A}-\boldsymbol{E})=\boldsymbol{O},\boldsymbol{A}-\boldsymbol{E}\neq \boldsymbol{O}\Rightarrow \boldsymbol{A}\boldsymbol{x}=\boldsymbol{0}$ 有非零解,故 $R(\boldsymbol{A})<n$.

方法四: 由 $\boldsymbol{A}^2=\boldsymbol{A}\Rightarrow \lambda^2=\lambda\Rightarrow \lambda=0$ 或 $\lambda=1$,且

$$\boldsymbol{A}(\boldsymbol{A}-\boldsymbol{E})=\boldsymbol{O}\Rightarrow \begin{cases}R(\boldsymbol{A})+R(\boldsymbol{A}-\boldsymbol{E})\leqslant n,\\ R(\boldsymbol{A})+R(\boldsymbol{A}-\boldsymbol{E})\geqslant R[\boldsymbol{A}-(\boldsymbol{A}-\boldsymbol{E})]=R(\boldsymbol{E})=n,\end{cases}$$

则 $R(\boldsymbol{A})+R(\boldsymbol{A}-\boldsymbol{E})=n$.若 0 不是 $\boldsymbol{A}$ 的特征值,则 $R(\boldsymbol{A})=n\Rightarrow R(\boldsymbol{A}-\boldsymbol{E})=0\Rightarrow \boldsymbol{A}=\boldsymbol{E}$,与题意矛盾,故 0 为 $\boldsymbol{A}$ 的特征值,故 $R(\boldsymbol{A})<n$.

(2)$R(\boldsymbol{A})+R(\boldsymbol{A}-\boldsymbol{E})=n$,又 $R(\boldsymbol{A}-\boldsymbol{E})=R(\boldsymbol{E}-\boldsymbol{A})=R(\boldsymbol{\alpha}\boldsymbol{\alpha}^{\mathrm{T}})=R(\boldsymbol{\alpha})=1$,

故 $R(\boldsymbol{A})=n-1$.

> **小结**
>
> 已知 n 阶矩阵 A，证明 $R(A) < n$ 的常用方法：
>
> (1) $|A|$；(2) 反证法；(3) 利用秩的关系；(4) 证 A 的行相关或列相关；(5) $Ax = 0$ 有非零解；(6) A 有零特征值.

题型2 向量的线性表出

一阶溯源

例1 设 A 是 n 阶矩阵，且 $|A| = 0$，则 A 中（　　）.

(A) 必有一列元素全为 0　　　　　(B) 必有一列向量是其余列向量的线性组合

(C) 必有两列元素对应成比例　　　(D) 任意列向量是其余列向量的线性组合

【答案】(B)

> **线索**
>
> 方阵行列式为零与其对应行列的线性关系.

【解析】**方法一（直接法）**：对于方阵 A，因为 $|A| = 0 \Leftrightarrow R(A) < n \Leftrightarrow A$ 的列向量组的秩小于 n，所以 A 的列向量组必然线性相关，再由向量组线性相关的充分必要条件可知，其中至少有一个向量可由其余向量线性表示，则 (B) 项正确，显然 (D) 项不正确，(A)、(C) 两项仅是 $|A| = 0$ 的充分条件而不必要条件，故均不正确.

故选 (B).

方法二（排除法）：若取 $A = \begin{pmatrix} 1 & 0 & -1 \\ -1 & 1 & 0 \\ 0 & -1 & 1 \end{pmatrix}$，可排除 (A)、(C) 两项；若取 $A = \begin{pmatrix} 1 & 0 & 0 \\ -1 & 1 & 0 \\ 0 & -1 & 0 \end{pmatrix}$，可排除 (D) 项.

故选 (B).

例2 当 $k = $ _____ 时，向量 $\boldsymbol{\beta} = (1, k, 5)^{\mathrm{T}}$ 能由向量 $\boldsymbol{\alpha}_1 = (1, -3, 2)^{\mathrm{T}}$，$\boldsymbol{\alpha}_2 = (2, -1, 1)^{\mathrm{T}}$ 线性表示.

【答案】-8

> **线索**
>
> $\boldsymbol{\beta}$ 可由 $\boldsymbol{\alpha}_1, \boldsymbol{\alpha}_2$ 线性表出的充要条件为 $R(\boldsymbol{\alpha}_1, \boldsymbol{\alpha}_2) = R(\boldsymbol{\alpha}_1, \boldsymbol{\alpha}_2, \boldsymbol{\beta})$.

【解析】由 $(\boldsymbol{\alpha}_1, \boldsymbol{\alpha}_2, \boldsymbol{\beta}) = \begin{pmatrix} 1 & 2 & 1 \\ -3 & -1 & k \\ 2 & 1 & 5 \end{pmatrix} \rightarrow \begin{pmatrix} 1 & 2 & 1 \\ 0 & 5 & k+3 \\ 0 & -3 & 3 \end{pmatrix} \rightarrow \begin{pmatrix} 1 & 2 & 1 \\ 0 & 1 & -1 \\ 0 & 5 & k+3 \end{pmatrix}$

$\rightarrow \begin{pmatrix} 1 & 2 & 1 \\ 0 & 1 & -1 \\ 0 & 0 & k+8 \end{pmatrix}$，

知 $k = -8$.

二阶提炼

例3 设有 3 维向量 $\boldsymbol{\alpha}_1 = (k,1,1)^T, \boldsymbol{\alpha}_2 = (1,k,1)^T, \boldsymbol{\alpha}_3 = (1,1,2)^T, \boldsymbol{\beta} = (1,k,k^2)^T$，讨论 $\boldsymbol{\beta}$ 由 $\boldsymbol{\alpha}_1, \boldsymbol{\alpha}_2, \boldsymbol{\alpha}_3$ 线性表示的情况.

【解】$|\boldsymbol{\alpha}_1, \boldsymbol{\alpha}_2, \boldsymbol{\alpha}_3| = \begin{vmatrix} k & 1 & 1 \\ 1 & k & 1 \\ 1 & 1 & 2 \end{vmatrix} = \begin{vmatrix} k-1 & 1-k & 0 \\ 1 & k & 1 \\ 1 & 1 & 2 \end{vmatrix}$

$$= (k-1) \begin{vmatrix} 1 & -1 & 0 \\ 1 & k & 1 \\ 1 & 1 & 2 \end{vmatrix} = (k-1) \begin{vmatrix} 1 & 0 & 0 \\ 1 & k+1 & 1 \\ 1 & 2 & 2 \end{vmatrix}$$

$$= 2k(k-1).$$

(1) 当 $k \neq 0$ 且 $k \neq 1$ 时，$3 = R(\boldsymbol{\alpha}_1, \boldsymbol{\alpha}_2, \boldsymbol{\alpha}_3) \leqslant R(\boldsymbol{\alpha}_1, \boldsymbol{\alpha}_2, \boldsymbol{\alpha}_3, \boldsymbol{\beta}) \leqslant 3$，则
$R(\boldsymbol{\alpha}_1, \boldsymbol{\alpha}_2, \boldsymbol{\alpha}_3) = R(\boldsymbol{\alpha}_1, \boldsymbol{\alpha}_2, \boldsymbol{\alpha}_3, \boldsymbol{\beta}) = 3$，知 $\boldsymbol{\beta}$ 可由 $\boldsymbol{\alpha}_1, \boldsymbol{\alpha}_2, \boldsymbol{\alpha}_3$ 唯一地线性表示.

(2) 当 $k = 0$ 时，$(\boldsymbol{\alpha}_1, \boldsymbol{\alpha}_2, \boldsymbol{\alpha}_3, \boldsymbol{\beta}) = \begin{pmatrix} 0 & 1 & 1 & 1 \\ 1 & 0 & 1 & 0 \\ 1 & 1 & 2 & 0 \end{pmatrix} \rightarrow \begin{pmatrix} 1 & 0 & 1 & 0 \\ 0 & 1 & 1 & 1 \\ 0 & 1 & 1 & 0 \end{pmatrix} \rightarrow \begin{pmatrix} 1 & 0 & 1 & 0 \\ 0 & 1 & 1 & 0 \\ 0 & 0 & 0 & 1 \end{pmatrix}$,

则 $R(\boldsymbol{\alpha}_1, \boldsymbol{\alpha}_2, \boldsymbol{\alpha}_3) = 2 \neq R(\boldsymbol{\alpha}_1, \boldsymbol{\alpha}_2, \boldsymbol{\alpha}_3, \boldsymbol{\beta}) = 3$，知 $\boldsymbol{\beta}$ 不可由 $\boldsymbol{\alpha}_1, \boldsymbol{\alpha}_2, \boldsymbol{\alpha}_3$ 线性表示.

(3) 当 $k = 1$ 时，$(\boldsymbol{\alpha}_1, \boldsymbol{\alpha}_2, \boldsymbol{\alpha}_3, \boldsymbol{\beta}) = \begin{pmatrix} 1 & 1 & 1 & 1 \\ 1 & 1 & 1 & 1 \\ 1 & 1 & 2 & 1 \end{pmatrix} \rightarrow \begin{pmatrix} 1 & 1 & 1 & 1 \\ 0 & 0 & 1 & 0 \\ 0 & 0 & 0 & 0 \end{pmatrix} \rightarrow \begin{pmatrix} 1 & 1 & 0 & 1 \\ 0 & 0 & 1 & 0 \\ 0 & 0 & 0 & 0 \end{pmatrix}$,

则 $R(\boldsymbol{\alpha}_1, \boldsymbol{\alpha}_2, \boldsymbol{\alpha}_3) = R(\boldsymbol{\alpha}_1, \boldsymbol{\alpha}_2, \boldsymbol{\alpha}_3, \boldsymbol{\beta}) = 2 < 3$，知 $\boldsymbol{\beta}$ 可由 $\boldsymbol{\alpha}_1, \boldsymbol{\alpha}_2, \boldsymbol{\alpha}_3$ 线性表示，但表示不唯一.
设 $x_1 \boldsymbol{\alpha}_1 + x_2 \boldsymbol{\alpha}_2 + x_3 \boldsymbol{\alpha}_3 = \boldsymbol{\beta}$，则
$$\begin{cases} x_1 = -x_2 + 1, \\ x_2 = x_2 + 0, \end{cases}$$

令 $x_2 = k$，k 为任意常数，则
$$\boldsymbol{\beta} = (1-k)\boldsymbol{\alpha}_1 + k\boldsymbol{\alpha}_2.$$

小结

考查向量由向量组线性表示的条件，当向量组的个数与维数相同时，利用对应行列式的结果讨论参数的情况.

例4 $\boldsymbol{\alpha}_1 = (1+\lambda,1,1)^T, \boldsymbol{\alpha}_2 = (1,1+\lambda,1)^T, \boldsymbol{\alpha}_3 = (1,1,1+\lambda)^T, \boldsymbol{\beta} = (0,\lambda,\lambda^2)^T$，当 λ 取什么值时：(1) 向量 $\boldsymbol{\beta}$ 不能由 $\boldsymbol{\alpha}_1, \boldsymbol{\alpha}_2, \boldsymbol{\alpha}_3$ 线性表出?
(2) 向量 $\boldsymbol{\beta}$ 能由 $\boldsymbol{\alpha}_1, \boldsymbol{\alpha}_2, \boldsymbol{\alpha}_3$ 线性表出，并写出此表达式.

【解】$(\boldsymbol{\alpha}_1, \boldsymbol{\alpha}_2, \boldsymbol{\alpha}_3, \boldsymbol{\beta}) = \begin{pmatrix} 1+\lambda & 1 & 1 & 0 \\ 1 & 1+\lambda & 1 & \lambda \\ 1 & 1 & 1+\lambda & \lambda^2 \end{pmatrix} \rightarrow \begin{pmatrix} 1+\lambda & 1 & 1 & 0 \\ -\lambda & \lambda & 0 & \lambda \\ -\lambda & 0 & \lambda & \lambda^2 \end{pmatrix}$.

(1) 当 $\lambda \neq 0$ 时，由 $(\boldsymbol{\alpha}_1, \boldsymbol{\alpha}_2, \boldsymbol{\alpha}_3, \boldsymbol{\beta}) \rightarrow \begin{pmatrix} 1+\lambda & 1 & 1 & 0 \\ -1 & 1 & 0 & 1 \\ -1 & 0 & 1 & \lambda \end{pmatrix} \rightarrow \begin{pmatrix} 3+\lambda & 0 & 0 & -1-\lambda \\ -1 & 1 & 0 & 1 \\ -1 & 0 & 1 & \lambda \end{pmatrix}$,

得 $\lambda = -3$ 时，$R(\boldsymbol{\alpha}_1, \boldsymbol{\alpha}_2, \boldsymbol{\alpha}_3) = 2 \neq R(\boldsymbol{\alpha}_1, \boldsymbol{\alpha}_2, \boldsymbol{\alpha}_3, \boldsymbol{\beta}) = 3$，此时向量 $\boldsymbol{\beta}$ 不能由 $\boldsymbol{\alpha}_1, \boldsymbol{\alpha}_2, \boldsymbol{\alpha}_3$ 线性表出.

(2) 当 $\lambda \neq 0, \lambda \neq -3$ 时，

由 $(\boldsymbol{\alpha}_1, \boldsymbol{\alpha}_2, \boldsymbol{\alpha}_3, \boldsymbol{\beta}) \rightarrow \begin{pmatrix} 3+\lambda & 0 & 0 & \vdots & -1-\lambda \\ -1 & 1 & 0 & \vdots & 1 \\ -1 & 0 & 1 & \vdots & \lambda \end{pmatrix} \rightarrow \begin{pmatrix} 1 & 0 & 0 & \vdots & \dfrac{-1-\lambda}{3+\lambda} \\ -1 & 1 & 0 & \vdots & 1 \\ -1 & 0 & 1 & \vdots & \lambda \end{pmatrix}$

$\rightarrow \begin{pmatrix} 1 & 0 & 0 & \vdots & \dfrac{-1-\lambda}{3+\lambda} \\ 0 & 1 & 0 & \vdots & \dfrac{2}{3+\lambda} \\ 0 & 0 & 1 & \vdots & \dfrac{\lambda^2+2\lambda-1}{3+\lambda} \end{pmatrix}$,

得 $R(\boldsymbol{\alpha}_1, \boldsymbol{\alpha}_2, \boldsymbol{\alpha}_3) = R(\boldsymbol{\alpha}_1, \boldsymbol{\alpha}_2, \boldsymbol{\alpha}_3, \boldsymbol{\beta}) = 3$，此时表示法唯一，且

$$\boldsymbol{\beta} = \left(\frac{-1-\lambda}{3+\lambda} \right) \boldsymbol{\alpha}_1 + \left(\frac{2}{3+\lambda} \right) \boldsymbol{\alpha}_2 + \left(\frac{\lambda^2+2\lambda-1}{3+\lambda} \right) \boldsymbol{\alpha}_3.$$

(3) 当 $\lambda = 0$ 时，由 $(\boldsymbol{\alpha}_1, \boldsymbol{\alpha}_2, \boldsymbol{\alpha}_3 \vdots \boldsymbol{\beta}) \rightarrow \begin{pmatrix} 1 & 1 & 1 & \vdots & 0 \\ 0 & 0 & 0 & \vdots & 0 \\ 0 & 0 & 0 & \vdots & 0 \\ 0 & 0 & 0 & \vdots & 0 \end{pmatrix}$,

得 $R(\boldsymbol{\alpha}_1, \boldsymbol{\alpha}_2, \boldsymbol{\alpha}_3) = R(\boldsymbol{\alpha}_1, \boldsymbol{\alpha}_2, \boldsymbol{\alpha}_3, \boldsymbol{\beta}) = 1$，此时表示法有无穷多种，且

$$\boldsymbol{\beta} = (-k_1 - k_2)\boldsymbol{\alpha}_1 + k_1\boldsymbol{\alpha}_2 + k_2\boldsymbol{\alpha}_3, k_1, k_2 \in \mathbf{R}.$$

小结

一个向量能否由一个向量组线性表出的问题可以转化成一个非齐次方程组是否有解的问题.

例5 已知 $\boldsymbol{\alpha}_1 = (2,3,3)^{\mathrm{T}}, \boldsymbol{\alpha}_2 = (1,0,3)^{\mathrm{T}}, \boldsymbol{\alpha}_3 = (3,5,a+2)^{\mathrm{T}}, \boldsymbol{\beta}_1 = (4,-3,15)^{\mathrm{T}}, \boldsymbol{\beta}_2 = (-2,-5,a)^{\mathrm{T}}$，若 $\boldsymbol{\beta}_1$ 可由 $\boldsymbol{\alpha}_1, \boldsymbol{\alpha}_2, \boldsymbol{\alpha}_3$ 线性表出，$\boldsymbol{\beta}_2$ 不能由 $\boldsymbol{\alpha}_1, \boldsymbol{\alpha}_2, \boldsymbol{\alpha}_3$ 线性表出，则 $a = $ _____.

【答案】2

【解析】$(\boldsymbol{\alpha}_1, \boldsymbol{\alpha}_2, \boldsymbol{\alpha}_3, \boldsymbol{\beta}_1, \boldsymbol{\beta}_2) = \begin{pmatrix} 2 & 1 & 3 & 4 & -2 \\ 3 & 0 & 5 & -3 & -5 \\ 3 & 3 & a+2 & 15 & a \end{pmatrix} \rightarrow \begin{pmatrix} -1 & 1 & -2 & 7 & 3 \\ 3 & 0 & 5 & -3 & -5 \\ 3 & 3 & a+2 & 15 & a \end{pmatrix}$

$\rightarrow \begin{pmatrix} -1 & 1 & -2 & 7 & 3 \\ 0 & 3 & -1 & 18 & 4 \\ 0 & 6 & a-4 & 36 & a+9 \end{pmatrix} \rightarrow \begin{pmatrix} -1 & 1 & -2 & 7 & 3 \\ 0 & 3 & -1 & 18 & 4 \\ 0 & 0 & a-2 & 0 & a+1 \end{pmatrix}$,

则 $(\boldsymbol{\alpha}_1,\boldsymbol{\alpha}_2,\boldsymbol{\alpha}_3,\boldsymbol{\beta}_1)\rightarrow\begin{pmatrix}-1 & 1 & -2 & 7\\ 0 & 3 & -1 & 18\\ 0 & 0 & a-2 & 0\end{pmatrix}$,

不论 a 取何值,均有 $R(\boldsymbol{\alpha}_1,\boldsymbol{\alpha}_2,\boldsymbol{\alpha}_3)=R(\boldsymbol{\alpha}_1,\boldsymbol{\alpha}_2,\boldsymbol{\alpha}_3,\boldsymbol{\beta}_1)$,故 $\boldsymbol{\beta}_1$ 可由 $\boldsymbol{\alpha}_1,\boldsymbol{\alpha}_2,\boldsymbol{\alpha}_3$ 线性表出.

又 $(\boldsymbol{\alpha}_1,\boldsymbol{\alpha}_2,\boldsymbol{\alpha}_3,\boldsymbol{\beta}_2)\rightarrow\begin{pmatrix}-1 & 1 & -2 & 3\\ 0 & 3 & -1 & 4\\ 0 & 0 & a-2 & a+1\end{pmatrix}$,$\boldsymbol{\beta}_2$ 不可由 $\boldsymbol{\alpha}_1,\boldsymbol{\alpha}_2,\boldsymbol{\alpha}_3$ 线性表出,则 $R(\boldsymbol{\alpha}_1,\boldsymbol{\alpha}_2,\boldsymbol{\alpha}_3)\neq R(\boldsymbol{\alpha}_1,\boldsymbol{\alpha}_2,\boldsymbol{\alpha}_3,\boldsymbol{\beta}_2)$,故 $a=2$.

小结

(1)$\boldsymbol{\beta}_1$ 可由 $\boldsymbol{\alpha}_1,\boldsymbol{\alpha}_2,\boldsymbol{\alpha}_3$ 线性表出则 $R(\boldsymbol{\alpha}_1,\boldsymbol{\alpha}_2,\boldsymbol{\alpha}_3)=R(\boldsymbol{\alpha}_1,\boldsymbol{\alpha}_2,\boldsymbol{\alpha}_3,\boldsymbol{\beta}_1)$;

(2)$\boldsymbol{\beta}_2$ 不可由 $\boldsymbol{\alpha}_1,\boldsymbol{\alpha}_2,\boldsymbol{\alpha}_3$ 线性表出则 $R(\boldsymbol{\alpha}_1,\boldsymbol{\alpha}_2,\boldsymbol{\alpha}_3)\neq R(\boldsymbol{\alpha}_1,\boldsymbol{\alpha}_2,\boldsymbol{\alpha}_3,\boldsymbol{\beta}_2)$.

例6 已知 $R(\boldsymbol{\alpha}_1,\boldsymbol{\alpha}_2,\boldsymbol{\alpha}_3)=2,R(\boldsymbol{\alpha}_2,\boldsymbol{\alpha}_3,\boldsymbol{\alpha}_4)=3$,

证明:(1)$\boldsymbol{\alpha}_1$ 能由 $\boldsymbol{\alpha}_2,\boldsymbol{\alpha}_3$ 线性表示;(2)$\boldsymbol{\alpha}_4$ 不能由 $\boldsymbol{\alpha}_1,\boldsymbol{\alpha}_2,\boldsymbol{\alpha}_3$ 线性表示.

【证明】(1) 由 $R(\boldsymbol{\alpha}_2,\boldsymbol{\alpha}_3,\boldsymbol{\alpha}_4)=3$ 知 $\boldsymbol{\alpha}_2,\boldsymbol{\alpha}_3,\boldsymbol{\alpha}_4$ 线性无关,

故 $\boldsymbol{\alpha}_2,\boldsymbol{\alpha}_3$ 线性无关,即 $R(\boldsymbol{\alpha}_2,\boldsymbol{\alpha}_3)=2$.

由 $R(\boldsymbol{\alpha}_2,\boldsymbol{\alpha}_3)=2=R(\boldsymbol{\alpha}_1,\boldsymbol{\alpha}_2,\boldsymbol{\alpha}_3)$ 知 $\boldsymbol{\alpha}_1$ 能由 $\boldsymbol{\alpha}_2,\boldsymbol{\alpha}_3$ 唯一地线性表示.

(2)若 $\boldsymbol{\alpha}_4$ 可由 $\boldsymbol{\alpha}_1,\boldsymbol{\alpha}_2,\boldsymbol{\alpha}_3$ 线性表示,则

$$2=R(\boldsymbol{\alpha}_1,\boldsymbol{\alpha}_2,\boldsymbol{\alpha}_3)=R(\boldsymbol{\alpha}_1,\boldsymbol{\alpha}_2,\boldsymbol{\alpha}_3,\boldsymbol{\alpha}_4)\geqslant R(\boldsymbol{\alpha}_2,\boldsymbol{\alpha}_3,\boldsymbol{\alpha}_4)=3$$

矛盾,故 $\boldsymbol{\alpha}_4$ 不能由 $\boldsymbol{\alpha}_1,\boldsymbol{\alpha}_2,\boldsymbol{\alpha}_3$ 线性表示.

小结

掌握向量组的秩与向量组线性相关或无关的转化;掌握向量由向量组线性表示的条件.

例7 已知线性方程组 $\begin{cases}a_1x_1+a_2x_2+a_3x_3+a_4x_4=a_5,\\ b_1x_1+b_2x_2+b_3x_3+b_4x_4=b_5,\\ c_1x_1+c_2x_2+c_3x_3+c_4x_4=c_5,\\ d_1x_1+d_2x_2+d_3x_3+d_4x_4=d_5\end{cases}$ 的通解是 $(2,1,0,3)^{\mathrm{T}}+k$

$(1,-1,2,0)^{\mathrm{T}}$,若令 $\boldsymbol{\alpha}_i=(a_i,b_i,c_i,d_i)^{\mathrm{T}}$,$i=1,2,3,4,5$.试问:

(1)$\boldsymbol{\alpha}_1$ 能否由 $\boldsymbol{\alpha}_2,\boldsymbol{\alpha}_3,\boldsymbol{\alpha}_4$ 线性表出?并说明理由;

(2)$\boldsymbol{\alpha}_4$ 能否由 $\boldsymbol{\alpha}_1,\boldsymbol{\alpha}_2,\boldsymbol{\alpha}_3$ 线性表出?并说明理由.

【解】(1)由于非齐次方程组的通解是 $(2,1,0,3)^{\mathrm{T}}+k(1,-1,2,0)^{\mathrm{T}}$,可得 $k(1,-1,2,0)^{\mathrm{T}}$

是对应的齐次方程组 $\boldsymbol{Ax}=\boldsymbol{0}$ 的通解,则 $(\boldsymbol{\alpha}_1,\boldsymbol{\alpha}_2,\boldsymbol{\alpha}_3,\boldsymbol{\alpha}_4)\begin{pmatrix}1\\-1\\2\\0\end{pmatrix}=\boldsymbol{0}$,即

$$\boldsymbol{\alpha}_1-\boldsymbol{\alpha}_2+2\boldsymbol{\alpha}_3=\boldsymbol{0}\Rightarrow\boldsymbol{\alpha}_1=\boldsymbol{\alpha}_2-2\boldsymbol{\alpha}_3+0\boldsymbol{\alpha}_4,$$

因此 $\boldsymbol{\alpha}_1$ 能由 $\boldsymbol{\alpha}_2,\boldsymbol{\alpha}_3,\boldsymbol{\alpha}_4$ 线性表出且 $R(\boldsymbol{\alpha}_1,\boldsymbol{\alpha}_2,\boldsymbol{\alpha}_3)<3$.

（2）由于 $\boldsymbol{Ax}=\boldsymbol{0}$ 的基础解系仅一个向量，于是有

$$R(\boldsymbol{A})=4-1=3,R(\boldsymbol{A})=R(\boldsymbol{\alpha}_1,\boldsymbol{\alpha}_2,\boldsymbol{\alpha}_3,\boldsymbol{\alpha}_4)\neq R(\boldsymbol{\alpha}_1,\boldsymbol{\alpha}_2,\boldsymbol{\alpha}_3),$$

因此 $\boldsymbol{\alpha}_4$ 不能由 $\boldsymbol{\alpha}_1,\boldsymbol{\alpha}_2,\boldsymbol{\alpha}_3$ 线性表出.

小结

> 从线性方程组的通解可以看出齐次方程组的通解和非齐次的特解，可得到列向量组的秩及列向量 $\boldsymbol{\alpha}_i$ 之间的联系.

例8 $\boldsymbol{\alpha}_1=(1,2,0)^{\mathrm{T}},\boldsymbol{\alpha}_2=(1,a+2,-3a)^{\mathrm{T}},\boldsymbol{\alpha}_3=(-1,-b-2,a+2b)^{\mathrm{T}},$
$\boldsymbol{\beta}=(1,3,-3)^{\mathrm{T}}$,试讨论当 a,b 为何值时，

（1）$\boldsymbol{\beta}$ 不能由 $\boldsymbol{\alpha}_1,\boldsymbol{\alpha}_2,\boldsymbol{\alpha}_3$ 线性表示；

（2）$\boldsymbol{\beta}$ 可由 $\boldsymbol{\alpha}_1,\boldsymbol{\alpha}_2,\boldsymbol{\alpha}_3$ 唯一地线性表示，并求出表示式；

（3）$\boldsymbol{\beta}$ 可由 $\boldsymbol{\alpha}_1,\boldsymbol{\alpha}_2,\boldsymbol{\alpha}_3$ 线性表示，但表示式不唯一，并求出表示式.

【解】设有数 x_1,x_2,x_3，使得 $x_1\boldsymbol{\alpha}_1+x_2\boldsymbol{\alpha}_2+x_3\boldsymbol{\alpha}_3=\boldsymbol{\beta}$，记 $\boldsymbol{A}=(\boldsymbol{\alpha}_1,\boldsymbol{\alpha}_2,\boldsymbol{\alpha}_3)$，对矩阵 $(\boldsymbol{A}\vdots\boldsymbol{\beta})$ 施以初等行变换，有

$$(\boldsymbol{A}\vdots\boldsymbol{\beta})=\begin{pmatrix}1&1&-1&\vdots&1\\2&a+2&-b-2&\vdots&3\\0&-3a&a+2b&\vdots&-3\end{pmatrix}\to\begin{pmatrix}1&1&-1&\vdots&1\\0&a&-b&\vdots&1\\0&-3a&a+2b&\vdots&-3\end{pmatrix}\to\begin{pmatrix}1&1&-1&\vdots&1\\0&a&-b&\vdots&1\\0&0&a-b&\vdots&0\end{pmatrix}.$$

（1）当 $a=0,b$ 为任意常数时，有 $(\boldsymbol{A}\vdots\boldsymbol{\beta})\to\begin{pmatrix}1&1&-1&\vdots&1\\0&0&-b&\vdots&1\\0&0&0&\vdots&-1\end{pmatrix}.$

可知 $R(\boldsymbol{A})\neq R(\boldsymbol{A}\vdots\boldsymbol{\beta})$，故方程组无解，$\boldsymbol{\beta}$ 不能由 $\boldsymbol{\alpha}_1,\boldsymbol{\alpha}_2,\boldsymbol{\alpha}_3$ 线性表示.

（2）当 $a\neq 0$，且 $a\neq b$ 时，$R(\boldsymbol{A})=R(\boldsymbol{A}\vdots\boldsymbol{\beta})=3$，故方程组有唯一解

$$x_1=1-\frac{1}{a},x_2=\frac{1}{a},x_3=0.$$

则 $\boldsymbol{\beta}$ 可由 $\boldsymbol{\alpha}_1,\boldsymbol{\alpha}_2,\boldsymbol{\alpha}_3$ 唯一地线性表示，其表示式为 $\boldsymbol{\beta}=\left(1-\dfrac{1}{a}\right)\boldsymbol{\alpha}_1+\dfrac{1}{a}\boldsymbol{\alpha}_2$.

（3）当 $a=b\neq 0$ 时，对 $(\boldsymbol{A}\vdots\boldsymbol{\beta})$ 施以初等行变换，有

$$(\boldsymbol{A}\vdots\boldsymbol{\beta})\to\begin{pmatrix}1&0&0&\vdots&1-1/a\\0&1&-1&\vdots&1/a\\0&0&0&\vdots&0\end{pmatrix},$$

可知 $R(\boldsymbol{A})=R(\boldsymbol{A}\vdots\boldsymbol{\beta})=2$，故方程组有无穷多解，其全部解为

$$x_1=1-\frac{1}{a},x_2=\frac{1}{a}+k,x_3=k,\text{其中 }k\text{ 为任意常数}.$$

$\boldsymbol{\beta}$ 可由 $\boldsymbol{\alpha}_1,\boldsymbol{\alpha}_2,\boldsymbol{\alpha}_3$ 线性表示，但表示不唯一，其表示式为

$$\boldsymbol{\beta}=\left(1-\frac{1}{a}\right)\boldsymbol{\alpha}_1+\left(\frac{1}{a}+k\right)\boldsymbol{\alpha}_2+k\boldsymbol{\alpha}_3.$$

小结

具体的数值型向量的线性表示可与非齐次方程组相结合.不能表示,则非齐次方程组无解;唯一表示,则方程组有唯一解;表达式不唯一,则方程组有无穷解.

三阶突破

例9 已知向量组 $\boldsymbol{\alpha}_1=(1,2,-3)^T,\boldsymbol{\alpha}_2=(3,0,1)^T,\boldsymbol{\alpha}_3=(9,6,-7)^T$ 与向量组 $\boldsymbol{\beta}_1=(0,1,-1)^T,\boldsymbol{\beta}_2=(a,2,1)^T,\boldsymbol{\beta}_3=(b,1,0)^T$ 具有相同的秩,且 $\boldsymbol{\beta}_3$ 可由 $\boldsymbol{\alpha}_1,\boldsymbol{\alpha}_2,\boldsymbol{\alpha}_3$ 线性表示,求 a,b 的值.

线索

本题考查向量线性表示和向量组的秩的概念.

【解】$R(\boldsymbol{\alpha}_1,\boldsymbol{\alpha}_2,\boldsymbol{\alpha}_3)=R\begin{pmatrix}1&3&9\\2&0&6\\-3&1&-7\end{pmatrix}=R\begin{pmatrix}1&3&9\\0&-6&-12\\0&10&20\end{pmatrix}=R\begin{pmatrix}1&3&9\\0&1&2\\0&0&0\end{pmatrix}=2,$

$R(\boldsymbol{\beta}_1,\boldsymbol{\beta}_2,\boldsymbol{\beta}_3)=R\begin{pmatrix}0&a&b\\1&2&1\\-1&1&0\end{pmatrix}=R\begin{pmatrix}1&-1&0\\1&2&1\\0&a&b\end{pmatrix}=R\begin{pmatrix}1&-1&0\\0&3&1\\0&a&b\end{pmatrix}=2\Rightarrow a=3b.$

又 $\boldsymbol{\beta}_3$ 可由 $\boldsymbol{\alpha}_1,\boldsymbol{\alpha}_2,\boldsymbol{\alpha}_3$ 线性表示,则 $R(\boldsymbol{\alpha}_1,\boldsymbol{\alpha}_2,\boldsymbol{\alpha}_3)=R(\boldsymbol{\alpha}_1,\boldsymbol{\alpha}_2,\boldsymbol{\alpha}_3,\boldsymbol{\beta}_3)=2$,又

$$(\boldsymbol{\alpha}_1,\boldsymbol{\alpha}_2,\boldsymbol{\alpha}_3,\boldsymbol{\beta}_3)\rightarrow\begin{pmatrix}1&3&9&b\\2&0&6&1\\-3&1&-7&0\end{pmatrix}\rightarrow\begin{pmatrix}1&3&9&b\\0&-6&-12&1-2b\\0&10&20&3b\end{pmatrix},$$

则 $\dfrac{-6}{10}=\dfrac{-12}{20}=\dfrac{1-2b}{3b}\Rightarrow b=5$,故 $a=15,b=5$.

小结

向量组的秩转化为矩阵的秩,向量可由向量组线性表出,则对应方程组有解.

题型3 向量组的线性表出

一阶溯源

例1 已知向量组 $\boldsymbol{A}:\boldsymbol{\alpha}_1=(0,1,2,3)^T,\boldsymbol{\alpha}_2=(3,0,1,2)^T,\boldsymbol{\alpha}_3=(2,3,0,1)^T;$

向量组 $\boldsymbol{B}:b_1=(2,1,1,2)^T,b_2=(0,-2,1,1)^T,b_3=(4,4,1,3)^T;$

证明:$\boldsymbol{B}$ 能由 $\boldsymbol{A}$ 线性表示,但 $\boldsymbol{A}$ 不能由 $\boldsymbol{B}$ 线性表示.

线索

(1)列向量组 $\boldsymbol{B}$ 能由列向量组 $\boldsymbol{A}$ 线性表示,则 $R(\boldsymbol{A})=R(\boldsymbol{A}\,\vdots\,\boldsymbol{B})$;

(2)列向量组 $\boldsymbol{A}$ 不能由列向量组 $\boldsymbol{B}$ 线性表示,则 $R(\boldsymbol{B})\neq R(\boldsymbol{B}\,\vdots\,\boldsymbol{A})$.

$$\text{【证明】} R(A \vdots B) = R \begin{pmatrix} 0 & 3 & 2 & \vdots & 2 & 0 & 4 \\ 1 & 0 & 3 & \vdots & 1 & -2 & 4 \\ 2 & 1 & 0 & \vdots & 1 & 1 & 1 \\ 3 & 2 & 1 & \vdots & 2 & 1 & 3 \end{pmatrix} = R \begin{pmatrix} 1 & 0 & 3 & \vdots & 1 & -2 & 4 \\ 0 & 3 & 2 & \vdots & 2 & 0 & 4 \\ 2 & 1 & 0 & \vdots & 1 & 1 & 1 \\ 3 & 2 & 1 & \vdots & 2 & 1 & 3 \end{pmatrix}$$

$$= R \begin{pmatrix} 1 & 0 & 3 & \vdots & 1 & -2 & 4 \\ 0 & 1 & -6 & \vdots & -1 & 5 & -7 \\ 0 & 0 & 4 & \vdots & 1 & -3 & 5 \\ 0 & 0 & 0 & \vdots & 0 & 0 & 0 \end{pmatrix},$$

知 $R(A) = R(A \vdots B) \Rightarrow$ 列向量组 B 可由列向量组 A 线性表示.

$$R(B \vdots A) = R \begin{pmatrix} 1 & -2 & 4 & \vdots & 1 & 0 & 3 \\ 2 & 0 & 4 & \vdots & 0 & 3 & 2 \\ 1 & 1 & 1 & \vdots & 2 & 1 & 0 \\ 2 & 1 & 3 & \vdots & 3 & 2 & 1 \end{pmatrix} = R \begin{pmatrix} 1 & 1 & 1 & \vdots & 2 & 1 & 0 \\ 0 & 1 & -1 & \vdots & 1 & 0 & -1 \\ 0 & 0 & 0 & \vdots & -2 & 1 & 0 \\ 0 & 0 & 0 & \vdots & 0 & 0 & 0 \end{pmatrix},$$

知 $R(B) = 2 \neq R(B \vdots A) = 3 \Rightarrow$ 列向量组 A 不能由列向量组 B 线性表示.

例2 已知向量组 $A : \boldsymbol{\alpha}_1 = (0,1,1)^T, \boldsymbol{\alpha}_2 = (1,1,0)^T$;

向量组 $B : \boldsymbol{\beta}_1 = (-1,0,1)^T, \boldsymbol{\beta}_2 = (1,2,1)^T, \boldsymbol{\beta}_3 = (3,2,-1)^T$;

证明：A 与 B 等价.

线索

列向量组 A 与 B 等价 $\Leftrightarrow R(A) = R(B) = R(A \vdots B)$.

【证明】由 $R(A) = R \begin{pmatrix} 0 & 1 \\ 1 & 1 \\ 1 & 0 \end{pmatrix} = 2$,

$$R(B) = R \begin{pmatrix} -1 & 1 & 3 \\ 0 & 2 & 2 \\ 1 & 1 & -1 \end{pmatrix} = R \begin{pmatrix} 1 & 1 & -1 \\ 0 & 2 & 2 \\ -1 & 1 & 3 \end{pmatrix} = R \begin{pmatrix} 1 & 1 & -1 \\ 0 & 2 & 2 \\ 0 & 2 & 2 \end{pmatrix} = R \begin{pmatrix} 1 & 1 & -1 \\ 0 & 2 & 2 \\ 0 & 0 & 0 \end{pmatrix} = 2,$$

$$R(A \vdots B) = R \begin{pmatrix} 0 & 1 & -1 & 1 & 3 \\ 1 & 1 & 0 & 2 & 2 \\ 1 & 0 & 1 & 1 & -1 \end{pmatrix} = R \begin{pmatrix} 1 & 0 & 1 & 1 & -1 \\ 0 & 1 & -1 & 1 & 3 \\ 0 & 0 & 0 & 0 & 0 \end{pmatrix},$$

得 $R(A) = R(B) = R(A \vdots B) = 2$, 故 A 与 B 等价.

二阶提炼

例3 设向量组（Ⅰ）$\boldsymbol{\alpha}_1 = \begin{pmatrix} 1 \\ 1 \\ a \end{pmatrix}, \boldsymbol{\alpha}_2 = \begin{pmatrix} 1 \\ a \\ 1 \end{pmatrix}, \boldsymbol{\alpha}_3 = \begin{pmatrix} a \\ 1 \\ 1 \end{pmatrix}$ 可由向量组（Ⅱ）$\boldsymbol{\beta}_1 = \begin{pmatrix} 1 \\ 1 \\ a \end{pmatrix}, \boldsymbol{\beta}_2 = \begin{pmatrix} -2 \\ a \\ 4 \end{pmatrix}$,

$\boldsymbol{\beta}_3 = \begin{pmatrix} -2 \\ a \\ a \end{pmatrix}$ 线性表示,反之（Ⅱ）不可以由（Ⅰ）表出,则常数 $a = \underline{\hspace{2cm}}$.

【答案】1

【解析】因为 $R(Ⅱ)\leqslant 3$，则 $R(Ⅰ)<3$，故

$$|\boldsymbol{\alpha}_1,\boldsymbol{\alpha}_2,\boldsymbol{\alpha}_3|=\begin{vmatrix}1&1&a\\1&a&1\\a&1&1\end{vmatrix}=-(a+2)(a-1)^2=0\Rightarrow a=-2\ 或\ a=1.$$

当 $a=-2$ 时，$(\boldsymbol{\alpha}_1,\boldsymbol{\alpha}_2,\boldsymbol{\alpha}_3)=\begin{pmatrix}1&1&-2\\1&-2&1\\-2&1&1\end{pmatrix}\rightarrow\begin{pmatrix}1&1&-2\\0&1&-1\\0&0&0\end{pmatrix},$

此时 $R(Ⅰ)=R(Ⅱ)$，所以 $a\neq-2$；

当 $a=1$ 时，$R(Ⅰ)<R(Ⅱ)$，因此 $a=1$.

> **小结**
>
> 设向量组 Ⅰ 可由向量组 Ⅱ 线性表示，则 $R(Ⅱ)=R(Ⅱ:Ⅰ)$，Ⅱ 不可由 Ⅰ 线性表示，则 $R(Ⅰ)<R(Ⅰ:Ⅱ)$，则 $R(Ⅰ)<R(Ⅱ)$.

例4 设向量组（Ⅰ）$\boldsymbol{\alpha}_1=(1,1,2)^{\mathrm{T}},\boldsymbol{\alpha}_2=(1,0,1)^{\mathrm{T}},\boldsymbol{\alpha}_3=(1,-1,t-1)^{\mathrm{T}}$，

（Ⅱ）$\boldsymbol{\beta}_1=(1,2,t)^{\mathrm{T}},\boldsymbol{\beta}_2=(2,1,t+3)^{\mathrm{T}},\boldsymbol{\beta}_3=(2,1,t+1)^{\mathrm{T}}$.

当 t _____时，向量组 A 与 B 等价；当 t _____时，向量组 A 与 B 不等价.

【答案】$\neq 1,=1$

【解析】**方法一**：由已知条件

$$|\boldsymbol{\alpha}_1,\boldsymbol{\alpha}_2,\boldsymbol{\alpha}_3|=\begin{vmatrix}1&1&1\\1&0&-1\\2&1&t-1\end{vmatrix}=1-t,\ |\boldsymbol{\beta}_1,\boldsymbol{\beta}_2,\boldsymbol{\beta}_3|=\begin{vmatrix}1&2&2\\2&1&1\\t&t+3&t+1\end{vmatrix}=6.$$

当 $t\neq 1$ 时，有 $R(\boldsymbol{\alpha}_1,\boldsymbol{\alpha}_2,\boldsymbol{\alpha}_3)=3$，则向量组 A 与 B 等价；当 $t=1$ 时，有 $R(\boldsymbol{\alpha}_1,\boldsymbol{\alpha}_2,\boldsymbol{\alpha}_3)<3,R(\boldsymbol{\alpha}_1,\boldsymbol{\alpha}_2,\boldsymbol{\alpha}_3)\neq R(\boldsymbol{\beta}_1,\boldsymbol{\beta}_2,\boldsymbol{\beta}_3)$，则向量组 A 与 B 不等价.

方法二：$(\boldsymbol{\alpha}_1,\boldsymbol{\alpha}_2,\boldsymbol{\alpha}_3,\boldsymbol{\beta}_1,\boldsymbol{\beta}_2,\boldsymbol{\beta}_3)=\begin{pmatrix}1&1&1&1&2&2\\1&0&-1&2&1&1\\2&1&t-1&t&t+3&t+1\end{pmatrix}$

$\rightarrow\begin{pmatrix}1&1&1&1&2&2\\0&-1&-2&1&-1&-1\\0&0&t-1&t-3&t&t-2\end{pmatrix},$

当 $t\neq 1$ 时，有 $R(\boldsymbol{\alpha}_1,\boldsymbol{\alpha}_2,\boldsymbol{\alpha}_3)=R(\boldsymbol{\beta}_1,\boldsymbol{\beta}_2,\boldsymbol{\beta}_3)=R(\boldsymbol{\alpha}_1,\boldsymbol{\alpha}_2,\boldsymbol{\alpha}_3,\boldsymbol{\beta}_1,\boldsymbol{\beta}_2,\boldsymbol{\beta}_3)=3$，则向量组 A 与 B 等价；当 $t=1$ 时，有 $R(\boldsymbol{\alpha}_1,\boldsymbol{\alpha}_2,\boldsymbol{\alpha}_3)=2,R(\boldsymbol{\beta}_1,\boldsymbol{\beta}_2,\boldsymbol{\beta}_3)=3$，则向量组 A 与 B 不等价.

> **小结**
>
> 两个向量组都是3个3维向量组，则若每个向量组秩都为3，必定等价；也可利用 $R(\boldsymbol{\alpha}_1,\boldsymbol{\alpha}_2,\boldsymbol{\alpha}_3)=R(\boldsymbol{\beta}_1,\boldsymbol{\beta}_2,\boldsymbol{\beta}_3)=R(\boldsymbol{\alpha}_1,\boldsymbol{\alpha}_2,\boldsymbol{\alpha}_3,\boldsymbol{\beta}_1,\boldsymbol{\beta}_2,\boldsymbol{\beta}_3)=3$ 判断等价.

例5 （2019）已知向量组

（Ⅰ）$\boldsymbol{\alpha}_1 = (1,1,4)^{\mathrm{T}}, \boldsymbol{\alpha}_2 = (1,0,4)^{\mathrm{T}}, \boldsymbol{\alpha}_3 = (1,2,a^2+3)^{\mathrm{T}}$,

（Ⅱ）$\boldsymbol{\beta}_1 = (1,1,a+3)^{\mathrm{T}}, \boldsymbol{\beta}_2 = (0,2,1-a)^{\mathrm{T}}, \boldsymbol{\beta}_3 = (1,3,a^2+3)^{\mathrm{T}}$.

若向量组（Ⅰ）和向量组（Ⅱ）等价，求 a 的取值，并将 $\boldsymbol{\beta}_3$ 用 $\boldsymbol{\alpha}_1, \boldsymbol{\alpha}_2, \boldsymbol{\alpha}_3$ 表示.

【解】令 $\boldsymbol{A} = (\boldsymbol{\alpha}_1, \boldsymbol{\alpha}_2, \boldsymbol{\alpha}_3), \boldsymbol{B} = (\boldsymbol{\beta}_1, \boldsymbol{\beta}_2, \boldsymbol{\beta}_3)$, 得

$$R(\boldsymbol{A}) = R\begin{pmatrix} 1 & 1 & 1 \\ 1 & 0 & 2 \\ 4 & 4 & a^2+3 \end{pmatrix} = R\begin{pmatrix} 1 & 1 & 1 \\ 0 & -1 & 1 \\ 0 & 0 & a^2-1 \end{pmatrix},$$

$$R(\boldsymbol{B}) = R\begin{pmatrix} 1 & 0 & 1 \\ 1 & 2 & 3 \\ a+3 & 1-a & a^2+3 \end{pmatrix} = R\begin{pmatrix} 1 & 0 & 1 \\ 0 & 2 & 2 \\ 0 & 1-a & a^2-a \end{pmatrix} = R\begin{pmatrix} 1 & 0 & 1 \\ 0 & 1 & 1 \\ 0 & 0 & a^2-1 \end{pmatrix},$$

（1）当 $a \neq 1$ 且 $a \neq -1$ 时，$3 = R(\boldsymbol{A}) = R(\boldsymbol{B}) \leqslant R(\boldsymbol{A} \vdots \boldsymbol{B}) \leqslant 3$, 则 $R(\boldsymbol{A}) = R(\boldsymbol{B}) = R(\boldsymbol{A} \vdots \boldsymbol{B}) = 3$, 则向量组（Ⅰ）与（Ⅱ）等价.

设 $x_1 \boldsymbol{\alpha}_1 + x_2 \boldsymbol{\alpha}_2 + x_3 \boldsymbol{\alpha}_3 = \boldsymbol{\beta}_3$, 由

$$(\boldsymbol{\alpha}_1, \boldsymbol{\alpha}_2, \boldsymbol{\alpha}_3, \boldsymbol{\beta}_3) = \begin{pmatrix} 1 & 1 & 1 & 1 \\ 1 & 0 & 2 & 3 \\ 4 & 4 & a^2+3 & a^2+3 \end{pmatrix} \rightarrow \begin{pmatrix} 1 & 1 & 1 & 1 \\ 0 & -1 & 1 & 2 \\ 0 & 0 & a^2-1 & a^2-1 \end{pmatrix}$$

$$\rightarrow \begin{pmatrix} 1 & 1 & 1 & 1 \\ 0 & 1 & -1 & -2 \\ 0 & 0 & 1 & 1 \end{pmatrix} \rightarrow \begin{pmatrix} 1 & 0 & 0 & 1 \\ 0 & 1 & 0 & -1 \\ 0 & 0 & 1 & 1 \end{pmatrix}$$

得 $\boldsymbol{\beta}_3 = \boldsymbol{\alpha}_1 - \boldsymbol{\alpha}_2 + \boldsymbol{\alpha}_3$.

（2）当 $a = 1$ 时，$R(\boldsymbol{A}) = R(\boldsymbol{B}) = 2$, 此时

$$R(\boldsymbol{A} \vdots \boldsymbol{B}) = R\begin{pmatrix} 1 & 1 & 1 & \vdots & 1 & 0 & 1 \\ 1 & 0 & 2 & \vdots & 1 & 2 & 3 \\ 4 & 4 & 4 & \vdots & 4 & 0 & 4 \end{pmatrix} = R\begin{pmatrix} 1 & 1 & 1 & \vdots & 1 & 0 & 1 \\ 0 & -1 & 1 & \vdots & 0 & 2 & 2 \\ 0 & 0 & 0 & \vdots & 0 & 0 & 0 \end{pmatrix} = 2,$$

则向量组（Ⅰ）与（Ⅱ）等价.

设 $x_1 \boldsymbol{\alpha}_1 + x_2 \boldsymbol{\alpha}_2 + x_3 \boldsymbol{\alpha}_3 = \boldsymbol{\beta}_3$,

$$(\boldsymbol{\alpha}_1, \boldsymbol{\alpha}_2, \boldsymbol{\alpha}_3, \boldsymbol{\beta}_3) \rightarrow \begin{pmatrix} 1 & 1 & 1 & 1 \\ 0 & -1 & 1 & 2 \\ 0 & 0 & 0 & 0 \end{pmatrix} \rightarrow \begin{pmatrix} 1 & 0 & 2 & 3 \\ 0 & 1 & -1 & -2 \\ 0 & 0 & 0 & 0 \end{pmatrix},$$

则 $\begin{cases} x_1 = -2x_3 + 3, \\ x_2 = x_3 - 2, \\ x_3 = x_3 + 0, \end{cases}$ 令 $x_3 = k$, 则 $\boldsymbol{\beta}_3 = (3-2k)\boldsymbol{\alpha}_1 + (k-2)\boldsymbol{\alpha}_2 + k\boldsymbol{\alpha}_3$, k 为任意常数.

（3）当 $a = -1$ 时，$R(\boldsymbol{A}) = R(\boldsymbol{B}) = 2$, 但

$$R(\boldsymbol{A} \vdots \boldsymbol{B}) = R\begin{pmatrix} 1 & 1 & 1 & \vdots & 1 & 0 & 1 \\ 1 & 0 & 2 & \vdots & 1 & 2 & 3 \\ 4 & 4 & 4 & \vdots & 2 & 2 & 4 \end{pmatrix} = R\begin{pmatrix} 1 & 1 & 1 & \vdots & 1 & 0 & 1 \\ 0 & -1 & 1 & \vdots & 0 & 2 & 2 \\ 0 & 0 & 0 & \vdots & -2 & 2 & 0 \end{pmatrix} = 3,$$

即 $R(\boldsymbol{A})=R(\boldsymbol{B})=2\neq R(\boldsymbol{A}\vdots\boldsymbol{B})=3$,知向量组(Ⅰ)与(Ⅱ)不等价.

综上:当 $a\neq 1$ 且 $a\neq-1$ 时,向量组(Ⅰ)与(Ⅱ)等价,此时 $\boldsymbol{\beta}_3=\boldsymbol{\alpha}_1-\boldsymbol{\alpha}_2+\boldsymbol{\alpha}_3$;

当 $a=1$ 时,向量组(Ⅰ)与(Ⅱ)等价,此时 $\boldsymbol{\beta}_3=(3-2k)\boldsymbol{\alpha}_1+(k-2)\boldsymbol{\alpha}_2+k\boldsymbol{\alpha}_3$,$k$ 为任意常数.

小结

(2019真题)列向量组的等价注意参数情况的讨论,同时会将向量用向量组唯一或不唯一地线性表示.

例6 已知向量组 $\boldsymbol{\alpha}_1=\begin{pmatrix}1\\2\\-1\\3\end{pmatrix}$,$\boldsymbol{\alpha}_2=\begin{pmatrix}2\\5\\a\\8\end{pmatrix}$,$\boldsymbol{\alpha}_3=\begin{pmatrix}-1\\0\\3\\1\end{pmatrix}$ 及向量组 $\boldsymbol{\beta}_1=\begin{pmatrix}1\\a\\a^2-5\\7\end{pmatrix}$,

$\boldsymbol{\beta}_2=\begin{pmatrix}3\\a+3\\3\\11\end{pmatrix}$,$\boldsymbol{\beta}_3=\begin{pmatrix}0\\1\\6\\2\end{pmatrix}$.

(1) 问 a 为何值时,$\boldsymbol{\beta}_1$ 可由 $\boldsymbol{\alpha}_1,\boldsymbol{\alpha}_2,\boldsymbol{\alpha}_3$ 线性表示?

(2) 在上述情形下判断这两个向量组是否等价? 说明理由.

【解】(1) 令 $\boldsymbol{A}=(\boldsymbol{\alpha}_1,\boldsymbol{\alpha}_2,\boldsymbol{\alpha}_3)$,设 $\boldsymbol{\beta}_1=x_1\boldsymbol{\alpha}_1+x_2\boldsymbol{\alpha}_2+x_3\boldsymbol{\alpha}_3$,即线性方程组 $\boldsymbol{A}\boldsymbol{X}=\boldsymbol{\beta}_1$,其增广矩阵为

$$\overline{\boldsymbol{A}}=\begin{pmatrix}1&2&-1&1\\2&5&0&a\\-1&a&3&a^2-5\\3&8&1&7\end{pmatrix}\rightarrow\begin{pmatrix}1&2&-1&1\\0&1&2&2\\0&0&-2a-2&a^2-2a-8\\0&0&0&a-4\end{pmatrix}.$$

由 $R(\boldsymbol{A})=R(\overline{\boldsymbol{A}})$ 可得 $a=4$,此时解得 $x_1=-3,x_2=2,x_3=0$,即 $a=4$ 时,$\boldsymbol{\beta}_1$ 可由 $\boldsymbol{\alpha}_1$,$\boldsymbol{\alpha}_2,\boldsymbol{\alpha}_3$ 线性表示,且 $\boldsymbol{\beta}_1=-3\boldsymbol{\alpha}_1+2\boldsymbol{\alpha}_2+0\boldsymbol{\alpha}_3$.

(2)$(\boldsymbol{\alpha}_1,\boldsymbol{\alpha}_2,\boldsymbol{\alpha}_3,\boldsymbol{\beta}_1,\boldsymbol{\beta}_2,\boldsymbol{\beta}_3)\rightarrow\begin{pmatrix}1&2&-1&1&3&0\\0&1&2&2&1&1\\0&0&-10&0&0&0\\0&0&0&0&0&0\end{pmatrix},$

$R(\boldsymbol{\alpha}_1,\boldsymbol{\alpha}_2,\boldsymbol{\alpha}_3)=3,R(\boldsymbol{\beta}_1,\boldsymbol{\beta}_2,\boldsymbol{\beta}_3)=2,R(\boldsymbol{\alpha}_1,\boldsymbol{\alpha}_2,\boldsymbol{\alpha}_3,\boldsymbol{\beta}_1,\boldsymbol{\beta}_2,\boldsymbol{\beta}_3)=3$,而等价向量组具有相同的秩,故两向量组不等价.

小结

向量的线性表示转化为非齐次方程组是否有解来判别;两个列向量组 $\boldsymbol{A}$ 与 $\boldsymbol{B}$ 等价的充要条件是 $R(\boldsymbol{A})=R(\boldsymbol{B})=R(\boldsymbol{A}\vdots\boldsymbol{B})$.

三阶突破

例7 设 A,B 为 n 阶方阵，P,Q 为 n 阶可逆矩阵，下列命题不正确的是( ).

(A) 若 $B=AQ$，则 A 的列向量组与 B 的列向量组等价

(B) 若 $B=PA$，则 A 的行向量组与 B 的行向量组等价

(C) 若 $B=PAQ$，则 A 的行(列)向量组与 B 的行(列)向量组等价

(D) 若 A 的行(列)向量组与矩阵 B 的行(列)向量组等价，则矩阵 A 与 B 等价

【答案】(C)

线索

区分行等价与列等价及矩阵等价的定义.

【解析】若 $B=AQ$，将 A,B 列分块，

$$(\boldsymbol{\beta}_1,\boldsymbol{\beta}_2,\cdots,\boldsymbol{\beta}_n)=(\boldsymbol{\alpha}_1,\boldsymbol{\alpha}_2,\cdots,\boldsymbol{\alpha}_n)\begin{pmatrix} q_{11} & q_{12} & \cdots & q_{1n} \\ q_{21} & q_{22} & \cdots & q_{2n} \\ \vdots & \vdots & & \vdots \\ q_{n1} & q_{n2} & \cdots & q_{nn} \end{pmatrix},$$

则 $$\boldsymbol{\beta}_j=q_{1j}\boldsymbol{\alpha}_1+q_{2j}\boldsymbol{\alpha}_2+\cdots+q_{nj}\boldsymbol{\alpha}_n, j=1,2\cdots,n,$$

即 B 的每一列均可由 A 的列线性表出，又 Q 可逆 $\Rightarrow BQ^{-1}=A$.

同理 A 的列可由 B 的列表出，故 A 与 B 列等价，知(A)项正确.

若 $B=PA$，P 可逆，$A^{\mathrm{T}}P^{\mathrm{T}}=B^{\mathrm{T}}$. 由(A)知 A^{T} 与 B^{T} 列等价，故 A,B 行等价，故(B)项正确.

A,B 列等价 $\Rightarrow R(A)=R(B)=R(A,B)\Rightarrow R(A)=R(B)$，知矩阵 A,B 等价，

A,B 行等价 $\Rightarrow R(A)=R(B)=R\begin{pmatrix}A\\B\end{pmatrix}\Rightarrow R(A)=R(B)$，知矩阵 A,B 等价，故(D)项正确.

对于(C)项，矩阵等价不能得出行等价或列等价. 取

$$P=\begin{pmatrix}1&0&0\\0&1&0\\1&0&1\end{pmatrix}, Q=\begin{pmatrix}1&0&1\\0&1&0\\0&0&1\end{pmatrix}, A=\begin{pmatrix}1&0&0\\0&1&0\\0&0&0\end{pmatrix}\Rightarrow B=PAQ=\begin{pmatrix}1&0&1\\0&1&0\\1&0&1\end{pmatrix},$$

知 A,B 行与列均不等价.

故选(C).

小结

$AB=C$，根据分块矩阵的乘法知，C 的列可由 A 的列线性表出，C 的行可由 B 的行线性表出；而 C 的行与 A 的行的线性关系说明不了，C 的列与 B 的列线性关系也说明不了.

例8 设 A 为 $m\times n$ 矩阵，$R(A)=m<n$，则下列说法不正确的是( ).

(A) A 一定可以只经过一系列的初等行变换化为 (E_m,O)

(B) 任意的 m 维列向量 b，$Ax=b$ 有无穷多解

(C) m 阶方阵 B，满足 $BA=O$，则一定有 $B=O$

(D) 行列式 $|\boldsymbol{A}^{\mathrm{T}}\boldsymbol{A}|=0$

【答案】(A)

线索

掌握常见秩的关系,方程组解的判别,行阶梯,列阶梯,标准形的变化过程.

【解析】$\boldsymbol{A}$ 可能需借助于初等列变换化为 $(\boldsymbol{E}_m,\boldsymbol{O})$,例:$\boldsymbol{A}=\begin{pmatrix}1 & 0 & 1\\ 0 & 1 & 1\end{pmatrix}$,知(A) 项不正确;

任意的 m 维列向量 $\boldsymbol{b}$,$m=R(\boldsymbol{A})\leqslant R(\boldsymbol{A},\boldsymbol{b})\leqslant m<n$,$R(\boldsymbol{A})=R(\boldsymbol{A},\boldsymbol{b})<n$,故 $\boldsymbol{A}\boldsymbol{x}=\boldsymbol{b}$ 有无穷多解,(B) 项正确;

m 阶方阵 $\boldsymbol{B}$,$\boldsymbol{BA}=\boldsymbol{O}$,$R(\boldsymbol{A})+R(\boldsymbol{B})\leqslant m$,$R(\boldsymbol{A})=m\Rightarrow R(\boldsymbol{B})=0\Rightarrow\boldsymbol{B}=\boldsymbol{O}$,(C) 项正确.

$\boldsymbol{A}^{\mathrm{T}}\boldsymbol{A}$ 为 $n\times n$ 矩阵,$R(\boldsymbol{A}^{\mathrm{T}}\boldsymbol{A})=R(\boldsymbol{A})=m<n$,知 $|\boldsymbol{A}^{\mathrm{T}}\boldsymbol{A}|=0$,(D) 项正确.

故选(A).

小结

(1) 若 $\boldsymbol{A}$ 为 $m\times n$ 矩阵,$R(\boldsymbol{A})=m<n$,则 $\boldsymbol{A}$ 可经过初等列变换或初等行列变换化为 $(\boldsymbol{E}_m,\boldsymbol{O})$;

(2) 若 $\boldsymbol{A}$ 为 $m\times n$ 矩阵,$R(\boldsymbol{A})=n<m$,则 $\boldsymbol{A}$ 可经过初等行变换或初等列变换化为 $\begin{pmatrix}\boldsymbol{E}_n\\ \boldsymbol{O}\end{pmatrix}$;

(3) 若 $\boldsymbol{A}$ 为 $m\times n$ 矩阵,$R(\boldsymbol{A})=m$,则 $\boldsymbol{A}$ 可经过初等行变换或初等列变换或初等行列变换化为 $\boldsymbol{E}_m$.

题型4 向量组的线性相关性

一阶溯源

例1　下列不是向量 $\boldsymbol{\alpha}_1,\boldsymbol{\alpha}_2,\cdots,\boldsymbol{\alpha}_s(s\geqslant 2)$ 线性相关的充分必要条件是(　　).

(A)$R(\boldsymbol{\alpha}_1,\boldsymbol{\alpha}_2,\cdots,\boldsymbol{\alpha}_s)<s$

(B) 存在一组不全为零的系数 $k_1,k_2,\cdots k_s$,使得 $k_1\boldsymbol{\alpha}_1+k_2\boldsymbol{\alpha}_2+\cdots+k_s\boldsymbol{\alpha}_s=\boldsymbol{0}$

(C)$\boldsymbol{\alpha}_1,\boldsymbol{\alpha}_2,\cdots,\boldsymbol{\alpha}_s$ 中至少有一个向量可由其余 $s-1$ 个向量线性表示

(D)$\boldsymbol{\alpha}_1,\boldsymbol{\alpha}_2,\cdots,\boldsymbol{\alpha}_s$ 中任一部分向量组线性相关

【答案】(D)

线索

考查线性相关的充要条件,充分条件,必要条件.

【解析】取 $\boldsymbol{\alpha}_1=(1,0,0)^{\mathrm{T}}$,$\boldsymbol{\alpha}_2=(0,1,0)^{\mathrm{T}}$,$\boldsymbol{\alpha}_3=(1,1,0)^{\mathrm{T}}$ 知 $\boldsymbol{\alpha}_1,\boldsymbol{\alpha}_2,\boldsymbol{\alpha}_3$ 线性相关,但任意部分向量组线性无关,(D) 项仅为 $\boldsymbol{\alpha}_1,\boldsymbol{\alpha}_2,\cdots,\boldsymbol{\alpha}_s$ 线性相关的充分条件.

故选(D).

例2 下列不是向量组 $\boldsymbol{\alpha}_1,\boldsymbol{\alpha}_2,\cdots,\boldsymbol{\alpha}_s$ 线性无关的充分必要条件是（   ）.

(A) 若 $k_1\boldsymbol{\alpha}_1+k_2\boldsymbol{\alpha}_2+\cdots+k_s\boldsymbol{\alpha}_s=\mathbf{0}$，则 $k_1=k_2=\cdots=k_s=0$

(B) 不存在不全为零的一组数 $k_1,k_2,\cdots k_s$，使 $k_1\boldsymbol{\alpha}_1+k_2\boldsymbol{\alpha}_2+\cdots+k_s\boldsymbol{\alpha}_s=\mathbf{0}$

(C) 对于任何一组不全为零的数 $k_1,k_2,\cdots k_s$，均有 $k_1\boldsymbol{\alpha}_1+k_2\boldsymbol{\alpha}_2+\cdots+k_s\boldsymbol{\alpha}_s\neq\mathbf{0}$

(D) $\boldsymbol{\alpha}_1,\boldsymbol{\alpha}_2,\cdots,\boldsymbol{\alpha}_s$ 中任意两个向量线性无关

【答案】(D)

线索

考查线性无关的充要条件,充分条件,必要条件.

【解析】同上题知(D)项仅为 $\boldsymbol{\alpha}_1,\boldsymbol{\alpha}_2,\cdots,\boldsymbol{\alpha}_s$ 线性无关的必要条件.

故选(D).

例3 设 $\boldsymbol{\alpha}_1,\boldsymbol{\alpha}_2,\cdots,\boldsymbol{\alpha}_s$ 是 n 维列向量,则下列命题正确的是（   ）.

(A) 若 $\boldsymbol{\alpha}_s$ 不能用 $\boldsymbol{\alpha}_1,\boldsymbol{\alpha}_2,\cdots,\boldsymbol{\alpha}_{s-1}$ 线性表出,则 $\boldsymbol{\alpha}_1,\boldsymbol{\alpha}_2,\cdots,\boldsymbol{\alpha}_s$ 线性无关

(B) 若 $\boldsymbol{\alpha}_1,\boldsymbol{\alpha}_2,\cdots,\boldsymbol{\alpha}_s$ 线性相关, $\boldsymbol{\alpha}_s$ 不能由 $\boldsymbol{\alpha}_1,\boldsymbol{\alpha}_2,\cdots,\boldsymbol{\alpha}_{s-1}$ 线性表出,则 $\boldsymbol{\alpha}_1,\boldsymbol{\alpha}_2,\cdots,\boldsymbol{\alpha}_{s-1}$ 线性相关

(C) 若 $\boldsymbol{\alpha}_1,\boldsymbol{\alpha}_2,\cdots,\boldsymbol{\alpha}_s$ 中任意 $s-1$ 个向量都线性无关,则 $\boldsymbol{\alpha}_1,\boldsymbol{\alpha}_2,\cdots,\boldsymbol{\alpha}_s$ 线性无关

(D) 零向量不能用 $\boldsymbol{\alpha}_1,\boldsymbol{\alpha}_2,\cdots,\boldsymbol{\alpha}_s$ 线性表出

【答案】(B)

线索

掌握线性相关与无关的直接判别与排除法.

【解析】**方法一(直接法)**:对于(B)项,若 $\boldsymbol{\alpha}_1,\boldsymbol{\alpha}_2,\cdots,\boldsymbol{\alpha}_s$ 线性相关,则存在一组不全为零的数 $k_1,k_2,\cdots,k_s$,使得 $k_1\boldsymbol{\alpha}_1+k_2\boldsymbol{\alpha}_2+\cdots+k_s\boldsymbol{\alpha}_s=\mathbf{0}$ 成立.又因为 $\boldsymbol{\alpha}_s$ 不能由 $\boldsymbol{\alpha}_1,\boldsymbol{\alpha}_2,\cdots,\boldsymbol{\alpha}_{s-1}$ 线性表出,则 $k_s=0$(否则 $\boldsymbol{\alpha}_s$ 可由 $\boldsymbol{\alpha}_1,\boldsymbol{\alpha}_2,\cdots,\boldsymbol{\alpha}_{s-1}$ 线性表出),所以不为零的系数在 $k_1,k_2,\cdots,k_{s-1}$ 中,则存在一组不全为零的数 $k_1,k_2,\cdots,k_{s-1}$,使得 $k_1\boldsymbol{\alpha}_1+k_2\boldsymbol{\alpha}_2+\cdots+k_{s-1}\boldsymbol{\alpha}_{s-1}=\mathbf{0}$ 成立,从而 $\boldsymbol{\alpha}_1,\boldsymbol{\alpha}_2,\cdots,\boldsymbol{\alpha}_{s-1}$ 线性相关.

故选(B).

方法二(排除法):对于(A)、(C)两项,可用举反例来排除.例如取 $\boldsymbol{\alpha}_1=(1,0)^\mathrm{T}$, $\boldsymbol{\alpha}_2=(2,0)^\mathrm{T}$, $\boldsymbol{\alpha}_3=(0,3)^\mathrm{T}$,虽然 $\boldsymbol{\alpha}_3$ 不能用 $\boldsymbol{\alpha}_1,\boldsymbol{\alpha}_2$ 线性表出,但是 $2\boldsymbol{\alpha}_1-\boldsymbol{\alpha}_2+0\boldsymbol{\alpha}_3=\mathbf{0}$, $\boldsymbol{\alpha}_1,\boldsymbol{\alpha}_2,\boldsymbol{\alpha}_3$ 是线性相关的,(A)项不正确.

若取 $\boldsymbol{\alpha}_1=(1,2,3)^\mathrm{T}$, $\boldsymbol{\alpha}_2=(2,3,4)^\mathrm{T}$, $\boldsymbol{\alpha}_3=(3,5,7)^\mathrm{T}$,任意两个向量都不成比例,即线性无关,但 $\boldsymbol{\alpha}_1+\boldsymbol{\alpha}_2-\boldsymbol{\alpha}_3=\mathbf{0}$, $\boldsymbol{\alpha}_1,\boldsymbol{\alpha}_2,\boldsymbol{\alpha}_3$ 是线性相关的,(C)项不正确.

对于(D)项,零向量可由任意的 $\boldsymbol{\alpha}_1,\boldsymbol{\alpha}_2,\cdots,\boldsymbol{\alpha}_s$ 线性表出,因为 $0\boldsymbol{\alpha}_1+0\boldsymbol{\alpha}_2+\cdots+0\boldsymbol{\alpha}_s=\mathbf{0}$ 一定成立.

故选(B).

例4 设 $\boldsymbol{\alpha}_1,\boldsymbol{\alpha}_2,\cdots,\boldsymbol{\alpha}_m$ 均为 n 维向量,那么下列结论正确的是（   ）.

(A) 若 $k_1\boldsymbol{\alpha}_1+k_2\boldsymbol{\alpha}_2+\cdots+k_m\boldsymbol{\alpha}_m=\mathbf{0}$,则 $\boldsymbol{\alpha}_1,\boldsymbol{\alpha}_2,\cdots,\boldsymbol{\alpha}_m$ 线性相关

(B) 若对任意一组不全为零的数 $k_1,k_2,\cdots,k_m$,都有 $k_1\boldsymbol{\alpha}_1+k_2\boldsymbol{\alpha}_2+\cdots+k_m\boldsymbol{\alpha}_m\neq\mathbf{0}$,则 $\boldsymbol{\alpha}_1,$

$\boldsymbol{\alpha}_2,\cdots,\boldsymbol{\alpha}_m$ 线性无关

(C) 若 $\boldsymbol{\alpha}_1,\boldsymbol{\alpha}_2,\cdots,\boldsymbol{\alpha}_m$ 线性相关,则对任意一组不全为零的数 $k_1,k_2,\cdots,k_m$,都有 $k_1\boldsymbol{\alpha}_1+k_2\boldsymbol{\alpha}_2+\cdots+k_m\boldsymbol{\alpha}_m=\boldsymbol{0}$

(D) 若 $0\boldsymbol{\alpha}_1+0\boldsymbol{\alpha}_2+\cdots+0\boldsymbol{\alpha}_m=\boldsymbol{0}$,则 $\boldsymbol{\alpha}_1,\boldsymbol{\alpha}_2,\cdots,\boldsymbol{\alpha}_m$ 线性无关

【答案】(B)

线索

掌握线性相关、线性无关的定义及等价判别.

【解析】**方法一(直接法)**:"若对任意一组不全为零的数 $k_1,k_2,\cdots,k_m$,都有 $k_1\boldsymbol{\alpha}_1+k_2\boldsymbol{\alpha}_2+\cdots+k_m\boldsymbol{\alpha}_m\neq\boldsymbol{0}$" 的逆否命题为"若 $x_1\boldsymbol{\alpha}_1+x_2\boldsymbol{\alpha}_2+\cdots+x_m\boldsymbol{\alpha}_m=\boldsymbol{0}$,那么 $k_1,k_2,\cdots,k_m$ 全为零",就是 $\boldsymbol{\alpha}_1,\boldsymbol{\alpha}_2,\cdots,\boldsymbol{\alpha}_m$ 线性无关的定义.

故选(B).

方法二(排除法):按照线性相关的定义,(A)、(D) 两项显然不正确,(A) 项中缺条件"$k_1,k_2,\cdots,k_m$ 不全为零";而(D) 是一个恒等式,不管向量组 $\boldsymbol{\alpha}_1,\boldsymbol{\alpha}_2,\cdots,\boldsymbol{\alpha}_m$ 线性相关与否都成立. 对于(C) 项,若 $\boldsymbol{\alpha}_1,\boldsymbol{\alpha}_2,\cdots,\boldsymbol{\alpha}_m$ 线性相关,则存在一组不全为零的数 $k_1,k_2,\cdots,k_m$,使得 $k_1\boldsymbol{\alpha}_1+k_2\boldsymbol{\alpha}_2+\cdots+k_m\boldsymbol{\alpha}_m=\boldsymbol{0}$,但这不能说明任意一组不全为零的数 $k_1,k_2,\cdots,k_m$,都有 $k_1\boldsymbol{\alpha}_1+k_2\boldsymbol{\alpha}_2+\cdots+k_m\boldsymbol{\alpha}_m=\boldsymbol{0}$,故(C) 项不正确,将"任意"改为"存在"才正确.

故选(B).

二阶提炼

例5 若向量组 $\boldsymbol{\alpha}_1,\boldsymbol{\alpha}_2,\boldsymbol{\alpha}_3,\boldsymbol{\alpha}_4$ 与向量组 $\boldsymbol{\beta}_1,\boldsymbol{\beta}_2,\boldsymbol{\beta}_3$ 有如下关系:

$$\begin{cases}\boldsymbol{\alpha}_1=\boldsymbol{\beta}_1+\boldsymbol{\beta}_2+\boldsymbol{\beta}_3,\\ \boldsymbol{\alpha}_2=\boldsymbol{\beta}_1+\boldsymbol{\beta}_2+2\boldsymbol{\beta}_3,\\ \boldsymbol{\alpha}_3=2\boldsymbol{\beta}_1-\boldsymbol{\beta}_2,\\ \boldsymbol{\alpha}_4=3\boldsymbol{\beta}_3,\end{cases}$$

则向量组 $\boldsymbol{\alpha}_1,\boldsymbol{\alpha}_2,\boldsymbol{\alpha}_3,\boldsymbol{\alpha}_4$ 线性_____.

【答案】相关

【解析】向量组 $\boldsymbol{\alpha}_1,\boldsymbol{\alpha}_2,\boldsymbol{\alpha}_3,\boldsymbol{\alpha}_4$ 可由向量组 $\boldsymbol{\beta}_1,\boldsymbol{\beta}_2,\boldsymbol{\beta}_3$ 线性表出,则 $R(\boldsymbol{\beta}_1,\boldsymbol{\beta}_2,\boldsymbol{\beta}_3)=R(\boldsymbol{\beta}_1,\boldsymbol{\beta}_2,\boldsymbol{\beta}_3,\boldsymbol{\alpha}_1,\boldsymbol{\alpha}_2,\boldsymbol{\alpha}_3,\boldsymbol{\alpha}_4)\leqslant 3<4$,故向量组 $\boldsymbol{\alpha}_1,\boldsymbol{\alpha}_2,\boldsymbol{\alpha}_3,\boldsymbol{\alpha}_4$ 线性相关.

小结

多数向量可以被少数向量线性表出,则多数向量必线性相关.

例6 设 3 阶矩阵 $\boldsymbol{A}=\begin{pmatrix}-2 & 1 & 3\\ 1 & 1 & 0\\ -4 & 1 & t\end{pmatrix}$,3 维列向量 $\boldsymbol{\alpha}_1,\boldsymbol{\alpha}_2$ 线性无关,$\boldsymbol{A}\boldsymbol{\alpha}_1,\boldsymbol{A}\boldsymbol{\alpha}_2$ 线性相关,则 $t=$ _____.

【答案】5

【解析】$\boldsymbol{\alpha}_1, \boldsymbol{\alpha}_2$ 线性无关,而 $\boldsymbol{A}\boldsymbol{\alpha}_1, \boldsymbol{A}\boldsymbol{\alpha}_2$ 线性相关,知矩阵 $\boldsymbol{A}$ 不可逆,故 $|\boldsymbol{A}| = 0 \Rightarrow t = 5$.

小结

向量组的线性相关性转化为向量组的秩及对应矩阵的秩,当矩阵为方阵时考虑其行列式的值.

例7 设 n 维向量组(Ⅰ)$\boldsymbol{\alpha}_1, \boldsymbol{\alpha}_2, \cdots, \boldsymbol{\alpha}_s$ 及向量组(Ⅱ)$\boldsymbol{\beta}_1, \boldsymbol{\beta}_2, \cdots, \boldsymbol{\beta}_t$ 均线性无关,且(Ⅰ)中的每个向量都不能由(Ⅱ)线性表示,同时(Ⅱ)中的每个向量也都不能由(Ⅰ)线性表示,则向量组(Ⅲ)$\boldsymbol{\alpha}_1, \boldsymbol{\alpha}_2, \cdots, \boldsymbol{\alpha}_s, \boldsymbol{\beta}_1, \boldsymbol{\beta}_2, \cdots, \boldsymbol{\beta}_t$ 的线性关系是_____.

【答案】可能相关也可能无关

【解析】取向量组(Ⅰ)$(1,0,0,0)^T, (0,1,0,0)^T$,(Ⅱ)$(0,0,1,0)^T, (0,0,0,1)^T$,此时向量组(Ⅲ)线性无关.

取向量组(Ⅰ)$(1,0,0,0)^T, (0,1,0,0)^T$,(Ⅱ)$(0,0,1,0)^T, (0,0,0,1)^T, (1,1,1,1)^T$,此时向量组(Ⅲ)线性相关.

小结

注意此题的不确定性,及一个向量组可由另一个向量组线性表示的条件.

例8 下列结论正确的是( ).

(1)$(1,2,3)^T, (2,3,1)^T, (3,1,2)^T, (1,1,a)^T$;

(2)$(1,a,0,b,0)^T, (0,c,2,d,0)^T, (0,e,0,f,3)^T$;

(3)$(1,2,3,a)^T, (2,4,6,b)^T, (0,0,0,c)^T, (d,e,f,g)^T$;

(4)$(4,1,1,1)^T, (1,4,1,1)^T, (1,1,4,1)^T, (1,1,1,4)^T$;

(A)线性相关的向量组为(1)(4),线性无关的向量组为(2)(3)

(B)线性相关的向量组为(3)(4),线性无关的向量组为(1)(2)

(C)线性相关的向量组为(1)(2),线性无关的向量组为(3)(4)

(D)线性相关的向量组为(1)(3),线性无关的向量组为(2)(4)

【答案】(D)

【解析】(1) 为 4 个 3 维的列向量,必线性相关;

(2) 中$(1,0,0)^T, (0,2,0)^T, (0,0,3)^T$ 线性无关,利用低维无关则高维无关,知(2)线性无关;

(3) 中 $R(\boldsymbol{\alpha}_1, \boldsymbol{\alpha}_2, \boldsymbol{\alpha}_3) = R \begin{vmatrix} 1 & 2 & 0 \\ 2 & 4 & 0 \\ 3 & 6 & 0 \\ a & b & c \end{vmatrix} = R \begin{vmatrix} 1 & 2 & 0 \\ a & b & c \\ 0 & 0 & 0 \\ 0 & 0 & 0 \end{vmatrix} \leqslant 2 < 3$,知 $\boldsymbol{\alpha}_1, \boldsymbol{\alpha}_2, \boldsymbol{\alpha}_3$ 线性相关,故

$\boldsymbol{\alpha}_1, \boldsymbol{\alpha}_2, \boldsymbol{\alpha}_3, \boldsymbol{\alpha}_4$ 线性相关;

(4) $\begin{vmatrix} 4 & 1 & 1 & 1 \\ 1 & 4 & 1 & 1 \\ 1 & 1 & 4 & 1 \\ 1 & 1 & 1 & 4 \end{vmatrix} = (4+3)(4-1)^3 \neq 0$,故(4)中向量组线性无关;

故选(D).

小结

个数大于维数的向量组必线性相关;低维无关,高维无关;部分相关,整体相关;个数与维数相等的向量组的线性相关性可借助于对应行列式是否为零.

例9 设向量 $\boldsymbol{\alpha}_1,\boldsymbol{\alpha}_2,\boldsymbol{\alpha}_3$ 分别为3阶矩阵 $\boldsymbol{A}$ 的特征值0,1,-1 对应的特征向量,则下列向量组线性相关的是( ).

(A)$\boldsymbol{\alpha}_1-\boldsymbol{\alpha}_2,\boldsymbol{\alpha}_2-\boldsymbol{\alpha}_3,\boldsymbol{\alpha}_3-\boldsymbol{\alpha}_1$ (B)$\boldsymbol{\alpha}_1+\boldsymbol{\alpha}_2,\boldsymbol{\alpha}_2+\boldsymbol{\alpha}_3,\boldsymbol{\alpha}_3+\boldsymbol{\alpha}_1$

(C)$\boldsymbol{\alpha}_1-2\boldsymbol{\alpha}_2,\boldsymbol{\alpha}_2-2\boldsymbol{\alpha}_3,\boldsymbol{\alpha}_3-2\boldsymbol{\alpha}_1$ (D)$\boldsymbol{\alpha}_1+2\boldsymbol{\alpha}_2,\boldsymbol{\alpha}_2+2\boldsymbol{\alpha}_3,\boldsymbol{\alpha}_3+2\boldsymbol{\alpha}_1$

【答案】(A)

【解析】**方法一**:因为(A)项$(\boldsymbol{\alpha}_1-\boldsymbol{\alpha}_2)+(\boldsymbol{\alpha}_2-\boldsymbol{\alpha}_3)+(\boldsymbol{\alpha}_3-\boldsymbol{\alpha}_1)=\boldsymbol{0}$,则由线性相关性的定义可得 $\boldsymbol{\alpha}_1-\boldsymbol{\alpha}_2,\boldsymbol{\alpha}_2-\boldsymbol{\alpha}_3,\boldsymbol{\alpha}_3-\boldsymbol{\alpha}_1$ 是线性相关.

故选(A).

方法二:对(A)项,拼成矩阵后再写成矩阵相乘,即

$$(\boldsymbol{\alpha}_1-\boldsymbol{\alpha}_2,\boldsymbol{\alpha}_2-\boldsymbol{\alpha}_3,\boldsymbol{\alpha}_3-\boldsymbol{\alpha}_1)=(\boldsymbol{\alpha}_1,\boldsymbol{\alpha}_2,\boldsymbol{\alpha}_3)\begin{pmatrix} 1 & 0 & -1 \\ -1 & 1 & 0 \\ 0 & -1 & 1 \end{pmatrix},$$

记 $\boldsymbol{B}=\boldsymbol{AC}$,由于 $\boldsymbol{\alpha}_1,\boldsymbol{\alpha}_2,\boldsymbol{\alpha}_3$ 线性无关,则 $R(\boldsymbol{A})=3$.又因为 $|\boldsymbol{C}|=0$.根据矩阵秩的重要公式 $R(\boldsymbol{B})=R(\boldsymbol{AC})\leqslant R(\boldsymbol{C})<3$,从而 $\boldsymbol{\alpha}_1-\boldsymbol{\alpha}_2,\boldsymbol{\alpha}_2-\boldsymbol{\alpha}_3,\boldsymbol{\alpha}_3-\boldsymbol{\alpha}_1$ 线性相关.利用此方法依次可得(B)、(C)、(D) 三项中的向量组都是线性无关的.

故选(A).

小结

由 $\boldsymbol{\alpha}_1,\boldsymbol{\alpha}_2,\boldsymbol{\alpha}_3$ 分别为3阶矩阵 $\boldsymbol{A}$ 的特征值0,1,-1 对应的特征向量可得 $\boldsymbol{\alpha}_1,\boldsymbol{\alpha}_2,\boldsymbol{\alpha}_3$ 线性无关,选项给的向量组都是 $\boldsymbol{\alpha}_1,\boldsymbol{\alpha}_2,\boldsymbol{\alpha}_3$ 的线性组合,则可根据线性相关的定义或者根据两个向量组之间的关系,并结合矩阵的秩来判断向量组的线性相关性.

例10 设3维向量 $\boldsymbol{\alpha}_1,\boldsymbol{\alpha}_2,\boldsymbol{\alpha}_3$ 线性相关,$\boldsymbol{\alpha}_2,\boldsymbol{\alpha}_3,\boldsymbol{\alpha}_4$ 线性无关,记$(\boldsymbol{\beta}_1,\boldsymbol{\beta}_2,\boldsymbol{\beta}_3)=(\boldsymbol{\alpha}_1,\boldsymbol{\alpha}_2,\boldsymbol{\alpha}_3)\boldsymbol{A}_{3\times3},(\boldsymbol{\gamma}_1,\boldsymbol{\gamma}_2,\boldsymbol{\gamma}_3)=(\boldsymbol{\alpha}_2,\boldsymbol{\alpha}_3,\boldsymbol{\alpha}_4)\boldsymbol{B}_{3\times3}$,则( ).

(A) 存在矩阵 $\boldsymbol{A}_{3\times3}$,使得 $\boldsymbol{\beta}_1,\boldsymbol{\beta}_2,\boldsymbol{\beta}_3$ 线性无关

(B) 不存在矩阵 $\boldsymbol{A}_{3\times3}$,使得 $\boldsymbol{\beta}_1,\boldsymbol{\beta}_2,\boldsymbol{\beta}_3$ 线性相关

(C) 存在矩阵 $\boldsymbol{B}_{3\times3}$,使得 $\boldsymbol{\gamma}_1,\boldsymbol{\gamma}_2,\boldsymbol{\gamma}_3$ 线性无关

(D) 不存在矩阵 $\boldsymbol{B}_{3\times3}$,使得 $\boldsymbol{\gamma}_1,\boldsymbol{\gamma}_2,\boldsymbol{\gamma}_3$ 线性相关

【答案】(C)

小结

当 $\boldsymbol{\alpha}_1,\boldsymbol{\alpha}_2,\boldsymbol{\alpha}_3$ 线性无关时,$(\boldsymbol{\beta}_1,\boldsymbol{\beta}_2,\boldsymbol{\beta}_3)=(\boldsymbol{\alpha}_1,\boldsymbol{\alpha}_2,\boldsymbol{\alpha}_3)\boldsymbol{C},\boldsymbol{\beta}_1,\boldsymbol{\beta}_2,\boldsymbol{\beta}_3$ 线性无关的充要条件是 $|\boldsymbol{C}|\neq0$.

【解析】当矩阵 $B_{3\times 3}$ 可逆时，由 $\alpha_2,\alpha_3,\alpha_4$ 线性无关，得 $\gamma_1,\gamma_2,\gamma_3$ 线性无关，(C) 项正确.

对于(A) 项，因 $\alpha_1,\alpha_2,\alpha_3$ 线性相关，无论 $A_{3\times 3}$ 是何矩阵，β_1,β_2,β_3 均线性相关，故(A) 项不正确.

对于(B)、(D) 两项，无论 $\alpha_1,\alpha_2,\alpha_3$ 和 $\alpha_2,\alpha_3,\alpha_4$ 是否线性相关，均存在 $A_{3\times 3}$，$B_{3\times 3}$，使得 β_1,β_2,β_3 和 $\alpha_1,\alpha_2,\alpha_3$ 线性相关，故(B)、(D) 两项均不正确.

故选(C).

例11 已知 $\alpha_1,\alpha_2,\cdots,\alpha_s,\beta_1,\beta_2,\cdots,\beta_{s-1}$ 都是 n 维向量，下列命题中错误的是(　　).

(A) 如果 $\begin{pmatrix}\alpha_1\\\beta_1\end{pmatrix}$，$\begin{pmatrix}\alpha_2\\\beta_2\end{pmatrix}$，$\cdots$，$\begin{pmatrix}\alpha_{s-1}\\\beta_{s-1}\end{pmatrix}$ 线性相关，则 $\alpha_1,\alpha_2,\cdots,\alpha_{s-1},\alpha_s$ 线性相关

(B) 如果 $R(\alpha_1,\alpha_2,\cdots,\alpha_s,\beta_1,\beta_2,\cdots,\beta_{s-1})=R(\beta_1,\beta_2,\cdots,\beta_{s-1})$，则 $\alpha_1,\alpha_2,\cdots,\alpha_s$ 线性相关

(C) 如果 $\alpha_1,\alpha_2,\cdots,\alpha_s$ 线性相关，且 α_s 不能由 $\alpha_1,\alpha_2,\cdots,\alpha_{s-1}$ 线性表出，则 $\alpha_1,\alpha_2,\cdots,\alpha_{s-1}$ 线性相关

(D) 如果 α_s 不能由 $\alpha_1,\alpha_2,\cdots,\alpha_{s-1}$ 线性表出，则 $\alpha_1,\alpha_2,\cdots,\alpha_s$ 线性无关

【答案】(D)

【解析】对于(A) 项，高维相关则低维相关，部分相关则整体一定相关，(A) 项正确；

对于(B) 项，$\alpha_1,\alpha_2,\cdots,\alpha_s$ 一定可由 $\beta_1,\beta_2,\cdots,\beta_{s-1}$ 线性表出，由多数与少数的关系，得 $\alpha_1,\alpha_2,\cdots,\alpha_s$ 相关，(B) 项正确；

对于(C) 项，利用线性相关和线性表出的定义，已知 $\alpha_1,\alpha_2,\cdots,\alpha_s$ 线性相关，则存在不全为零的数 $k_1,k_2,\cdots,k_s$，使得 $k_1\alpha_1+\cdots+k_s\alpha_s=0$，由 α_s 不能由 $\alpha_1,\alpha_2,\cdots,\alpha_{s-1}$ 线性表出，得 $k_s=0$，即存在不全为零的数 $k_1,k_2,\cdots,k_{s-1}$，使得 $k_1\alpha_1+\cdots+k_{s-1}\alpha_{s-1}=0$，故 $\alpha_1,\alpha_2,\cdots,\alpha_{s-1}$ 线性相关，(C) 项正确.

对于(D) 项，$\alpha_1,\alpha_2,\cdots,\alpha_s$ 线性无关指的是任意的 α_s 不能由向量组中的其他向量线性表出.

故选(D).

小结

牢记向量组线性相关性的结论.

三阶突破

例12 设 A 为 $m\times n$ 矩阵，$R(A)=n<m$，则下列结论正确的是(　　).

(A) 若 $AB=AC$，则 $B=C$ 　　　　　(B) 若 $BA=CA$，则 $B=C$

(C) A 的任意 n 个行向量线性无关 　　(D) A 的任意 n 个行向量线性相关

【答案】(A)

线索

利用齐次方程组的解判别线性相关性，矩阵的秩等于矩阵的行秩等于矩阵的列秩.

【解析】由 $R(\boldsymbol{A})=n<m$ 知 $\boldsymbol{A}$ 的列向量线性无关,且 $\boldsymbol{A}$ 中存在 n 个行向量线性无关,由 $\boldsymbol{AB}=\boldsymbol{AC}$ 得 $\boldsymbol{A}(\boldsymbol{B}-\boldsymbol{C})=\boldsymbol{O}$,因为 $R(\boldsymbol{A})=n$,所以方程 $\boldsymbol{AX}=\boldsymbol{O}$ 只有零解,则 $\boldsymbol{B}-\boldsymbol{C}=\boldsymbol{O}\Rightarrow\boldsymbol{B}=\boldsymbol{C}$.

故选(A).

小结

矩阵 $\boldsymbol{A}$ 列满秩,则
$$R[\boldsymbol{A}(\boldsymbol{B}-\boldsymbol{C})]=R(\boldsymbol{B}-\boldsymbol{C})\Rightarrow R(\boldsymbol{O})=R(\boldsymbol{B}-\boldsymbol{C})\Rightarrow\boldsymbol{B}-\boldsymbol{C}=\boldsymbol{O}.$$

例13 设有两个向量组 $\boldsymbol{A}=(\boldsymbol{\alpha}_1,\boldsymbol{\alpha}_2,\cdots,\boldsymbol{\alpha}_n)$ 和 $\boldsymbol{B}=(\boldsymbol{\beta}_1,\boldsymbol{\beta}_2,\cdots,\boldsymbol{\beta}_n)$ 都是 $m\times n$ 矩阵,且满足 $R(\boldsymbol{A})<R(\boldsymbol{B})=n$,则下列表述不正确的个数为(　　　).

(1) 向量组 $\boldsymbol{\alpha}_1,\boldsymbol{\alpha}_2,\cdots,\boldsymbol{\alpha}_n,\boldsymbol{\beta}_1,\boldsymbol{\beta}_2,\cdots,\boldsymbol{\beta}_n$ 线性相关;

(2) 向量组 $\boldsymbol{\alpha}_1,\boldsymbol{\alpha}_2,\cdots,\boldsymbol{\alpha}_n,\boldsymbol{\beta}_1,\boldsymbol{\beta}_2,\cdots,\boldsymbol{\beta}_n$ 线性无关;

(3) 向量组 $\boldsymbol{\alpha}_1+\boldsymbol{\beta}_1,\boldsymbol{\alpha}_2+\boldsymbol{\beta}_2,\cdots,\boldsymbol{\alpha}_n+\boldsymbol{\beta}_n,\boldsymbol{\alpha}_1-\boldsymbol{\beta}_1,\boldsymbol{\alpha}_2-\boldsymbol{\beta}_2,\cdots,\boldsymbol{\alpha}_n-\boldsymbol{\beta}_n$ 线性相关;

(4) 向量组 $\boldsymbol{\alpha}_1+\boldsymbol{\beta}_1,\boldsymbol{\alpha}_2+\boldsymbol{\beta}_2,\cdots,\boldsymbol{\alpha}_n+\boldsymbol{\beta}_n,\boldsymbol{\alpha}_1-\boldsymbol{\beta}_1,\boldsymbol{\alpha}_2-\boldsymbol{\beta}_2,\cdots,\boldsymbol{\alpha}_n-\boldsymbol{\beta}_n$ 线性无关.

(A)0 个　　　　　　(B)1 个　　　　　　(C)2 个　　　　　　(D)3 个

【答案】(C)

线索

利用向量组秩的结果判别线性相关性.

【解析】对于(1),因为 $R(\boldsymbol{A})<R(\boldsymbol{B})=n$,知 $\boldsymbol{\alpha}_1,\boldsymbol{\alpha}_2,\cdots\boldsymbol{\alpha}_n$ 线性相关,则 $\boldsymbol{\alpha}_1,\boldsymbol{\alpha}_2,\cdots,\boldsymbol{\alpha}_n,\boldsymbol{\beta}_1,\boldsymbol{\beta}_2,\cdots,\boldsymbol{\beta}_n$ 线性相关,(1) 正确;

对于(2),取 $\boldsymbol{\alpha}_1=\begin{pmatrix}1\\0\end{pmatrix},\boldsymbol{\alpha}_2=\begin{pmatrix}0\\0\end{pmatrix};\boldsymbol{\beta}_1=\begin{pmatrix}1\\0\end{pmatrix},\boldsymbol{\beta}_2=\begin{pmatrix}0\\1\end{pmatrix}$,(2) 错误;

对于(3),记 $\boldsymbol{A}=(\boldsymbol{\alpha}_1,\boldsymbol{\alpha}_2,\cdots,\boldsymbol{\alpha}_n),\boldsymbol{B}=(\boldsymbol{\beta}_1,\boldsymbol{\beta}_2,\cdots,\boldsymbol{\beta}_n)$,知
$$(\boldsymbol{A}+\boldsymbol{B},\boldsymbol{A}-\boldsymbol{B})=(\boldsymbol{A},\boldsymbol{B})\begin{pmatrix}\boldsymbol{E}&\boldsymbol{E}\\\boldsymbol{E}&-\boldsymbol{E}\end{pmatrix}=(\boldsymbol{A},\boldsymbol{B})\boldsymbol{C},$$

且 $\boldsymbol{C}$ 可逆,故 $R(\boldsymbol{A}+\boldsymbol{B},\boldsymbol{A}-\boldsymbol{B})=R(\boldsymbol{A},\boldsymbol{B})$,由(1)知(3) 正确;

对于(4),取 $\boldsymbol{\alpha}_1=\begin{pmatrix}1\\0\end{pmatrix},\boldsymbol{\alpha}_2=\begin{pmatrix}0\\0\end{pmatrix};\boldsymbol{\beta}_1=\begin{pmatrix}1\\0\end{pmatrix},\boldsymbol{\beta}_2=\begin{pmatrix}0\\1\end{pmatrix}$,(4) 错误.

故选(C).

小结

向量组的秩转化为对应矩阵的秩,利用分块矩阵的乘法,分解矩阵并结合矩阵秩的性质.

题型5 向量组线性无关的证明

一阶溯源

例1 设 $\boldsymbol{\alpha}_1,\boldsymbol{\alpha}_2,\cdots,\boldsymbol{\alpha}_m,\boldsymbol{\beta}$ 为 $m+1$ 维列向量，$\boldsymbol{\beta}=\boldsymbol{\alpha}_1+\boldsymbol{\alpha}_2+\cdots+\boldsymbol{\alpha}_m(m>1)$.

证明：若 $\boldsymbol{\alpha}_1,\boldsymbol{\alpha}_2,\cdots,\boldsymbol{\alpha}_m$ 线性无关，则 $\boldsymbol{\beta}-\boldsymbol{\alpha}_1,\boldsymbol{\beta}-\boldsymbol{\alpha}_2,\cdots,\boldsymbol{\beta}-\boldsymbol{\alpha}_m$ 线性无关.

线索

此题为证明抽象向量组线性无关，则可用定义法及秩的方法来证明.

【证明】方法一： 令 $k_1(\boldsymbol{\beta}-\boldsymbol{\alpha}_1)+k_2(\boldsymbol{\beta}-\boldsymbol{\alpha}_2)+\cdots+k_m(\boldsymbol{\beta}-\boldsymbol{\alpha}_m)=\boldsymbol{0}$，整理可得

$(k_2+k_3+\cdots+k_m)\boldsymbol{\alpha}_1+(k_1+k_3+\cdots+k_m)\boldsymbol{\alpha}_2+\cdots+(k_1+k_2+\cdots+k_{m-1})\boldsymbol{\alpha}_m=\boldsymbol{0}$，

因为 $\boldsymbol{\alpha}_1,\boldsymbol{\alpha}_2,\cdots,\boldsymbol{\alpha}_m$ 线性无关，所以有

$$\begin{cases} k_2+k_3+\cdots+k_m=0, \\ k_1+k_3+\cdots+k_m=0, \\ \qquad\cdots \\ k_1+k_2+\cdots+k_{m-1}=0. \end{cases}$$

因为 $D=\begin{vmatrix} 0 & 1 & \cdots & 1 & 1 \\ 1 & 0 & \cdots & 1 & 1 \\ \vdots & \vdots & & \vdots & \vdots \\ 1 & 1 & \cdots & 0 & 1 \\ 1 & 1 & \cdots & 1 & 0 \end{vmatrix}=(-1)^{m-1}(m-1)\neq 0$，所以方程组只有零解，即 $k_1=k_2$

$=\cdots=k_m=0$，故 $\boldsymbol{\beta}-\boldsymbol{\alpha}_1,\boldsymbol{\beta}-\boldsymbol{\alpha}_2,\cdots,\boldsymbol{\beta}-\boldsymbol{\alpha}_m$ 线性无关.

方法二： $(\boldsymbol{\beta}-\boldsymbol{\alpha}_1,\boldsymbol{\beta}-\boldsymbol{\alpha}_2,\cdots,\boldsymbol{\beta}-\boldsymbol{\alpha}_m)$

$=(\boldsymbol{\alpha}_2+\boldsymbol{\alpha}_3+\cdots+\boldsymbol{\alpha}_m,\boldsymbol{\alpha}_1+\boldsymbol{\alpha}_3+\cdots+\boldsymbol{\alpha}_m,\cdots,\boldsymbol{\alpha}_1+\boldsymbol{\alpha}_2+\cdots+\boldsymbol{\alpha}_{m-1})$

$=(\boldsymbol{\alpha}_1,\boldsymbol{\alpha}_2,\cdots,\boldsymbol{\alpha}_m)\begin{pmatrix} 0 & 1 & \cdots & 1 & 1 \\ 1 & 0 & \cdots & 1 & 1 \\ \vdots & \vdots & & \vdots & \vdots \\ 1 & 1 & \cdots & 0 & 1 \\ 1 & 1 & \cdots & 1 & 0 \end{pmatrix}$.

记 $\boldsymbol{B}=\boldsymbol{A}\boldsymbol{C}$，因为 $\boldsymbol{\alpha}_1,\boldsymbol{\alpha}_2,\cdots,\boldsymbol{\alpha}_m$ 线性无关，且 $|\boldsymbol{C}|\neq 0$，故 $\boldsymbol{\beta}-\boldsymbol{\alpha}_1,\boldsymbol{\beta}-\boldsymbol{\alpha}_2,\cdots,\boldsymbol{\beta}-\boldsymbol{\alpha}_m$ 线性无关.

例2 设 $\boldsymbol{A}$ 为 n 阶方阵，$\boldsymbol{\alpha}_1,\boldsymbol{\alpha}_2,\cdots,\boldsymbol{\alpha}_n$ 为 n 个线性无关的 n 维向量.

证明：$R(\boldsymbol{A})=n$ 的充要条件为 $\boldsymbol{A}\boldsymbol{\alpha}_1,\boldsymbol{A}\boldsymbol{\alpha}_2,\cdots,\boldsymbol{A}\boldsymbol{\alpha}_n$ 线性无关.

线索

（2017数三填空用过此结论，与2006数三选择类似）证明抽象向量组的线性无关性通常利用秩与线性无关的定义.

【证明】(1) 必要性：由 $R(\boldsymbol{A})=n$ 知 $\boldsymbol{A}$ 可逆,则

$$R(\boldsymbol{A\alpha}_1,\boldsymbol{A\alpha}_2,\cdots,\boldsymbol{A\alpha}_n)=R[\boldsymbol{A}(\boldsymbol{\alpha}_1,\boldsymbol{\alpha}_2,\cdots,\boldsymbol{\alpha}_n)]=R(\boldsymbol{\alpha}_1,\boldsymbol{\alpha}_2,\cdots,\boldsymbol{\alpha}_n)=n,$$

故 $\boldsymbol{A\alpha}_1,\boldsymbol{A\alpha}_2,\cdots,\boldsymbol{A\alpha}_n$ 线性无关.

或设 $k_1\boldsymbol{A\alpha}_1+k_2\boldsymbol{A\alpha}_2+\cdots+k_n\boldsymbol{A\alpha}_n=\boldsymbol{0}$ 得 $\boldsymbol{A}(k_1\boldsymbol{\alpha}_1+k_2\boldsymbol{\alpha}_2+\cdots+k_n\boldsymbol{\alpha}_n)=\boldsymbol{0}.$

由 $R(\boldsymbol{A})=n$ 得 $k_1\boldsymbol{\alpha}_1+k_2\boldsymbol{\alpha}_2+\cdots+k_n\boldsymbol{\alpha}_n=\boldsymbol{0}.$ 又 $\boldsymbol{\alpha}_1,\boldsymbol{\alpha}_2,\cdots,\boldsymbol{\alpha}_n$ 线性无关,知 $k_1=k_2=\cdots=k_n=0$,故 $\boldsymbol{A\alpha}_1,\boldsymbol{A\alpha}_2,\cdots,\boldsymbol{A\alpha}_n$ 线性无关.

(2) 充分性：若 $\boldsymbol{A\alpha}_1,\boldsymbol{A\alpha}_2,\cdots,\boldsymbol{A\alpha}_n$ 线性无关,则 $R(\boldsymbol{A\alpha}_1,\boldsymbol{A\alpha}_2,\cdots,\boldsymbol{A\alpha}_n)=n.$

又 $|\boldsymbol{\alpha}_1,\boldsymbol{\alpha}_2,\cdots,\boldsymbol{\alpha}_n|\neq 0,R(\boldsymbol{A})=R[\boldsymbol{A}(\boldsymbol{\alpha}_1,\boldsymbol{\alpha}_2,\cdots,\boldsymbol{\alpha}_n)]=R(\boldsymbol{A\alpha}_1,\boldsymbol{A\alpha}_2,\cdots,\boldsymbol{A\alpha}_n)=n,$
故秩$(\boldsymbol{A})=n$ 的充要条件为 $\boldsymbol{A\alpha}_1,\boldsymbol{A\alpha}_2,\cdots,\boldsymbol{A\alpha}_n$ 线性无关.

⇨二阶提炼

例3 设 $\boldsymbol{A}$ 是 n 阶正定矩阵,$\boldsymbol{\xi}_1,\boldsymbol{\xi}_2,\cdots,\boldsymbol{\xi}_n$ 是 n 维非零列向量,满足

$$\boldsymbol{\xi}_i^{\mathrm{T}}\boldsymbol{A\xi}_j=0(i\neq j).$$

证明：$\boldsymbol{\xi}_1,\boldsymbol{\xi}_2,\cdots,\boldsymbol{\xi}_n$ 线性无关.

【证明】设 $k_1\boldsymbol{\xi}_1+k_2\boldsymbol{\xi}_2+\cdots+k_n\boldsymbol{\xi}_n=\boldsymbol{0}$,两边左乘 $\boldsymbol{\xi}_i^{\mathrm{T}}\boldsymbol{A}$,有

$$\boldsymbol{\xi}_i^{\mathrm{T}}\boldsymbol{A}(k_1\boldsymbol{\xi}_1+k_2\boldsymbol{\xi}_2+\cdots+k_n\boldsymbol{\xi}_n)=\boldsymbol{0},$$

由 $\boldsymbol{\xi}_i^{\mathrm{T}}\boldsymbol{A\xi}_j=0(i\neq j)$ 知 $k_i\boldsymbol{\xi}_i^{\mathrm{T}}\boldsymbol{A\xi}_i=0$,由 $\boldsymbol{A}$ 正定知

$$\forall \boldsymbol{\xi}_i\neq \boldsymbol{0},\boldsymbol{\xi}_i^{\mathrm{T}}\boldsymbol{A\xi}_i>0\Rightarrow k_i=0(i=1,2,\cdots n),$$

故 $\boldsymbol{\xi}_1,\boldsymbol{\xi}_2,\cdots,\boldsymbol{\xi}_n$ 线性无关.

小结

证明向量组 $\boldsymbol{\xi}_1,\boldsymbol{\xi}_2,\cdots,\boldsymbol{\xi}_n$ 线性无关,通常采用

$$k_1\boldsymbol{\xi}_1+k_2\boldsymbol{\xi}_2+\cdots+k_n\boldsymbol{\xi}_n=\boldsymbol{0}\Rightarrow k_1=k_2=\cdots=k_n=0.$$

例4 设 $\boldsymbol{A}$ 是 n 阶矩阵,$\boldsymbol{\alpha}_1,\boldsymbol{\alpha}_2,\boldsymbol{\alpha}_3$ 是 n 维列向量,且 $\boldsymbol{\alpha}_1\neq\boldsymbol{0},\boldsymbol{A\alpha}_1=k\boldsymbol{\alpha}_1,\boldsymbol{A\alpha}_2=l\boldsymbol{\alpha}_1+k\boldsymbol{\alpha}_2,$ $\boldsymbol{A\alpha}_3=l\boldsymbol{\alpha}_2+k\boldsymbol{\alpha}_3,l\neq 0$,证明：$\boldsymbol{\alpha}_1,\boldsymbol{\alpha}_2,\boldsymbol{\alpha}_3$ 线性无关.

【证明】令 $k_1\boldsymbol{\alpha}_1+k_2\boldsymbol{\alpha}_2+k_3\boldsymbol{\alpha}_3=\boldsymbol{0}$,用 $\boldsymbol{A}-k\boldsymbol{E}$ 左乘此式可得

$$k_1(\boldsymbol{A}-k\boldsymbol{E})\boldsymbol{\alpha}_1+k_2(\boldsymbol{A}-k\boldsymbol{E})\boldsymbol{\alpha}_2+k_3(\boldsymbol{A}-k\boldsymbol{E})\boldsymbol{\alpha}_3=\boldsymbol{0},$$

即 $k_2\boldsymbol{\alpha}_1+k_3\boldsymbol{\alpha}_2=\boldsymbol{0}$,再用 $\boldsymbol{A}-k\boldsymbol{E}$ 左乘,可得 $k_3\boldsymbol{\alpha}_1=\boldsymbol{0}.$

由于 $\boldsymbol{\alpha}_1\neq\boldsymbol{0}$,则必有 $k_3=0$,依次往上代入可得 $k_2=0$ 和 $k_1=0$,所以 $\boldsymbol{\alpha}_1,\boldsymbol{\alpha}_2,\boldsymbol{\alpha}_3$ 线性无关.

小结

此题为证明抽象向量组线性无关,由已知条件可得 $(\boldsymbol{A}-k\boldsymbol{E})\boldsymbol{\alpha}_1=\boldsymbol{0},(\boldsymbol{A}-k\boldsymbol{E})\boldsymbol{\alpha}_2=l\boldsymbol{\alpha}_1,$ $(\boldsymbol{A}-k\boldsymbol{E})\boldsymbol{\alpha}_3=l\boldsymbol{\alpha}_2$,则应该用 $\boldsymbol{A}-k\boldsymbol{E}$ 左乘此式来恒等变形.

例5 (2008) 设 $\boldsymbol{A}$ 为3阶矩阵,$\boldsymbol{\alpha}_1,\boldsymbol{\alpha}_2$ 为 $\boldsymbol{A}$ 的分别属于特征值 $-1,1$ 的特征向量,向量 $\boldsymbol{\alpha}_3$ 满足 $\boldsymbol{A\alpha}_3=\boldsymbol{\alpha}_2+\boldsymbol{\alpha}_3$,证明：$\boldsymbol{\alpha}_1,\boldsymbol{\alpha}_2,\boldsymbol{\alpha}_3$ 线性无关.

【证明】**方法一**：设 $k_1\boldsymbol{\alpha}_1+k_2\boldsymbol{\alpha}_2+k_3\boldsymbol{\alpha}_3=\boldsymbol{0}$, ①

① 式左乘 A，有
$$k_1 A\boldsymbol{\alpha}_1 + k_2 A\boldsymbol{\alpha}_2 + k_3 A\boldsymbol{\alpha}_3 = \mathbf{0} \Rightarrow -k_1\boldsymbol{\alpha}_1 + k_2\boldsymbol{\alpha}_2 + k_3(\boldsymbol{\alpha}_2+\boldsymbol{\alpha}_3)=\mathbf{0},$$
整理得 $-k_1\boldsymbol{\alpha}_1 + (k_2+k_3)\boldsymbol{\alpha}_2 + k_3\boldsymbol{\alpha}_3 = \mathbf{0}$，　　　　　　　　②

①－② 得 $2k_1\boldsymbol{\alpha}_1 - k_3\boldsymbol{\alpha}_2 = \mathbf{0}$，又 $\boldsymbol{\alpha}_1,\boldsymbol{\alpha}_2$ 是不同的特征值对应的特征向量，故 $\boldsymbol{\alpha}_1,\boldsymbol{\alpha}_2$ 线性无关，即 $k_1=k_3=0$，代入 ① 得 $k_2=0$，即 $k_1=k_2=k_3=0$，故 $\boldsymbol{\alpha}_1,\boldsymbol{\alpha}_2,\boldsymbol{\alpha}_3$ 线性无关.

方法二：假设 $\boldsymbol{\alpha}_1,\boldsymbol{\alpha}_2,\boldsymbol{\alpha}_3$ 线性相关，由 $\boldsymbol{\alpha}_1,\boldsymbol{\alpha}_2$ 线性无关，则 $\boldsymbol{\alpha}_3 = k_1\boldsymbol{\alpha}_1 + k_2\boldsymbol{\alpha}_2$，　　①

两边左乘 A，得
$$A\boldsymbol{\alpha}_3 = k_1 A\boldsymbol{\alpha}_1 + k_2 A\boldsymbol{\alpha}_2 \Rightarrow \boldsymbol{\alpha}_2 + \boldsymbol{\alpha}_3 = -k_1\boldsymbol{\alpha}_1 + k_2\boldsymbol{\alpha}_2,$$　②

②－① 得 $\boldsymbol{\alpha}_2 = -2k_1\boldsymbol{\alpha}_1$，与 $\boldsymbol{\alpha}_1,\boldsymbol{\alpha}_2$ 线性无关矛盾. 故 $\boldsymbol{\alpha}_1,\boldsymbol{\alpha}_2,\boldsymbol{\alpha}_3$ 线性无关.

小结

> 用线性无关的定义证明向量组的无关时，一般用到在式子两边左乘某个矩阵的方法，使式子变短，有时候还结合重组.

例6 设 $\boldsymbol{\alpha}_1,\boldsymbol{\alpha}_2,\cdots,\boldsymbol{\alpha}_n$ 为 n 个 n 维向量，证明：$\boldsymbol{\alpha}_1,\boldsymbol{\alpha}_2,\cdots,\boldsymbol{\alpha}_n$ 线性无关的充分必要条件是
$$\begin{vmatrix} \boldsymbol{\alpha}_1^T\boldsymbol{\alpha}_1 & \boldsymbol{\alpha}_1^T\boldsymbol{\alpha}_2 & \cdots & \boldsymbol{\alpha}_1^T\boldsymbol{\alpha}_n \\ \boldsymbol{\alpha}_2^T\boldsymbol{\alpha}_1 & \boldsymbol{\alpha}_2^T\boldsymbol{\alpha}_2 & \cdots & \boldsymbol{\alpha}_2^T\boldsymbol{\alpha}_n \\ \vdots & \vdots & & \vdots \\ \boldsymbol{\alpha}_n^T\boldsymbol{\alpha}_1 & \boldsymbol{\alpha}_n^T\boldsymbol{\alpha}_2 & \cdots & \boldsymbol{\alpha}_n^T\boldsymbol{\alpha}_n \end{vmatrix} \neq 0.$$

【证明】 令 $A = (\boldsymbol{\alpha}_1,\boldsymbol{\alpha}_2,\cdots,\boldsymbol{\alpha}_n)$，则 $A^T A = \begin{pmatrix} \boldsymbol{\alpha}_1^T\boldsymbol{\alpha}_1 & \boldsymbol{\alpha}_1^T\boldsymbol{\alpha}_2 & \cdots & \boldsymbol{\alpha}_1^T\boldsymbol{\alpha}_n \\ \boldsymbol{\alpha}_2^T\boldsymbol{\alpha}_1 & \boldsymbol{\alpha}_2^T\boldsymbol{\alpha}_2 & \cdots & \boldsymbol{\alpha}_2^T\boldsymbol{\alpha}_n \\ \vdots & \vdots & & \vdots \\ \boldsymbol{\alpha}_n^T\boldsymbol{\alpha}_1 & \boldsymbol{\alpha}_n^T\boldsymbol{\alpha}_2 & \cdots & \boldsymbol{\alpha}_n^T\boldsymbol{\alpha}_n \end{pmatrix}$，

$$|A^T A| = \begin{vmatrix} \boldsymbol{\alpha}_1^T\boldsymbol{\alpha}_1 & \boldsymbol{\alpha}_1^T\boldsymbol{\alpha}_2 & \cdots & \boldsymbol{\alpha}_1^T\boldsymbol{\alpha}_n \\ \boldsymbol{\alpha}_2^T\boldsymbol{\alpha}_1 & \boldsymbol{\alpha}_2^T\boldsymbol{\alpha}_2 & \cdots & \boldsymbol{\alpha}_2^T\boldsymbol{\alpha}_n \\ \vdots & \vdots & & \vdots \\ \boldsymbol{\alpha}_n^T\boldsymbol{\alpha}_1 & \boldsymbol{\alpha}_n^T\boldsymbol{\alpha}_2 & \cdots & \boldsymbol{\alpha}_n^T\boldsymbol{\alpha}_n \end{vmatrix} \neq 0 \Leftrightarrow |A|^2 \neq 0 \Leftrightarrow |A| \neq 0 \Leftrightarrow R(A)=n$$

$$\Leftrightarrow \boldsymbol{\alpha}_1,\boldsymbol{\alpha}_2,\cdots,\boldsymbol{\alpha}_n \text{ 线性无关.}$$

故 $\boldsymbol{\alpha}_1,\boldsymbol{\alpha}_2,\cdots,\boldsymbol{\alpha}_n$ 线性无关的充分必要条件是
$$\begin{vmatrix} \boldsymbol{\alpha}_1^T\boldsymbol{\alpha}_1 & \boldsymbol{\alpha}_1^T\boldsymbol{\alpha}_2 & \cdots & \boldsymbol{\alpha}_1^T\boldsymbol{\alpha}_n \\ \boldsymbol{\alpha}_2^T\boldsymbol{\alpha}_1 & \boldsymbol{\alpha}_2^T\boldsymbol{\alpha}_2 & \cdots & \boldsymbol{\alpha}_2^T\boldsymbol{\alpha}_n \\ \vdots & \vdots & & \vdots \\ \boldsymbol{\alpha}_n^T\boldsymbol{\alpha}_1 & \boldsymbol{\alpha}_n^T\boldsymbol{\alpha}_2 & \cdots & \boldsymbol{\alpha}_n^T\boldsymbol{\alpha}_n \end{vmatrix} \neq 0.$$

小 结

$$A = (\boldsymbol{\alpha}_1, \boldsymbol{\alpha}_2, \cdots, \boldsymbol{\alpha}_n) \Rightarrow A^{\mathrm{T}} = \begin{pmatrix} \boldsymbol{\alpha}_1^{\mathrm{T}} \\ \boldsymbol{\alpha}_2^{\mathrm{T}} \\ \vdots \\ \boldsymbol{\alpha}_n^{\mathrm{T}} \end{pmatrix}; R(A) = R(A^{\mathrm{T}}) = R(AA^{\mathrm{T}}) = R(A^{\mathrm{T}}A).$$

例7 若 $t_1, t_2, \cdots, t_r$ 是 r 个非零互异实数,又 $r \leqslant n$,试证明:n 维向量组 $\boldsymbol{\alpha}_1 = (t_1, t_1^2, \cdots, t_1^n)$, $\boldsymbol{\alpha}_2 = (t_2, t_2^2, \cdots, t_2^n), \cdots, \boldsymbol{\alpha}_r = (t_r, t_r^2, \cdots, t_r^n)$ 线性无关.

【证明】令 $\boldsymbol{\beta}_1 = (t_1, t_1^2, \cdots, t_1^r), \boldsymbol{\beta}_2 = (t_2, t_2^2, \cdots, t_2^r), \boldsymbol{\beta}_r = (t_r, t_r^2, \cdots, t_r^r)$,则

$$|\boldsymbol{\beta}_1^{\mathrm{T}}, \boldsymbol{\beta}_2^{\mathrm{T}}, \cdots, \boldsymbol{\beta}_r^{\mathrm{T}}| = \begin{vmatrix} t_1 & t_2 & \cdots & t_r \\ t_1^2 & t_2^2 & \cdots & t_r^2 \\ \vdots & \vdots & & \vdots \\ t_1^r & t_2^r & \cdots & t_r^r \end{vmatrix} = \prod_{i=1}^{r} t_i \begin{vmatrix} 1 & 1 & \cdots & 1 \\ t_1 & t_2 & \cdots & t_r \\ \vdots & \vdots & & \vdots \\ t_1^{r-1} & t_2^{r-1} & \cdots & t_r^{r-1} \end{vmatrix}$$

$$= \prod_{i=1}^{r} t_i \prod_{1 \leqslant i < j \leqslant r} (t_j - t_i),$$

由 $t_1, t_2, \cdots, t_r$ 为非零互异实数,得 $|\boldsymbol{\beta}_1^{\mathrm{T}}, \boldsymbol{\beta}_2^{\mathrm{T}}, \cdots, \boldsymbol{\beta}_r^{\mathrm{T}}| \neq 0$,即 $\boldsymbol{\beta}_1, \boldsymbol{\beta}_2, \cdots, \boldsymbol{\beta}_r$ 线性无关.当向量组对应的低维向量组线性无关时,对应的高维向量组一定线性无关,得 $\boldsymbol{\alpha}_1, \boldsymbol{\alpha}_2, \cdots, \boldsymbol{\alpha}_r$ 线性无关.

小 结

当向量组中向量的个数和维数相同时,可以利用行列式是否为零判定线性相关性,同时利用了向量组的线性相关性中低维与高维的关系,特别要注意向量组构成的矩阵是否为方阵.

例8 设 $\boldsymbol{\alpha}_i = (a_{i1}, a_{i2}, \cdots a_{in})^{\mathrm{T}} (i=1,2\cdots,r; r < n)$ 是 n 维实向量,且 $\boldsymbol{\alpha}_1, \boldsymbol{\alpha}_2, \cdots, \boldsymbol{\alpha}_r$ 线性无关,已知 $\boldsymbol{\beta} = (b_1, b_2, \cdots, b_n)^{\mathrm{T}}$ 是线性方程组

$$\begin{cases} a_{11}x_1 + a_{12}x_2 + \cdots + a_{1n}x_n = 0, \\ a_{21}x_1 + a_{22}x_2 + \cdots + a_{2n}x_n = 0, \\ \cdots \\ a_{r1}x_1 + a_{r2}x_2 + \cdots + a_{rn}x_n = 0, \end{cases}$$

的非零解向量,证明:$\boldsymbol{\alpha}_1, \boldsymbol{\alpha}_2, \cdots, \boldsymbol{\alpha}_r, \boldsymbol{\beta}$ 线性无关.

【证明】设有关系式 $k_1\boldsymbol{\alpha}_1 + k_2\boldsymbol{\alpha}_2 + \cdots + k_r\boldsymbol{\alpha}_r + l\boldsymbol{\beta} = \mathbf{0}$,

由于 $\boldsymbol{\beta}$ 为线性方程组的非零解,则

$$\boldsymbol{\beta}^{\mathrm{T}}\boldsymbol{\alpha}_1 = 0, \boldsymbol{\beta}^{\mathrm{T}}\boldsymbol{\alpha}_2 = 0, \cdots, \boldsymbol{\beta}^{\mathrm{T}}\boldsymbol{\alpha}_r = 0 \Rightarrow k_1\boldsymbol{\beta}^{\mathrm{T}}\boldsymbol{\alpha}_1 + k_2\boldsymbol{\beta}^{\mathrm{T}}\boldsymbol{\alpha}_2 + \cdots + k_r\boldsymbol{\beta}^{\mathrm{T}}\boldsymbol{\alpha}_r + l\boldsymbol{\beta}^{\mathrm{T}}\boldsymbol{\beta} = 0,$$

$$\Rightarrow l\boldsymbol{\beta}^{\mathrm{T}}\boldsymbol{\beta} = 0 (因为 \boldsymbol{\beta}^{\mathrm{T}}\boldsymbol{\beta} \neq 0) \Rightarrow l = 0,$$

知 $k_1\boldsymbol{\alpha}_1 + k_2\boldsymbol{\alpha}_2 + \cdots + k_r\boldsymbol{\alpha}_r = \mathbf{0}$,而 $\boldsymbol{\alpha}_1, \boldsymbol{\alpha}_2, \cdots, \boldsymbol{\alpha}_r$ 线性无关,$k_1 = k_2 = \cdots k_r = 0$,故 $\boldsymbol{\alpha}_1, \boldsymbol{\alpha}_2, \cdots, \boldsymbol{\alpha}_r, \boldsymbol{\beta}$ 线性无关.

小结

应熟练地将方程组的解转化为向量的形式,结合内积、线性相关或无关的定义判别线性相关性.

三阶突破

例9 设 A 为 $n \times m$ 矩阵,B 为 $m \times n$ 矩阵,满足 $AB = E$,证明:B 的列向量组线性无关.

线索

证明列向量组线性无关的常用思路:(1)利用秩说明;(2)利用定义说明;(3)利用线性表出说明;(4)构造齐次方程组说明.

【证明】**方法一**:$n = R(AB) \leqslant R(B) \leqslant n \Rightarrow R(B) = n$,故 B 的列向量组线性无关.

方法二:记 $B = (\boldsymbol{\beta}_1, \boldsymbol{\beta}_2, \cdots, \boldsymbol{\beta}_n)$,$x = (x_1, x_2, \cdots x_n)^{\mathrm{T}}$,

设 $x_1 \boldsymbol{\beta}_1 + x_2 \boldsymbol{\beta}_2 + \cdots + x_n \boldsymbol{\beta}_n = 0 \Rightarrow x_1 A\boldsymbol{\beta}_1 + x_2 A\boldsymbol{\beta}_2 + \cdots + x_n A\boldsymbol{\beta}_n = 0$,

又因为

$$AB = A(\boldsymbol{\beta}_1, \boldsymbol{\beta}_2, \cdots, \boldsymbol{\beta}_n) = \begin{pmatrix} 1 & 0 & \cdots & 0 \\ 0 & 1 & \cdots & 0 \\ \vdots & \vdots & & \vdots \\ 0 & 0 & \cdots & 1 \end{pmatrix},$$

所以

$$x_1 \begin{pmatrix} 1 \\ 0 \\ \vdots \\ 0 \end{pmatrix} + x_2 \begin{pmatrix} 0 \\ 1 \\ \vdots \\ 0 \end{pmatrix} + \cdots + x_n \begin{pmatrix} 0 \\ 0 \\ \vdots \\ 1 \end{pmatrix} = 0 \Rightarrow x_1 = x_2 = \cdots = x_n = 0,$$

故 B 的列向量组线性无关.

方法三:设 $A = \begin{pmatrix} a_{11} & a_{12} & \cdots & a_{1m} \\ a_{21} & a_{22} & \cdots & a_{2m} \\ \vdots & \vdots & & \vdots \\ a_{n1} & a_{n2} & \cdots & a_{nm} \end{pmatrix}$,$B = \begin{pmatrix} \boldsymbol{\beta}_1^{\mathrm{T}} \\ \boldsymbol{\beta}_2^{\mathrm{T}} \\ \vdots \\ \boldsymbol{\beta}_m^{\mathrm{T}} \end{pmatrix}$,$E = \begin{pmatrix} \boldsymbol{\gamma}_1^{\mathrm{T}} \\ \boldsymbol{\gamma}_2^{\mathrm{T}} \\ \vdots \\ \boldsymbol{\gamma}_n^{\mathrm{T}} \end{pmatrix}$,

由 $AB = E$ 得 $\boldsymbol{\gamma}_i^{\mathrm{T}} = a_{i1} \boldsymbol{\beta}_1^{\mathrm{T}} + a_{i2} \boldsymbol{\beta}_2^{\mathrm{T}} + \cdots + a_{im} \boldsymbol{\beta}_m^{\mathrm{T}}, i = 1, 2 \cdots, n$.

即 E 的行可由 B 的行线性表出,则 $n = R(E) \leqslant R(B) \leqslant n \Rightarrow R(B) = n$,故 B 的列向量组线性无关.

方法四:记 $B = (\boldsymbol{\beta}_1, \boldsymbol{\beta}_2, \cdots, \boldsymbol{\beta}_n)$,$x = (x_1, x_2, \cdots x_n)^{\mathrm{T}}$,设 $Bx = 0$ 得

$$ABx = 0 \Rightarrow x = 0.$$

故 B 的列向量组线性无关.

小结

方法三中注意分块矩阵相乘的条件.

例10 设 $\boldsymbol{\alpha}_1, \boldsymbol{\alpha}_2, \cdots, \boldsymbol{\alpha}_{n-1}$ 为 $n-1$ 个 n 维线性无关的向量组,$\boldsymbol{\beta}_1, \boldsymbol{\beta}_2$ 为非零向量且与向量组 $\boldsymbol{\alpha}_1, \boldsymbol{\alpha}_2, \cdots, \boldsymbol{\alpha}_{n-1}$ 正交.

(1) 证明:$\boldsymbol{\beta}_1, \boldsymbol{\beta}_2$ 成比例,$\boldsymbol{\alpha}_1, \boldsymbol{\alpha}_2, \cdots, \boldsymbol{\alpha}_{n-1}, \boldsymbol{\beta}_1$ 线性无关;

(2) 令 $\boldsymbol{B} = \boldsymbol{\beta}_1 \boldsymbol{\beta}_2^{\mathrm{T}} + \boldsymbol{\beta}_2 \boldsymbol{\beta}_1^{\mathrm{T}}$,证明:$R(\boldsymbol{B}) = 1$.

【证明】(1) 令 $\boldsymbol{A} = (\boldsymbol{\alpha}_1, \boldsymbol{\alpha}_2, \cdots, \boldsymbol{\alpha}_{n-1})$,因为 $\boldsymbol{\alpha}_1, \boldsymbol{\alpha}_2, \cdots, \boldsymbol{\alpha}_{n-1}$ 线性无关,所以 $R(\boldsymbol{A}) = n-1$.

又由 $\boldsymbol{\beta}_1, \boldsymbol{\beta}_2$ 与 $\boldsymbol{\alpha}_1, \boldsymbol{\alpha}_2, \cdots, \boldsymbol{\alpha}_{n-1}$ 正交知 $\boldsymbol{\beta}_i^{\mathrm{T}} \boldsymbol{\alpha}_j = 0 (i=1,2; j=1,2,\cdots,n-1)$,故

$$\begin{cases} \boldsymbol{\beta}_1^{\mathrm{T}} \boldsymbol{A} = \boldsymbol{0}, \\ \boldsymbol{\beta}_2^{\mathrm{T}} \boldsymbol{A} = \boldsymbol{0} \end{cases} \Rightarrow \begin{cases} \boldsymbol{A}^{\mathrm{T}} \boldsymbol{\beta}_1 = \boldsymbol{0}, \\ \boldsymbol{A}^{\mathrm{T}} \boldsymbol{\beta}_2 = \boldsymbol{0}, \end{cases}$$

所以 $\boldsymbol{\beta}_1, \boldsymbol{\beta}_2$ 为方程组 $\boldsymbol{A}^{\mathrm{T}} \boldsymbol{X} = \boldsymbol{0}$ 的两个解.

因为 $R(\boldsymbol{A}^{\mathrm{T}}) = R(\boldsymbol{A}) = n-1$,所以方程组 $\boldsymbol{A}^{\mathrm{T}} \boldsymbol{X} = \boldsymbol{0}$ 的基础解系只含一个线性无关的解向量,于是 $\boldsymbol{\beta}_1, \boldsymbol{\beta}_2$ 线性相关,故 $\boldsymbol{\beta}_1, \boldsymbol{\beta}_2$ 成比例.

设 $k_1 \boldsymbol{\alpha}_1 + k_2 \boldsymbol{\alpha}_2 + \cdots + k_{n-1} \boldsymbol{\alpha}_{n-1} + l_1 \boldsymbol{\beta}_1 = \boldsymbol{0}$,两边左乘 $\boldsymbol{\beta}_1^{\mathrm{T}}$,

$$k_1 \boldsymbol{\beta}_1^{\mathrm{T}} \boldsymbol{\alpha}_1 + k_2 \boldsymbol{\beta}_1^{\mathrm{T}} \boldsymbol{\alpha}_2 + \cdots + k_{n-1} \boldsymbol{\beta}_1^{\mathrm{T}} \boldsymbol{\alpha}_{n-1} + l_1 \boldsymbol{\beta}_1^{\mathrm{T}} \boldsymbol{\beta}_1 = \boldsymbol{0},$$

因为 $\boldsymbol{\beta}_1^{\mathrm{T}} \boldsymbol{\alpha}_j = 0, j = 1,2,\cdots,n-1; \boldsymbol{\beta}_1^{\mathrm{T}} \boldsymbol{\beta}_1 > 0 (\boldsymbol{\beta}_1 \neq \boldsymbol{0})$,故 $l_1 = 0$,知

$$k_1 \boldsymbol{\alpha}_1 + k_2 \boldsymbol{\alpha}_2 + \cdots + k_{n-1} \boldsymbol{\alpha}_{n-1} = \boldsymbol{0},$$

又 $\boldsymbol{\alpha}_1, \boldsymbol{\alpha}_2, \cdots, \boldsymbol{\alpha}_{n-1}$ 线性无关,得 $k_1 = k_2 = \cdots = k_{n-1} = 0$,故 $\boldsymbol{\alpha}_1, \boldsymbol{\alpha}_2, \cdots, \boldsymbol{\alpha}_{n-1}, \boldsymbol{\beta}_1$ 线性无关.

(2) 因为 $\boldsymbol{\beta}_1, \boldsymbol{\beta}_2$ 为非零向量且成比例,所以存在非零常数 k,使得 $\boldsymbol{\beta}_2 = k\boldsymbol{\beta}_1$,代入得 $\boldsymbol{B} = 2k\boldsymbol{\beta}_1 \boldsymbol{\beta}_1^{\mathrm{T}}$,于是 $R(\boldsymbol{B}) = R(\boldsymbol{\beta}_1 \boldsymbol{\beta}_1^{\mathrm{T}}) = R(\boldsymbol{\beta}_1) = 1$.

小结

本题与 2008 年真题第二问类似,同时利用

$$R(\boldsymbol{A}) = R(\boldsymbol{A}^{\mathrm{T}}) = R(\boldsymbol{A}\boldsymbol{A}^{\mathrm{T}}) = R(\boldsymbol{A}^{\mathrm{T}}\boldsymbol{A}).$$

例11 设 $\boldsymbol{A}_{3\times3}$ 有 3 个不同的特征值 $\lambda_1, \lambda_2, \lambda_3$,它们对应的特征向量分别为 $\boldsymbol{\alpha}_1, \boldsymbol{\alpha}_2, \boldsymbol{\alpha}_3$,令 $\boldsymbol{\beta} = \boldsymbol{\alpha}_1 + \boldsymbol{\alpha}_2 + \boldsymbol{\alpha}_3$.

(1) 证明:$\boldsymbol{\beta}, \boldsymbol{A}\boldsymbol{\beta}, \boldsymbol{A}^2 \boldsymbol{\beta}$ 线性无关;

(2) 若 $\boldsymbol{A}^3 \boldsymbol{\beta} = \boldsymbol{A}\boldsymbol{\beta}$,求 $R(\boldsymbol{A} - \boldsymbol{E})$.

【证明】(1) 由题意知 $\boldsymbol{A}\boldsymbol{\alpha}_1 = \lambda_1 \boldsymbol{\alpha}_1, \boldsymbol{A}\boldsymbol{\alpha}_2 = \lambda_2 \boldsymbol{\alpha}_2, \boldsymbol{A}\boldsymbol{\alpha}_3 = \lambda_3 \boldsymbol{\alpha}_3, \boldsymbol{\beta} = \boldsymbol{\alpha}_1 + \boldsymbol{\alpha}_2 + \boldsymbol{\alpha}_3$,则

$$\boldsymbol{A}\boldsymbol{\beta} = \boldsymbol{A}(\boldsymbol{\alpha}_1 + \boldsymbol{\alpha}_2 + \boldsymbol{\alpha}_3) = \lambda_1 \boldsymbol{\alpha}_1 + \lambda_2 \boldsymbol{\alpha}_2 + \lambda_3 \boldsymbol{\alpha}_3,$$

$$\boldsymbol{A}^2 \boldsymbol{\beta} = \boldsymbol{A}^2 (\boldsymbol{\alpha}_1 + \boldsymbol{\alpha}_2 + \boldsymbol{\alpha}_3) = \lambda_1^2 \boldsymbol{\alpha}_1 + \lambda_2^2 \boldsymbol{\alpha}_2 + \lambda_3^2 \boldsymbol{\alpha}_3,$$

$$(\boldsymbol{\beta}, \boldsymbol{A}\boldsymbol{\beta}, \boldsymbol{A}^2 \boldsymbol{\beta}) = (\boldsymbol{\alpha}_1, \boldsymbol{\alpha}_2, \boldsymbol{\alpha}_3) \begin{pmatrix} 1 & \lambda_1 & \lambda_1^2 \\ 1 & \lambda_2 & \lambda_2^2 \\ 1 & \lambda_3 & \lambda_3^2 \end{pmatrix},$$

令 $C = \begin{pmatrix} 1 & \lambda_1 & \lambda_1^2 \\ 1 & \lambda_2 & \lambda_2^2 \\ 1 & \lambda_3 & \lambda_3^2 \end{pmatrix}$，由 $\boldsymbol{\alpha}_1, \boldsymbol{\alpha}_2, \boldsymbol{\alpha}_3$ 是不同的特征值对应的特征向量，故线性无关，

而 $|C| = |C^{\mathrm{T}}| = \begin{vmatrix} 1 & 1 & 1 \\ \lambda_1 & \lambda_2 & \lambda_3 \\ \lambda_1^2 & \lambda_2^2 & \lambda_3^2 \end{vmatrix} = (\lambda_3 - \lambda_2)(\lambda_3 - \lambda_1)(\lambda_2 - \lambda_1) \neq 0$，故 $\boldsymbol{\beta}, A\boldsymbol{\beta}, A^2\boldsymbol{\beta}$ 线性无关.

(2) 由 $A^3\boldsymbol{\beta} = A\boldsymbol{\beta}$，得 $A(\boldsymbol{\beta}, A\boldsymbol{\beta}, A^2\boldsymbol{\beta}) = (A\boldsymbol{\beta}, A^2\boldsymbol{\beta}, A^3\boldsymbol{\beta}) = (\boldsymbol{\beta}, A\boldsymbol{\beta}, A^2\boldsymbol{\beta}) \begin{pmatrix} 0 & 0 & 0 \\ 1 & 0 & 1 \\ 0 & 1 & 0 \end{pmatrix}$，

令 $P = (\boldsymbol{\beta}, A\boldsymbol{\beta}, A^2\boldsymbol{\beta})$，则 $P^{-1}AP = B = \begin{pmatrix} 0 & 0 & 0 \\ 1 & 0 & 1 \\ 0 & 1 & 0 \end{pmatrix}$，从而 $A - E \sim B - E$，即

$$R(A - E) = R(B - E) = R\begin{pmatrix} -1 & 0 & 0 \\ 1 & -1 & 1 \\ 0 & 1 & -1 \end{pmatrix} = R\begin{pmatrix} -1 & 0 & 0 \\ 0 & -1 & 1 \\ 0 & 0 & 0 \end{pmatrix} = 2.$$

小结

(1) 当 $\boldsymbol{\alpha}_1, \boldsymbol{\alpha}_2, \boldsymbol{\alpha}_3$ 线性无关时，$(\boldsymbol{\beta}_1, \boldsymbol{\beta}_2, \boldsymbol{\beta}_3) = (\boldsymbol{\alpha}_1, \boldsymbol{\alpha}_2, \boldsymbol{\alpha}_3)C$，$\boldsymbol{\beta}_1, \boldsymbol{\beta}_2, \boldsymbol{\beta}_3$ 线性无关的充要条件是 $|C| \neq 0$.

(2) 由等式关系得到矩阵相似，利用相似矩阵的结构进行求解.

例12 设 $\boldsymbol{\beta}$ 是非齐次线性方程组 $Ax = b$ 的一个解，$\boldsymbol{\alpha}_1, \boldsymbol{\alpha}_2, \cdots, \boldsymbol{\alpha}_{n-r}$ 是对应齐次的一个基础解系，证明：

(1) $\boldsymbol{\alpha}_1, \boldsymbol{\alpha}_2, \cdots, \boldsymbol{\alpha}_{n-r}, \boldsymbol{\beta}$ 线性无关；

(2) $\boldsymbol{\beta} + \boldsymbol{\alpha}_1, \boldsymbol{\beta} + \boldsymbol{\alpha}_2, \cdots, \boldsymbol{\beta} + \boldsymbol{\alpha}_{n-r}, \boldsymbol{\beta}$ 线性无关；

(3) $k_1(\boldsymbol{\beta} + \boldsymbol{\alpha}_1) + k_2(\boldsymbol{\beta} + \boldsymbol{\alpha}_2) + \cdots + k_{n-r}(\boldsymbol{\beta} + \boldsymbol{\alpha}_{n-r}) + k\boldsymbol{\beta}$ 为方程组 $Ax = b$ 的解，其中 k_1, $k_2, \cdots, k_{n-r}, k$ 为任意常数，且 $k_1 + k_2 + \cdots + k_{n-r} + k = 1$.

【证明】(1) 设 $k_1\boldsymbol{\alpha}_1 + k_2\boldsymbol{\alpha}_2 + \cdots + k_{n-r}\boldsymbol{\alpha}_{n-r} + k\boldsymbol{\beta} = 0$，   ①

两边左乘矩阵 A，得 $k_1A\boldsymbol{\alpha}_1 + k_2A\boldsymbol{\alpha}_2 + \cdots + k_{n-r}A\boldsymbol{\alpha}_{n-r} + kA\boldsymbol{\beta} = 0$，   ②

由 $\boldsymbol{\alpha}_1, \boldsymbol{\alpha}_2, \cdots, \boldsymbol{\alpha}_{n-r}$ 是对应齐次的基础解系，得 $A\boldsymbol{\alpha}_i = 0, i = 1, 2, \cdots, n - r$，

由 $\boldsymbol{\beta}$ 是 $Ax = b$ 的解，得 $A\boldsymbol{\beta} = b$.

从而②式变成 $kb = 0$，由 $b \neq 0$ 得 $k = 0$，从而由①式得 $k_1A\boldsymbol{\alpha}_1 + k_2A\boldsymbol{\alpha}_2 + \cdots + k_{n-r}A\boldsymbol{\alpha}_{n-r} = 0$.

因为 $\boldsymbol{\alpha}_1, \boldsymbol{\alpha}_2, \cdots, \boldsymbol{\alpha}_{n-r}$ 是基础解系，故 $\boldsymbol{\alpha}_1, \boldsymbol{\alpha}_2, \cdots, \boldsymbol{\alpha}_{n-r}$ 线性无关，即

$$k_1 = k_2 = \cdots = k_{n-r} = 0 = k.$$

也即 $\boldsymbol{\alpha}_1, \boldsymbol{\alpha}_2, \cdots, \boldsymbol{\alpha}_{n-r}, \boldsymbol{\beta}$ 线性无关.

(2) 令 $\boldsymbol{\beta}_1 = \boldsymbol{\beta} + \boldsymbol{\alpha}_1, \boldsymbol{\beta}_2 = \boldsymbol{\beta} + \boldsymbol{\alpha}_2, \cdots, \boldsymbol{\beta}_{n-r} = \boldsymbol{\beta} + \boldsymbol{\alpha}_{n-r}$,

设 $k\boldsymbol{\beta} + k_1\boldsymbol{\beta}_1 + k_2\boldsymbol{\beta}_2 + \cdots + k_{n-r}\boldsymbol{\beta}_{n-r} = \boldsymbol{0}$, 即

$$(k + k_1 + k_2 + \cdots + k_{n-r})\boldsymbol{\beta} + k_1\boldsymbol{\alpha}_1 + k_2\boldsymbol{\alpha}_2 + \cdots + k_{n-r}\boldsymbol{\alpha}_{n-r} = \boldsymbol{0}, \qquad ③$$

两边左乘矩阵 $\boldsymbol{A}$, 得 $(k + k_1 + k_2 + \cdots + k_{n-r})\boldsymbol{b} = \boldsymbol{0}$, 则 $k + k_1 + k_2 + \cdots + k_{n-r} = 0$, ④

将 ④ 代入 ③ 式, 得 $k_1\boldsymbol{\alpha}_1 + k_2\boldsymbol{\alpha}_2 + \cdots + k_{n-r}\boldsymbol{\alpha}_{n-r} = \boldsymbol{0}$, 又 $\boldsymbol{\alpha}_1, \boldsymbol{\alpha}_2, \cdots, \boldsymbol{\alpha}_{n-r}$ 是基础解系, 故线性无关, 得 $k_1 = k_2 = \cdots = k_{n-r} = 0$,

代入 ④ 得 $k = 0$, 故 $\boldsymbol{\beta} + \boldsymbol{\alpha}_1, \boldsymbol{\beta} + \boldsymbol{\alpha}_2, \cdots, \boldsymbol{\beta} + \boldsymbol{\alpha}_{n-r}, \boldsymbol{\beta}$ 线性无关.

(3) 若 $k\boldsymbol{\beta} + k_1\boldsymbol{\beta}_1 + k_2\boldsymbol{\beta}_2 + \cdots + k_{n-r}\boldsymbol{\beta}_{n-r}$ 是 $\boldsymbol{Ax} = \boldsymbol{b}$ 的解, 由解的定义

$$\boldsymbol{A}(k\boldsymbol{\beta} + k_1\boldsymbol{\beta}_1 + k_2\boldsymbol{\beta}_2 + \cdots + k_{n-r}\boldsymbol{\beta}_{n-r}) = \boldsymbol{b},$$

即　　　　$(k + k_1 + \cdots + k_{n-r})\boldsymbol{A\beta} + k_1\boldsymbol{A\alpha}_1 + k_2\boldsymbol{A\alpha}_2 + \cdots + k_{n-r}\boldsymbol{A\alpha}_{n-r} = \boldsymbol{b}$,

由 $\boldsymbol{\alpha}_1, \boldsymbol{\alpha}_2, \cdots, \boldsymbol{\alpha}_{n-r}$ 是 $\boldsymbol{Ax} = \boldsymbol{0}$ 的基础解系, 故 $\boldsymbol{A\alpha}_i = \boldsymbol{0}, i = 1, 2, \cdots, n-r$, 从而 $\boldsymbol{A\beta} = \boldsymbol{b}$.

将其代入上式得 $(k + k_1 + \cdots + k_{n-r})\boldsymbol{b} = \boldsymbol{b}$, 则 $k + k_1 + \cdots + k_{n-r} = 1$, 即当

$$k\boldsymbol{\beta} + k_1\boldsymbol{\beta}_1 + k_2\boldsymbol{\beta}_2 + \cdots + k_{n-r}\boldsymbol{\beta}_{n-r}$$

是 $\boldsymbol{Ax} = \boldsymbol{b}$ 的解时, $k + k_1 + \cdots + k_{n-r} = 1$.

小结

> 利用线性无关的定义证明向量组的线性无关时, 往往会用到两种处理方式, 一是左乘某个矩阵, 多出现零, 使式子尽可能变短, 最好只剩一个; 二是重组, 利用已知的向量组的无关性进行证明.

题型6　极大无关组

一阶溯源

例1　$\boldsymbol{A}$ 是 n 阶方阵, 其秩 $r < n$, 那么在 $\boldsymbol{A}$ 的 n 个行向量中(　　).

(A) 必有 r 个行向量线性无关

(B) 任意 r 个行向量都构成最大线性无关向量组

(C) 任意 r 个行向量线性无关

(D) 任意一个行向量都可以由其他 r 个行向量线性表示

【答案】(A)

线索

> 掌握矩阵的秩 = 列向量组的秩 = 行向量组的秩, 及向量组的秩与极大无关组的联系.

【解析】由矩阵三秩相等的性质可知, $R(\boldsymbol{A}) = r$, 则 $\boldsymbol{A}$ 的 n 个行向量组的秩也为 r, 再由向量组秩的定义知, 这 n 个向量中必存在 r 个向量线性无关, 故(A) 项正确. (B)、(C)、(D) 三项不正确, 若将"任意"都改为"存在", 则结论正确.

故选(A).

例2　下列结论正确的是(　　).

(A) 两个等价的向量组必有相同的向量个数

(B) 两个等价的向量组，一个线性无关，另一个必线性无关

(C) 等价向量组的最大无关组含有相同的向量个数

(D) 等价向量组必有相同的最大无关组

【答案】(C)

线索

考查等价向量组与极大无关组的关系.

【解析】**方法一(直接法)**：向量组等价则向量组的秩相同，最大无关组含有向量个数又为向量组的秩，则等价向量组的最大无关组含有向量个数相同.

故选(C).

方法二(排除法)：举反例排除(A)、(B)、(D)三项.

若取向量组(Ⅰ)$\boldsymbol{\alpha}_1 = \begin{pmatrix} 1 \\ 0 \\ 0 \end{pmatrix}, \boldsymbol{\alpha}_2 = \begin{pmatrix} 0 \\ 1 \\ 0 \end{pmatrix}$；(Ⅱ)$\boldsymbol{\beta}_1 = \begin{pmatrix} 1 \\ 0 \\ 0 \end{pmatrix}, \boldsymbol{\beta}_2 = \begin{pmatrix} 2 \\ 0 \\ 0 \end{pmatrix}, \boldsymbol{\beta}_3 = \begin{pmatrix} 0 \\ 2 \\ 0 \end{pmatrix}$.

显然(Ⅰ)与(Ⅱ)等价，但包含向量个数不同，(Ⅰ)线性无关，而(Ⅱ)线性相关，最大无关组不相同，因此(A)、(B)、(D)三项都不正确.

故选(C).

例3 求 $\begin{bmatrix} 1 & 1 & 2 & 2 & 1 \\ 0 & 2 & 1 & 5 & -1 \\ 2 & 0 & 3 & -1 & 3 \\ 1 & 1 & 0 & 4 & -1 \end{bmatrix}$ 列向量组的秩及其所有的极大无关组.

线索

求列向量组的秩转化为求矩阵的秩，并利用初等行变换不改变列向量的线性关系.

【解】记 $\begin{bmatrix} 1 & 1 & 2 & 2 & 1 \\ 0 & 2 & 1 & 5 & -1 \\ 2 & 0 & 3 & -1 & 3 \\ 1 & 1 & 0 & 4 & -1 \end{bmatrix} = (\boldsymbol{\alpha}_1, \boldsymbol{\alpha}_2, \boldsymbol{\alpha}_3, \boldsymbol{\alpha}_4, \boldsymbol{\alpha}_5)$，对其作初等行变换得

$$(\boldsymbol{\alpha}_1, \boldsymbol{\alpha}_2, \boldsymbol{\alpha}_3, \boldsymbol{\alpha}_4, \boldsymbol{\alpha}_5) = \begin{bmatrix} 1 & 1 & 2 & 2 & 1 \\ 0 & 2 & 1 & 5 & -1 \\ 2 & 0 & 3 & -1 & 3 \\ 1 & 1 & 0 & 4 & -1 \end{bmatrix} \xrightarrow{\text{初行}} \begin{bmatrix} 1 & 1 & 2 & 2 & 1 \\ 0 & 2 & 1 & 5 & -1 \\ 0 & 0 & 1 & -1 & 1 \\ 0 & 0 & 0 & 0 & 0 \end{bmatrix},$$

由 $R(\boldsymbol{\alpha}_1, \boldsymbol{\alpha}_2, \boldsymbol{\alpha}_3, \boldsymbol{\alpha}_4, \boldsymbol{\alpha}_5) = 3$ 知 $\boldsymbol{\alpha}_1, \boldsymbol{\alpha}_2, \boldsymbol{\alpha}_3, \boldsymbol{\alpha}_4, \boldsymbol{\alpha}_5$ 中任意 3 个线性无关的向量均为其极大无关组，又

$$R(\boldsymbol{\alpha}_1, \boldsymbol{\alpha}_2, \boldsymbol{\alpha}_3) = R(\boldsymbol{\alpha}_1, \boldsymbol{\alpha}_2, \boldsymbol{\alpha}_4) = R(\boldsymbol{\alpha}_1, \boldsymbol{\alpha}_2, \boldsymbol{\alpha}_5) = R(\boldsymbol{\alpha}_1, \boldsymbol{\alpha}_3, \boldsymbol{\alpha}_4) = 3,$$
$$R(\boldsymbol{\alpha}_1, \boldsymbol{\alpha}_3, \boldsymbol{\alpha}_5) = R(\boldsymbol{\alpha}_2, \boldsymbol{\alpha}_3, \boldsymbol{\alpha}_4) = R(\boldsymbol{\alpha}_2, \boldsymbol{\alpha}_4, \boldsymbol{\alpha}_5) = R(\boldsymbol{\alpha}_3, \boldsymbol{\alpha}_4, \boldsymbol{\alpha}_5) = 3,$$
$$R(\boldsymbol{\alpha}_1, \boldsymbol{\alpha}_4, \boldsymbol{\alpha}_5) = 3, R(\boldsymbol{\alpha}_2, \boldsymbol{\alpha}_3, \boldsymbol{\alpha}_5) = 2,$$

故 $\boldsymbol{\alpha}_1, \boldsymbol{\alpha}_2, \boldsymbol{\alpha}_3; \boldsymbol{\alpha}_1, \boldsymbol{\alpha}_2, \boldsymbol{\alpha}_5; \boldsymbol{\alpha}_1, \boldsymbol{\alpha}_2, \boldsymbol{\alpha}_4; \boldsymbol{\alpha}_1, \boldsymbol{\alpha}_3, \boldsymbol{\alpha}_4; \boldsymbol{\alpha}_1, \boldsymbol{\alpha}_3, \boldsymbol{\alpha}_5; \boldsymbol{\alpha}_2, \boldsymbol{\alpha}_3, \boldsymbol{\alpha}_4; \boldsymbol{\alpha}_2, \boldsymbol{\alpha}_4, \boldsymbol{\alpha}_5; \boldsymbol{\alpha}_3, \boldsymbol{\alpha}_4, \boldsymbol{\alpha}_5; \boldsymbol{\alpha}_1, \boldsymbol{\alpha}_4, \boldsymbol{\alpha}_5$ 均为其一个极大无关组，$\boldsymbol{\alpha}_2, \boldsymbol{\alpha}_3, \boldsymbol{\alpha}_5$ 不是其极大无关组.

例4 设矩阵 $A = \begin{pmatrix} 2 & -1 & -1 & 1 \\ 1 & 1 & -2 & 1 \\ 4 & 1 & -5 & 3 \end{pmatrix}$，求矩阵 A 的列向量组的一个极大无关组，并把不属于极大无关组的列向量用极大无关组表示.

线索

将列向量组用其一个极大无关组线性表示：

(1) 用初等行变换化为阶梯形，非零行的行数为向量组的秩；

(2) 主元素所在列的向量为其一个极大无关组，或与原向量组秩相等的线性无关的向量组为其一个极大无关组；

(3) 再继续将向量组化为行最简形，此时可看出不属于极大无关组的列向量用极大无关组线性表示的系数，且系数是唯一的.

【解】 $A = (\boldsymbol{\alpha}_1, \boldsymbol{\alpha}_2, \boldsymbol{\alpha}_3, \boldsymbol{\alpha}_4) = \begin{pmatrix} 2 & -1 & -1 & 1 \\ 1 & 1 & -2 & 1 \\ 4 & 1 & -5 & 3 \end{pmatrix} \rightarrow \begin{pmatrix} 1 & 1 & -2 & 1 \\ 2 & -1 & -1 & 1 \\ 4 & 1 & -5 & 3 \end{pmatrix}$

$\rightarrow \begin{pmatrix} 1 & 1 & -2 & 1 \\ 0 & -3 & 3 & -1 \\ 0 & -3 & 3 & -1 \end{pmatrix} \rightarrow \begin{pmatrix} 1 & 1 & -2 & 1 \\ 0 & 1 & -1 & 1/3 \\ 0 & 0 & 0 & 0 \end{pmatrix} \rightarrow \begin{pmatrix} 1 & 0 & -1 & 2/3 \\ 0 & 1 & -1 & 1/3 \\ 0 & 0 & 0 & 0 \end{pmatrix}$,

故 $\boldsymbol{\alpha}_1, \boldsymbol{\alpha}_2$ 为其一个极大无关组，且 $\boldsymbol{\alpha}_3 = -\boldsymbol{\alpha}_1 - \boldsymbol{\alpha}_2$, $\boldsymbol{\alpha}_4 = \dfrac{2}{3}\boldsymbol{\alpha}_1 + \dfrac{1}{3}\boldsymbol{\alpha}_2$.

二阶提炼

例5 设向量组 $\boldsymbol{\alpha}_1, \boldsymbol{\alpha}_2, \cdots, \boldsymbol{\alpha}_r$ 为向量组 $\boldsymbol{\alpha}_1, \boldsymbol{\alpha}_2, \cdots, \boldsymbol{\alpha}_r, \cdots, \boldsymbol{\alpha}_n$ 的一个极大无关组，则下列结论中不正确的是(　　).

(A) $\boldsymbol{\alpha}_n$ 必可由 $\boldsymbol{\alpha}_1, \boldsymbol{\alpha}_2, \cdots, \boldsymbol{\alpha}_r$ 线性表示

(B) $\boldsymbol{\alpha}_1$ 必可由 $\boldsymbol{\alpha}_{r+1}, \boldsymbol{\alpha}_{r+2}, \cdots, \boldsymbol{\alpha}_n$ 线性表示

(C) $\boldsymbol{\alpha}_1$ 必可由 $\boldsymbol{\alpha}_1, \boldsymbol{\alpha}_2, \cdots, \boldsymbol{\alpha}_r$ 线性表示

(D) $\boldsymbol{\alpha}_n$ 必可由 $\boldsymbol{\alpha}_{r+1}, \boldsymbol{\alpha}_{r+2}, \cdots, \boldsymbol{\alpha}_n$ 线性表示

【答案】(B)

【解析】 由极大无关组的定义可知，$\boldsymbol{\alpha}_1, \boldsymbol{\alpha}_2, \cdots, \boldsymbol{\alpha}_r, \cdots, \boldsymbol{\alpha}_n$ 中任何向量都可由极大无关组 $\boldsymbol{\alpha}_1, \boldsymbol{\alpha}_2, \cdots, \boldsymbol{\alpha}_r$ 线性表示，故 $\boldsymbol{\alpha}_n$ 可用 $\boldsymbol{\alpha}_1, \boldsymbol{\alpha}_2, \cdots, \boldsymbol{\alpha}_r$ 线性表示，(A) 正确；

因为 $\boldsymbol{\alpha}_1 = \boldsymbol{\alpha}_1 + 0\boldsymbol{\alpha}_2 + \cdots + 0\boldsymbol{\alpha}_r$，故 $\boldsymbol{\alpha}_1$ 可用 $\boldsymbol{\alpha}_1, \boldsymbol{\alpha}_2, \cdots, \boldsymbol{\alpha}_r$ 线性表示，(C) 正确；

因为 $\boldsymbol{\alpha}_n = 0\boldsymbol{\alpha}_{r+1} + 0\boldsymbol{\alpha}_{r+2} + \cdots + 1 \cdot \boldsymbol{\alpha}_n$，故 $\boldsymbol{\alpha}_n$ 可用 $\boldsymbol{\alpha}_{r+1}, \boldsymbol{\alpha}_{r+2}, \cdots, \boldsymbol{\alpha}_n$ 线性表示，(D) 正确；

取 $\boldsymbol{\alpha}_1 = \begin{pmatrix} 1 \\ 0 \end{pmatrix}, \boldsymbol{\alpha}_2 = \begin{pmatrix} 0 \\ 1 \end{pmatrix}, \boldsymbol{\alpha}_3 = \begin{pmatrix} 0 \\ 2 \end{pmatrix}, \boldsymbol{\alpha}_4 = \begin{pmatrix} 0 \\ 3 \end{pmatrix}$，显然 $\boldsymbol{\alpha}_1, \boldsymbol{\alpha}_2$ 为 $\boldsymbol{\alpha}_1, \boldsymbol{\alpha}_2, \boldsymbol{\alpha}_3, \boldsymbol{\alpha}_4$ 的极大无关组，但 $\boldsymbol{\alpha}_1$ 不可由 $\boldsymbol{\alpha}_2, \boldsymbol{\alpha}_3, \boldsymbol{\alpha}_4$ 线性表示.

故选(B).

小结

考查向量组的极大无关组与向量线性表出的关系.

例6 已知两个 n 维向量组（Ⅰ）$\boldsymbol{\alpha}_1,\boldsymbol{\alpha}_2,\cdots,\boldsymbol{\alpha}_s$ 与（Ⅱ）$\boldsymbol{\alpha}_1,\boldsymbol{\alpha}_2,\cdots,\boldsymbol{\alpha}_s,\boldsymbol{\alpha}_{s+1},\boldsymbol{\alpha}_{s+2},\cdots,\boldsymbol{\alpha}_{s+t}$.

其中，$R(\boldsymbol{\alpha}_1,\boldsymbol{\alpha}_2,\cdots,\boldsymbol{\alpha}_s)=p,R(\boldsymbol{\alpha}_1,\boldsymbol{\alpha}_2,\cdots,\boldsymbol{\alpha}_s,\boldsymbol{\alpha}_{s+1},\boldsymbol{\alpha}_{s+2},\cdots,\boldsymbol{\alpha}_{s+t})=q$，则下列条件中不能判定（Ⅰ）是（Ⅱ）的极大线性无关组的是（　　）.

(A) $p=q$，（Ⅱ）可由（Ⅰ）线性表出

(B) $s=q$，（Ⅰ）与（Ⅱ）是等价向量组

(C) $p=q$，（Ⅰ）线性无关

(D) $p=q=s$

【答案】(A)

【解析】记 $\boldsymbol{A}=(\boldsymbol{\alpha}_1,\boldsymbol{\alpha}_2,\cdots,\boldsymbol{\alpha}_s),\boldsymbol{B}=(\boldsymbol{\alpha}_1,\boldsymbol{\alpha}_2,\cdots,\boldsymbol{\alpha}_s,\boldsymbol{\alpha}_{s+1},\boldsymbol{\alpha}_{s+2},\cdots,\boldsymbol{\alpha}_{s+t})$.

对于(A)项，$R(\boldsymbol{A})=R(\boldsymbol{B})$，（Ⅱ）可由（Ⅰ）线性表出 $\Rightarrow R(\boldsymbol{A})=R(\boldsymbol{A},\boldsymbol{B})$ 知（Ⅰ）与（Ⅱ）等价，但（Ⅰ）未必线性无关，故此选项不能判别（Ⅰ）是（Ⅱ）的极大线性无关组，选(A).

对于(B)项，$R(\boldsymbol{B})=s\Rightarrow$（Ⅱ）中任何 s 个线性无关的向量为其一个极大无关组，又（Ⅰ）与（Ⅱ）等价，则 $R(\boldsymbol{A})=R(\boldsymbol{B})=s\Rightarrow$（Ⅰ）中向量线性无关，且（Ⅰ）为（Ⅱ）的部分组，故（Ⅰ）是（Ⅱ）的一个极大无关组.

对于(C)项，$R(\boldsymbol{A})=R(\boldsymbol{B})$，（Ⅰ）中向量线性无关，$R(\boldsymbol{A})=R(\boldsymbol{B})=s$，且（Ⅰ）为（Ⅱ）的部分组，故（Ⅰ）是（Ⅱ）的一个极大无关组.(D)项与(C)项等价.

故选(A).

小结

向量组 $R(\boldsymbol{\alpha}_1,\boldsymbol{\alpha}_2,\cdots,\boldsymbol{\alpha}_m)=r$，则 $\boldsymbol{\alpha}_1,\boldsymbol{\alpha}_2,\cdots,\boldsymbol{\alpha}_m$ 中任意 r 个线性无关的向量为其一个极大无关组.

三阶突破

例7 设 4 维向量组 $\boldsymbol{\alpha}_1=(1+a,1,1,1)^{\mathrm{T}},\boldsymbol{\alpha}_2=(2,2+a,2,2)^{\mathrm{T}},\boldsymbol{\alpha}_3=(3,3,3+a,3)^{\mathrm{T}}$,

$\boldsymbol{\alpha}_4=(4,4,4,4+a)^{\mathrm{T}}$，问 a 为何值时，$\boldsymbol{\alpha}_1,\boldsymbol{\alpha}_2,\boldsymbol{\alpha}_3,\boldsymbol{\alpha}_4$ 线性相关？当 $\boldsymbol{\alpha}_1,\boldsymbol{\alpha}_2,\boldsymbol{\alpha}_3,\boldsymbol{\alpha}_4$ 线性相关时，求其一个极大线性无关组，并将其余向量用该极大线性无关组线性表出.

线索

将向量组构成的矩阵初等行变换化为阶梯形矩阵之后，非零行首非零元所在的列对应的原向量可构成向量组的一个极大无关组，其余向量由极大无关组线性表出时可以转化为非齐次方程组的求解问题.

【解】$(\boldsymbol{\alpha}_1,\boldsymbol{\alpha}_2,\boldsymbol{\alpha}_3,\boldsymbol{\alpha}_4)=\begin{pmatrix}1+a&2&3&4\\1&2+a&3&4\\1&2&3+a&4\\1&2&3&4+a\end{pmatrix}\xrightarrow[\substack{r_3-r_1\\r_4-r_1}]{r_2-r_1}\begin{pmatrix}1+a&2&3&4\\-a&a&0&0\\-a&0&a&0\\-a&0&0&a\end{pmatrix}$,

(1) 当 $a=0$ 时，$R(\boldsymbol{\alpha}_1,\boldsymbol{\alpha}_2,\boldsymbol{\alpha}_3,\boldsymbol{\alpha}_4)=1$，$\boldsymbol{\alpha}_1,\boldsymbol{\alpha}_2,\boldsymbol{\alpha}_3,\boldsymbol{\alpha}_4$ 线性相关，此时选取 $\boldsymbol{\alpha}_1$ 为一个极大无关组，得 $\boldsymbol{\alpha}_2=2\boldsymbol{\alpha}_1,\boldsymbol{\alpha}_3=3\boldsymbol{\alpha}_1,\boldsymbol{\alpha}_4=4\boldsymbol{\alpha}_1$.

(2) 当 $a\neq 0$ 时，

$$(\boldsymbol{\alpha}_1,\boldsymbol{\alpha}_2,\boldsymbol{\alpha}_3,\boldsymbol{\alpha}_4) \rightarrow \begin{pmatrix} 1+a & 2 & 3 & 4 \\ -1 & 1 & 0 & 0 \\ -1 & 0 & 1 & 0 \\ -1 & 0 & 0 & 1 \end{pmatrix} \xrightarrow[\substack{r_1-3r_3 \\ r_1-2r_2}]{r_1-4r_4} \begin{pmatrix} 1+2+3+4+a & 0 & 0 & 0 \\ -1 & 1 & 0 & 0 \\ -1 & 0 & 1 & 0 \\ -1 & 0 & 0 & 1 \end{pmatrix},$$

则当 $a=-10$ 时,$R(\boldsymbol{\alpha}_1,\boldsymbol{\alpha}_2,\boldsymbol{\alpha}_3,\boldsymbol{\alpha}_4)=3$,$\boldsymbol{\alpha}_1,\boldsymbol{\alpha}_2,\boldsymbol{\alpha}_3,\boldsymbol{\alpha}_4$ 线性相关,选 $\boldsymbol{\alpha}_2,\boldsymbol{\alpha}_3,\boldsymbol{\alpha}_4$ 为一个极大无关组,有 $\boldsymbol{\alpha}_1=-\boldsymbol{\alpha}_2-\boldsymbol{\alpha}_3-\boldsymbol{\alpha}_4$.

小结

当向量组构成的矩阵参数比较特殊时,可以不按常规化成行阶梯形,对于此题是化成了爪形来处理.

例8 设 3 阶矩阵 $\boldsymbol{A}=(\boldsymbol{\alpha}_1,\boldsymbol{\alpha}_2,\boldsymbol{\alpha}_3)$,满足 $\boldsymbol{AB}=\boldsymbol{O}$,$\boldsymbol{B}=\begin{pmatrix} 1 & 2 & 3 \\ -1 & -2 & -3 \\ k & 4 & 6 \end{pmatrix}$,$\boldsymbol{PA}=\boldsymbol{C}$,其中

$$\boldsymbol{P}=\begin{pmatrix} 1 & 0 & 0 \\ a & -2 & 0 \\ b & c & 6 \end{pmatrix},\boldsymbol{C}=\begin{pmatrix} 1 & 1 & 0 \\ 0 & 2 & 1 \\ 1 & 1 & 0 \end{pmatrix}.$$

(1) 求常数 k 的值;

(2) 求 $\boldsymbol{\alpha}_1,\boldsymbol{\alpha}_2,\boldsymbol{\alpha}_3$ 的一个极大无关组,并将其余的向量用此极大无关组线性表示.

线索

利用常用秩的关系,左乘可逆矩阵可看成进行了初等行变换.

【解】 (1) $\boldsymbol{AB}=\boldsymbol{O}\Rightarrow R(\boldsymbol{A})+R(\boldsymbol{B})\leqslant 3$;$\boldsymbol{B}\neq\boldsymbol{O}\Rightarrow R(\boldsymbol{B})\geqslant 1$.

又 $|\boldsymbol{P}|=-12\neq 0\Rightarrow R(\boldsymbol{A})=R(\boldsymbol{C})=2\Rightarrow R(\boldsymbol{B})=1\Rightarrow k=2$.

$$(2)\boldsymbol{A}\xrightarrow{\text{初行}}\boldsymbol{C}=\begin{pmatrix} 1 & 1 & 0 \\ 0 & 2 & 1 \\ 1 & 1 & 0 \end{pmatrix}\rightarrow\begin{pmatrix} 1 & 1 & 0 \\ 0 & 2 & 1 \\ 0 & 0 & 0 \end{pmatrix}\rightarrow\begin{pmatrix} 1 & 0 & -\dfrac{1}{2} \\ 0 & 1 & \dfrac{1}{2} \\ 0 & 0 & 0 \end{pmatrix},$$

可知 $\boldsymbol{\alpha}_1,\boldsymbol{\alpha}_2$ 为 $\boldsymbol{\alpha}_1,\boldsymbol{\alpha}_2,\boldsymbol{\alpha}_3$ 的一个极大无关组,且 $\boldsymbol{\alpha}_3=-\dfrac{1}{2}\boldsymbol{\alpha}_1+\dfrac{1}{2}\boldsymbol{\alpha}_2$.

小结

(1) 由 $\boldsymbol{A}_{m\times n}\boldsymbol{B}_{n\times s}=\boldsymbol{O}$ 知 $R(\boldsymbol{A})+R(\boldsymbol{B})\leqslant n$ 且 $\boldsymbol{B}$ 的每一列均为 $\boldsymbol{Ax}=\boldsymbol{0}$ 的解.

(2) $\boldsymbol{PA}=\boldsymbol{C}$,$\boldsymbol{P}$ 可逆,$\boldsymbol{A}$ 可由初等行变换化为 $\boldsymbol{C}$;$\boldsymbol{AQ}=\boldsymbol{C}$,$\boldsymbol{Q}$ 可逆,$\boldsymbol{A}$ 可由初等列变换化为 $\boldsymbol{C}$.

题型7 向量空间(基、维数、坐标、过渡矩阵)(数一要求)

一阶溯源

例1 (2010) 设 $\boldsymbol{\alpha}_1 = (1,2,-1,0)^T, \boldsymbol{\alpha}_2 = (1,1,0,2)^T, \boldsymbol{\alpha}_3 = (2,1,1,a)^T$.

若由 $\boldsymbol{\alpha}_1, \boldsymbol{\alpha}_2, \boldsymbol{\alpha}_3$ 形成的向量空间的维数是 2, 则 $a = $_____.

【答案】6

线索

考查向量空间的维数即为对应向量组的秩. n 维向量空间中的向量未必为 n 维向量, 注意向量空间的维数与向量的维数的区别.

【解析】因 $(\boldsymbol{\alpha}_1, \boldsymbol{\alpha}_2, \boldsymbol{\alpha}_3) = \begin{pmatrix} 1 & 1 & 2 \\ 2 & 1 & 1 \\ -1 & 0 & 1 \\ 0 & 2 & a \end{pmatrix} \rightarrow \begin{pmatrix} 1 & 1 & 2 \\ 0 & -1 & -3 \\ 0 & 1 & 3 \\ 0 & 2 & a \end{pmatrix} \rightarrow \begin{pmatrix} 1 & 1 & 2 \\ 0 & 1 & 3 \\ 0 & 0 & 0 \\ 0 & 0 & a-6 \end{pmatrix}$, 故 $a=6$.

例2 已知 3 维空间的一组基底为 $\boldsymbol{\alpha}_1 = (1,1,0)^T, \boldsymbol{\alpha}_2 = (1,0,1)^T, \boldsymbol{\alpha}_3 = (0,1,1)^T$,

则向量 $\boldsymbol{\beta} = (2,0,0)^T$ 在上述基底下的坐标是_____.

【答案】$(1,1,-1)^T$

线索

考查向量在一组基底下的坐标, 即是 n 维向量用其极大无关组线性表示的系数.

【解析】设 $x_1 \boldsymbol{\alpha}_1 + x_2 \boldsymbol{\alpha}_2 + x_3 \boldsymbol{\alpha}_3 = \boldsymbol{\beta}$, 则 $\begin{cases} x_1 + x_2 = 2, \\ x_1 + x_3 = 0, \\ x_2 + x_3 = 0, \end{cases}$ 知 $x_1 = 1, x_2 = 1, x_3 = -1$.

例3 从 $\mathbf{R}^2$ 的基 $\boldsymbol{\alpha}_1 = \begin{pmatrix} 1 \\ 0 \end{pmatrix}, \boldsymbol{\alpha}_2 = \begin{pmatrix} 1 \\ -1 \end{pmatrix}$ 到基 $\boldsymbol{\beta}_1 = \begin{pmatrix} 1 \\ 1 \end{pmatrix}, \boldsymbol{\beta}_2 = \begin{pmatrix} 1 \\ 2 \end{pmatrix}$ 的过渡矩阵为_____.

【答案】$\begin{pmatrix} 2 & 3 \\ -1 & -2 \end{pmatrix}$

线索

$\boldsymbol{\alpha}_1, \boldsymbol{\alpha}_2, \cdots, \boldsymbol{\alpha}_n$ 为 $\mathbf{R}^n$ 空间的一组基, $\boldsymbol{\beta}_1, \boldsymbol{\beta}_2, \cdots, \boldsymbol{\beta}_n$ 为 $\mathbf{R}^n$ 空间的另一组基, 且 $(\boldsymbol{\beta}_1, \boldsymbol{\beta}_2, \cdots, \boldsymbol{\beta}_n) = (\boldsymbol{\alpha}_1, \boldsymbol{\alpha}_2, \cdots, \boldsymbol{\alpha}_n)C$, 则 C 为由基 $\boldsymbol{\alpha}_1, \boldsymbol{\alpha}_2, \cdots, \boldsymbol{\alpha}_n$ 到 $\boldsymbol{\beta}_1, \boldsymbol{\beta}_2, \cdots, \boldsymbol{\beta}_n$ 的过渡矩阵, 且过渡矩阵是唯一的.

【解析】$(\boldsymbol{\alpha}_1, \boldsymbol{\alpha}_2, \boldsymbol{\beta}_1, \boldsymbol{\beta}_2) = \begin{pmatrix} 1 & 1 & 1 & 1 \\ 0 & -1 & 1 & 2 \end{pmatrix} \rightarrow \begin{pmatrix} 1 & 0 & 2 & 3 \\ 0 & 1 & -1 & -2 \end{pmatrix}$, 故过渡矩阵为 $\begin{pmatrix} 2 & 3 \\ -1 & -2 \end{pmatrix}$.

二阶提炼

例4 设 B 是秩为 2 的 5×4 矩阵, $\boldsymbol{\alpha}_1 = (1,1,2,3)^T, \boldsymbol{\alpha}_2 = (-1,1,4,-1)^T,$

$\boldsymbol{\alpha}_3 = (5, -1, -8, 9)^T$ 是齐次方程组 $\boldsymbol{B}\boldsymbol{x} = \boldsymbol{0}$ 的解向量,求 $\boldsymbol{B}\boldsymbol{x} = \boldsymbol{0}$ 的解空间的一个标准正交基.

【解】$n = 4, R(\boldsymbol{B}) = 2$,故 $\boldsymbol{B}\boldsymbol{x} = \boldsymbol{0}$ 解空间的维数为 $4 - 2 = 2$,知 $\boldsymbol{B}\boldsymbol{x} = \boldsymbol{0}$ 的基础解系中仅有两个线性无关的解向量,$\boldsymbol{\alpha}_1, \boldsymbol{\alpha}_2$ 为 $\boldsymbol{B}\boldsymbol{x} = \boldsymbol{0}$ 的解,且 $\boldsymbol{\alpha}_1, \boldsymbol{\alpha}_2$ 线性无关,故 $\boldsymbol{\alpha}_1, \boldsymbol{\alpha}_2$ 可作为 $\boldsymbol{B}\boldsymbol{x} = \boldsymbol{0}$ 的一个基础解系,即 $\boldsymbol{\alpha}_1, \boldsymbol{\alpha}_2$ 可作为 $\boldsymbol{B}\boldsymbol{x} = \boldsymbol{0}$ 解空间的一个基.又 $\boldsymbol{\alpha}_1, \boldsymbol{\alpha}_2$ 不正交,需将 $\boldsymbol{\alpha}_1, \boldsymbol{\alpha}_2$ 进行施密特正交化,

$$\boldsymbol{\beta}_1 = \boldsymbol{\alpha}_1 = (1, 1, 2, 3)^T,$$

$$\boldsymbol{\beta}_2 = \boldsymbol{\alpha}_2 - \frac{(\boldsymbol{\alpha}_2, \boldsymbol{\beta}_1)}{(\boldsymbol{\beta}_1, \boldsymbol{\beta}_1)}\boldsymbol{\beta}_1 = (-1, 1, 4, -1)^T - \frac{5}{15}(1, 1, 2, 3)^T$$

$$= \left(-\frac{4}{3}, \frac{2}{3}, \frac{10}{3}, -2\right)^T = \frac{2}{3}(-2, 1, 5, -3)^T,$$

所以 $\boldsymbol{\beta}_1^\circ = \frac{1}{\sqrt{15}}(1, 1, 2, 3)^T, \boldsymbol{\beta}_2^\circ = \frac{1}{\sqrt{39}}(-2, 1, 5, -3)^T$ 为 $\boldsymbol{B}\boldsymbol{x} = \boldsymbol{0}$ 的一个标准正交基.

小结

解空间满足向量的加法与数乘封闭,故齐次方程的解可构成解空间,而非齐次方程组的解不能构成解空间.

例5 (2009) 设 $\boldsymbol{\alpha}_1, \boldsymbol{\alpha}_2, \boldsymbol{\alpha}_3$ 是 3 维向量空间 $\mathbf{R}^3$ 的一组基,则由基 $\boldsymbol{\alpha}_1, \frac{1}{2}\boldsymbol{\alpha}_2, \frac{1}{3}\boldsymbol{\alpha}_3$ 到基 $\boldsymbol{\alpha}_1 + \boldsymbol{\alpha}_2, \boldsymbol{\alpha}_2 + \boldsymbol{\alpha}_3, \boldsymbol{\alpha}_3 + \boldsymbol{\alpha}_1$ 的过渡矩阵为(　　).

(A) $\begin{pmatrix} 1 & 0 & 1 \\ 2 & 2 & 0 \\ 0 & 3 & 3 \end{pmatrix}$　　　　　　(B) $\begin{pmatrix} 1 & 2 & 0 \\ 0 & 2 & 3 \\ 1 & 0 & 3 \end{pmatrix}$

(C) $\begin{pmatrix} 1/2 & 1/4 & -1/6 \\ -1/2 & 1/4 & 1/6 \\ 1/2 & -1/4 & 1/6 \end{pmatrix}$　　(D) $\begin{pmatrix} 1/2 & -1/2 & 1/2 \\ 1/4 & 1/4 & -1/4 \\ -1/6 & 1/6 & 1/6 \end{pmatrix}$

【答案】(A)

【解析】**方法一:**根据过渡矩阵的定义,$\boldsymbol{\alpha}_1, \boldsymbol{\alpha}_2, \cdots, \boldsymbol{\alpha}_n$ 为 $\mathbf{R}^n$ 空间的一组基,$\boldsymbol{\beta}_1, \boldsymbol{\beta}_2, \cdots, \boldsymbol{\beta}_n$ 为 $\mathbf{R}^n$ 空间的另一组基,且 $(\boldsymbol{\beta}_1, \boldsymbol{\beta}_2, \cdots, \boldsymbol{\beta}_n) = (\boldsymbol{\alpha}_1, \boldsymbol{\alpha}_2, \cdots, \boldsymbol{\alpha}_n)\boldsymbol{C}$,则 $\boldsymbol{C}$ 为由基 $\boldsymbol{\alpha}_1, \boldsymbol{\alpha}_2, \cdots, \boldsymbol{\alpha}_n$ 到 $\boldsymbol{\beta}_1, \boldsymbol{\beta}_2, \cdots, \boldsymbol{\beta}_n$ 的过渡矩阵,且过渡矩阵是唯一的.

$$(\boldsymbol{\alpha}_1 + \boldsymbol{\alpha}_2, \boldsymbol{\alpha}_2 + \boldsymbol{\alpha}_3, \boldsymbol{\alpha}_3 + \boldsymbol{\alpha}_1) = \left(\boldsymbol{\alpha}_1, \frac{1}{2}\boldsymbol{\alpha}_2, \frac{1}{3}\boldsymbol{\alpha}_3\right)\begin{pmatrix} 1 & 0 & 1 \\ 2 & 2 & 0 \\ 0 & 3 & 3 \end{pmatrix},$$

则由基 $\boldsymbol{\alpha}_1, \frac{1}{2}\boldsymbol{\alpha}_2, \frac{1}{3}\boldsymbol{\alpha}_3$ 到基 $\boldsymbol{\alpha}_1 + \boldsymbol{\alpha}_2, \boldsymbol{\alpha}_2 + \boldsymbol{\alpha}_3, \boldsymbol{\alpha}_3 + \boldsymbol{\alpha}_1$ 的过渡矩阵为 $\begin{pmatrix} 1 & 0 & 1 \\ 2 & 2 & 0 \\ 0 & 3 & 3 \end{pmatrix}$.

故选(A).

方法二： $(\boldsymbol{\alpha}_1 + \boldsymbol{\alpha}_2, \boldsymbol{\alpha}_2 + \boldsymbol{\alpha}_3, \boldsymbol{\alpha}_3 + \boldsymbol{\alpha}_1) = (\boldsymbol{\alpha}_1, \boldsymbol{\alpha}_2, \boldsymbol{\alpha}_3) \begin{pmatrix} 1 & 0 & 1 \\ 1 & 1 & 0 \\ 0 & 1 & 1 \end{pmatrix}$,

$$\left(\boldsymbol{\alpha}_1, \frac{1}{2}\boldsymbol{\alpha}_2, \frac{1}{3}\boldsymbol{\alpha}_3\right) = (\boldsymbol{\alpha}_1, \boldsymbol{\alpha}_2, \boldsymbol{\alpha}_3) \begin{pmatrix} 1 & 0 & 0 \\ 0 & \dfrac{1}{2} & 0 \\ 0 & 0 & \dfrac{1}{3} \end{pmatrix},$$

故 $(\boldsymbol{\alpha}_1 + \boldsymbol{\alpha}_2, \boldsymbol{\alpha}_2 + \boldsymbol{\alpha}_3, \boldsymbol{\alpha}_3 + \boldsymbol{\alpha}_1) = \left(\boldsymbol{\alpha}_1, \dfrac{1}{2}\boldsymbol{\alpha}_2, \dfrac{1}{3}\boldsymbol{\alpha}_3\right) \begin{pmatrix} 1 & 0 & 0 \\ 0 & 2 & 0 \\ 0 & 0 & 3 \end{pmatrix} \begin{pmatrix} 1 & 0 & 1 \\ 1 & 1 & 0 \\ 0 & 1 & 1 \end{pmatrix}$,

$$= \left(\boldsymbol{\alpha}_1, \frac{1}{2}\boldsymbol{\alpha}_2, \frac{1}{3}\boldsymbol{\alpha}_3\right) \begin{pmatrix} 1 & 0 & 1 \\ 2 & 2 & 0 \\ 0 & 3 & 3 \end{pmatrix}.$$

故选（A）.

小结

掌握过渡矩阵的直接和间接两种算法.

三阶突破

例6 （2015）设向量组 $\boldsymbol{\alpha}_1, \boldsymbol{\alpha}_2, \boldsymbol{\alpha}_3$ 是 3 维向量空间 $\mathbf{R}^3$ 的一个基，

$$\boldsymbol{\beta}_1 = 2\boldsymbol{\alpha}_1 + 2k\boldsymbol{\alpha}_3, \boldsymbol{\beta}_2 = 2\boldsymbol{\alpha}_2, \boldsymbol{\beta}_3 = \boldsymbol{\alpha}_1 + (k+1)\boldsymbol{\alpha}_3.$$

（1）证明：向量组 $\boldsymbol{\beta}_1, \boldsymbol{\beta}_2, \boldsymbol{\beta}_3$ 是 $\mathbf{R}^3$ 的一个基；

（2）当 k 为何值时，存在非零向量 $\boldsymbol{\xi}$ 在基 $\boldsymbol{\alpha}_1, \boldsymbol{\alpha}_2, \boldsymbol{\alpha}_3$ 与基 $\boldsymbol{\beta}_1, \boldsymbol{\beta}_2, \boldsymbol{\beta}_3$ 下的坐标相同，并求出所有的 $\boldsymbol{\xi}$.

线索

考查向量组为 $\mathbf{R}^n$ 空间基的条件，及向量在基下的坐标问题.

【证明】（1）因为与向量空间的基等价的线性无关的向量组仍可作为向量空间的基，

又 $(\boldsymbol{\beta}_1, \boldsymbol{\beta}_2, \boldsymbol{\beta}_3) = (\boldsymbol{\alpha}_1, \boldsymbol{\alpha}_2, \boldsymbol{\alpha}_3) \begin{pmatrix} 2 & 0 & 1 \\ 0 & 2 & 0 \\ 2k & 0 & k+1 \end{pmatrix}$，$\boldsymbol{\alpha}_1, \boldsymbol{\alpha}_2, \boldsymbol{\alpha}_3$ 线性无关，且

$$\begin{vmatrix} 2 & 0 & 1 \\ 0 & 2 & 0 \\ 2k & 0 & k+1 \end{vmatrix} = 2 \begin{vmatrix} 2 & 1 \\ 2k & k+1 \end{vmatrix} = 4 \neq 0,$$

故 $\boldsymbol{\beta}_1, \boldsymbol{\beta}_2, \boldsymbol{\beta}_3$ 线性无关.

又 $\boldsymbol{\beta}_1, \boldsymbol{\beta}_2, \boldsymbol{\beta}_3$ 可由 $\boldsymbol{\alpha}_1, \boldsymbol{\alpha}_2, \boldsymbol{\alpha}_3$ 线性表出，则 $R(\boldsymbol{\alpha}_1, \boldsymbol{\alpha}_2, \boldsymbol{\alpha}_3) = R(\boldsymbol{\alpha}_1, \boldsymbol{\alpha}_2, \boldsymbol{\alpha}_3, \boldsymbol{\beta}_1, \boldsymbol{\beta}_2, \boldsymbol{\beta}_3)$，知

$R(\pmb{\alpha}_1,\pmb{\alpha}_2,\pmb{\alpha}_3)=R(\pmb{\beta}_1,\pmb{\beta}_2,\pmb{\beta}_3)=R(\pmb{\alpha}_1,\pmb{\alpha}_2,\pmb{\alpha}_3,\pmb{\beta}_1,\pmb{\beta}_2,\pmb{\beta}_3)$，则 $\pmb{\beta}_1,\pmb{\beta}_2,\pmb{\beta}_3$ 与 $\pmb{\alpha}_1,\pmb{\alpha}_2,\pmb{\alpha}_3$ 等价，故 $\pmb{\beta}_1,\pmb{\beta}_2,\pmb{\beta}_3$ 为 $\mathbf{R}^3$ 的一个基.

【解】(2) 设非零向量 $\pmb{\xi}$ 在上述两个基下的坐标均为 x_1,x_2,x_3，即

$$\pmb{\xi}=x_1\pmb{\alpha}_1+x_2\pmb{\alpha}_2+x_3\pmb{\alpha}_3,\pmb{\xi}=x_1\pmb{\beta}_1+x_2\pmb{\beta}_2+x_3\pmb{\beta}_3,$$

$\pmb{\xi}\neq\mathbf{0}$ 知 x_1,x_2,x_3 不全为零，两式相减 $x_1(\pmb{\beta}_1-\pmb{\alpha}_1)+x_2(\pmb{\beta}_2-\pmb{\alpha}_2)+x_3(\pmb{\beta}_3-\pmb{\alpha}_3)=\mathbf{0}$，即

$$(x_1+x_3)\pmb{\alpha}_1+x_2\pmb{\alpha}_2+(2kx_1+kx_3)\pmb{\alpha}_3=\mathbf{0},$$

因为 $\pmb{\alpha}_1,\pmb{\alpha}_2,\pmb{\alpha}_3$ 线性无关，故 $\begin{cases}x_1+x_3=0,\\x_2=0,\\2kx_1+kx_3=0\end{cases}$ 有非零解，所以

$$\begin{vmatrix}1&0&1\\0&1&0\\2k&0&k\end{vmatrix}=0\Rightarrow\begin{vmatrix}1&1\\2k&k\end{vmatrix}=0\Rightarrow k=0,$$

则 $\begin{cases}x_1+x_3=0,\\x_2=0,\end{cases}$ 即 $\begin{pmatrix}x_1\\x_2\\x_3\end{pmatrix}=c\begin{pmatrix}1\\0\\-1\end{pmatrix}$（$c$ 为任意的非零常数），故 $\pmb{\xi}=c(\pmb{\alpha}_1-\pmb{\alpha}_3)$.

小结

向量空间的基与坐标对应转化为对应方程组解的问题.

例7 (2019) 设向量组 $\pmb{\alpha}_1=(1,2,1)^{\mathrm{T}},\pmb{\alpha}_2=(1,3,2)^{\mathrm{T}},\pmb{\alpha}_3=(1,a,3)^{\mathrm{T}}$ 为 $\mathbf{R}^3$ 的一组基，$\pmb{\beta}=(1,1,1)^{\mathrm{T}}$ 在这个基下的坐标为 $(b,c,1)$.

(1) 求 a,b,c 的值；

(2) 证明 $\pmb{\alpha}_2,\pmb{\alpha}_3,\pmb{\beta}$ 为 $\mathbf{R}^3$ 的一组基，并求 $\pmb{\alpha}_2,\pmb{\alpha}_3,\pmb{\beta}$ 到 $\pmb{\alpha}_1,\pmb{\alpha}_2,\pmb{\alpha}_3$ 的过渡矩阵.

线索

考查向量在基下的坐标，向量组为向量空间一组基的条件，一组基到另一组基的过渡矩阵.

【解】(1) 设 $\pmb{\beta}=b\pmb{\alpha}_1+c\pmb{\alpha}_2+\pmb{\alpha}_3$ 知 $\begin{cases}b+c+1=1,\\2b+3c+a=1,\\b+2c+3=1,\end{cases}$ 得 $a=3,b=2,c=-2$.

【证明】(2) 由 $|\pmb{\alpha}_2,\pmb{\alpha}_3,\pmb{\beta}|=\begin{vmatrix}1&1&1\\3&3&1\\2&3&1\end{vmatrix}=2\neq0$，知 $R(\pmb{\alpha}_2,\pmb{\alpha}_3,\pmb{\beta})=3$，所以 $\pmb{\alpha}_2,\pmb{\alpha}_3,\pmb{\beta}$ 也为

$\mathbf{R}^3$ 的一个基，令 $(\pmb{\alpha}_1,\pmb{\alpha}_2,\pmb{\alpha}_3)=(\pmb{\alpha}_2,\pmb{\alpha}_3,\pmb{\beta})\pmb{P}$，

$$(\pmb{\alpha}_2,\pmb{\alpha}_3,\pmb{\beta},\pmb{\alpha}_1,\pmb{\alpha}_2,\pmb{\alpha}_3)=\begin{pmatrix}1&1&1&1&1&1\\3&3&1&2&3&3\\2&3&1&1&2&3\end{pmatrix}\rightarrow\begin{pmatrix}1&0&0&1&1&0\\0&1&0&-\dfrac{1}{2}&0&1\\0&0&1&\dfrac{1}{2}&0&0\end{pmatrix},$$

则 $\boldsymbol{P} = \begin{pmatrix} 1 & 1 & 0 \\ -\dfrac{1}{2} & 0 & 1 \\ \dfrac{1}{2} & 0 & 0 \end{pmatrix}$.

小结

向量在已知基下的坐标是唯一的,从一组基到另一组基的过渡矩阵是唯一的.

题型8 向量与几何(数一要求)

二阶提炼

例1 设矩阵 $\begin{pmatrix} a_1 & b_1 & c_1 \\ a_2 & b_2 & c_2 \\ a_3 & b_3 & c_3 \end{pmatrix}$ 是满秩的,则直线 $\dfrac{x-a_3}{a_1-a_2} = \dfrac{y-b_3}{b_1-b_2} = \dfrac{z-c_3}{c_1-c_2}$ 与直线 $\dfrac{x-a_1}{a_2-a_3}$

$= \dfrac{y-b_1}{b_2-b_3} = \dfrac{z-c_1}{c_2-c_3}$ (   ).

(A) 相交于一点　　　　(B) 重合　　　(C) 平行但不重合　　　(D) 异面

【答案】(A)

【解析】记 $\begin{pmatrix} \boldsymbol{\alpha}_1 \\ \boldsymbol{\alpha}_2 \\ \boldsymbol{\alpha}_3 \end{pmatrix} = \begin{pmatrix} a_1 & b_1 & c_1 \\ a_2 & b_2 & c_2 \\ a_3 & b_3 & c_3 \end{pmatrix}$ 是满秩的,知 $\boldsymbol{\alpha}_1,\boldsymbol{\alpha}_2,\boldsymbol{\alpha}_3$ 线性无关,则 $\boldsymbol{\alpha}_1-\boldsymbol{\alpha}_2,\boldsymbol{\alpha}_2-\boldsymbol{\alpha}_3$ 线

性无关,直线 l_1 的方向向量为 $\boldsymbol{\alpha}_1-\boldsymbol{\alpha}_2 = (a_1-a_2,b_1-b_2,c_1-c_2)$,直线 l_2 的方向向量为 $\boldsymbol{\alpha}_2-\boldsymbol{\alpha}_3 = (a_2-a_3,b_2-b_3,c_2-c_3)$,排除(B)、(C) 两项.

点 $A(a_1,b_1,c_1),B(a_3,b_3,c_3)$ 分别在两直线上,又 $\boldsymbol{\alpha}_1-\boldsymbol{\alpha}_2,\boldsymbol{\alpha}_2-\boldsymbol{\alpha}_3,\boldsymbol{\alpha}_1-\boldsymbol{\alpha}_3$ 线性相关,故 l_1,l_2,AB 共面,(A) 正确.

故选(A).

小结

空间解析几何与向量代数的一个结合,需掌握空间直线位置关系的判别方法.

例2 (2020)已知直线 $L_1: \dfrac{x-a_2}{a_1} = \dfrac{y-b_2}{b_1} = \dfrac{z-c_2}{c_1}$ 与 $L_2: \dfrac{x-a_3}{a_2} = \dfrac{y-b_3}{b_2} = \dfrac{z-c_3}{c_2}$ 相

交于一点,令 $\boldsymbol{\alpha}_i = \begin{pmatrix} a_i \\ b_i \\ c_i \end{pmatrix}, i=1,2,3$,则(   ).

(A) $\boldsymbol{\alpha}_1$ 可由 $\boldsymbol{\alpha}_2,\boldsymbol{\alpha}_3$ 线性表示.　　　　(B) $\boldsymbol{\alpha}_2$ 可由 $\boldsymbol{\alpha}_1,\boldsymbol{\alpha}_3$ 线性表示.

(C) $\boldsymbol{\alpha}_3$ 可由 $\boldsymbol{\alpha}_1,\boldsymbol{\alpha}_2$ 线性表示.　　　　(D) $\boldsymbol{\alpha}_1,\boldsymbol{\alpha}_2,\boldsymbol{\alpha}_3$ 线性无关.

【答案】(C)

【解析】因为 L_1,L_2 相交,知 $\boldsymbol{\alpha}_1,\boldsymbol{\alpha}_2$ 线性无关,$\boldsymbol{\alpha}_1,\boldsymbol{\alpha}_2,\boldsymbol{\alpha}_3-\boldsymbol{\alpha}_2$ 线性相关,故 $R(\boldsymbol{\alpha}_1,\boldsymbol{\alpha}_2)=2$,
$R(\boldsymbol{\alpha}_1,\boldsymbol{\alpha}_2,\boldsymbol{\alpha}_3-\boldsymbol{\alpha}_2)<3 \Rightarrow R(\boldsymbol{\alpha}_1,\boldsymbol{\alpha}_2,\boldsymbol{\alpha}_3)<3$,即

$$2=R(\boldsymbol{\alpha}_1,\boldsymbol{\alpha}_2) \leqslant R(\boldsymbol{\alpha}_1,\boldsymbol{\alpha}_2,\boldsymbol{\alpha}_3) \leqslant 2,R(\boldsymbol{\alpha}_1,\boldsymbol{\alpha}_2)=R(\boldsymbol{\alpha}_1,\boldsymbol{\alpha}_2,\boldsymbol{\alpha}_3)=2,$$

知 $\boldsymbol{\alpha}_3$ 可由 $\boldsymbol{\alpha}_1,\boldsymbol{\alpha}_2$ 唯一线性表示,(C) 正确.

故选(C).

小结

空间直线相交说明两直线的方向向量不平行且共面,即两直线的方向向量线性无关且与任意从两直线上取一点所形成的第三条直线共面.

✎ 专项突破小练

向量 —— 学情测评(A)

一、选择题

1. 设 λ_1,λ_2 是矩阵 A 的两个不同的特征值,对应的特征向量分别为 $\boldsymbol{\alpha}_1,\boldsymbol{\alpha}_2$,则 $\boldsymbol{\alpha}_1,A(\boldsymbol{\alpha}_1+\boldsymbol{\alpha}_2)$ 线性无关的充分必要条件是(   ).

(A)$\lambda_1 \neq 0$ (B)$\lambda_2 \neq 0$ (C)$\lambda_1=0$ (D)$\lambda_2=0$

2. 设 $\boldsymbol{\alpha},\boldsymbol{\beta},\boldsymbol{\gamma}$ 和 $\boldsymbol{\xi},\boldsymbol{\eta},\boldsymbol{\zeta}$ 为两个六维向量组,若存在两组不全为零的数 a,b,c 和 k,l,m 使 $(a+k)\boldsymbol{\alpha}+(b+l)\boldsymbol{\beta}+(c+m)\boldsymbol{\gamma}+(a-k)\boldsymbol{\xi}+(b-l)\boldsymbol{\eta}+(c-m)\boldsymbol{\zeta}=\boldsymbol{0}$,则(   ).

(A)$\boldsymbol{\alpha},\boldsymbol{\beta},\boldsymbol{\gamma}$ 和 $\boldsymbol{\xi},\boldsymbol{\eta},\boldsymbol{\zeta}$ 都线性相关

(B)$\boldsymbol{\alpha},\boldsymbol{\beta},\boldsymbol{\gamma}$ 和 $\boldsymbol{\xi},\boldsymbol{\eta},\boldsymbol{\zeta}$ 都线性无关

(C)$\boldsymbol{\alpha}+\boldsymbol{\xi},\boldsymbol{\beta}+\boldsymbol{\eta},\boldsymbol{\gamma}+\boldsymbol{\xi},\boldsymbol{\alpha}-\boldsymbol{\xi},\boldsymbol{\beta}-\boldsymbol{\eta},\boldsymbol{\gamma}-\boldsymbol{\xi}$ 线性相关

(D)$\boldsymbol{\alpha}+\boldsymbol{\xi},\boldsymbol{\beta}+\boldsymbol{\eta},\boldsymbol{\gamma}+\boldsymbol{\xi},\boldsymbol{\alpha}-\boldsymbol{\xi},\boldsymbol{\beta}-\boldsymbol{\eta},\boldsymbol{\gamma}-\boldsymbol{\xi}$ 线性无关

3. 下列叙述正确的是(   ).

(A) 若两个向量组的秩相等,则这两个向量组等价

(B) 若向量组 $\boldsymbol{\alpha}_1,\boldsymbol{\alpha}_2,\cdots,\boldsymbol{\alpha}_s$ 可由向量组 $\boldsymbol{\beta}_1,\boldsymbol{\beta}_2,\cdots,\boldsymbol{\beta}_t$ 线性表示,则必有 $s<t$

(C) 若齐次线性方程组 $Ax=\boldsymbol{0}$ 与 $Bx=\boldsymbol{0}$ 同解,则矩阵 A 与 B 的行向量组等价

(D) 若向量组 $\boldsymbol{\alpha}_1,\boldsymbol{\alpha}_2,\cdots,\boldsymbol{\alpha}_s$ 与 $\boldsymbol{\alpha}_2,\cdots,\boldsymbol{\alpha}_s$ 均线性相关,则 $\boldsymbol{\alpha}_1$ 必不可由 $\boldsymbol{\alpha}_2,\cdots,\boldsymbol{\alpha}_s$ 线性表示

二、填空题

4. 设 $\boldsymbol{\beta}=(1,k,k^2)$ 能由 $\boldsymbol{\alpha}_1=(1-k,1,1),\boldsymbol{\alpha}_2=(1,1+k,1),\boldsymbol{\alpha}_3=(1,1,k)$ 唯一线性表示,则 $k=$＿＿＿＿＿.

5. 设向量组 $\boldsymbol{\alpha}_1=(1,1,1),\boldsymbol{\alpha}_2=(t,2,t),\boldsymbol{\alpha}_3=(2,3,t)$,当 $t=$＿＿＿＿＿时,$\boldsymbol{\alpha}_1,\boldsymbol{\alpha}_2,\boldsymbol{\alpha}_3$ 线性相关;当 $t \neq$＿＿＿＿＿时,$\boldsymbol{\alpha}_1,\boldsymbol{\alpha}_2,\boldsymbol{\alpha}_3$ 线性无关.

6. 已知 $\boldsymbol{\alpha}_1=(1,2,1)^T,\boldsymbol{\alpha}_2=(2,3,3)^T,\boldsymbol{\alpha}_3=(3,7,1)^T$ 与 $\boldsymbol{\beta}_1=(2,1,1)^T,\boldsymbol{\beta}_2=(5,2,2)^T$,

$\boldsymbol{\beta}_3=(1,3,4)^{\mathrm{T}}$ 是 $\mathbf{R}^3$ 的两组基,那么在这两组基下有相同坐标的向量是_____.

三、解答题

7. 求向量组 $\boldsymbol{\alpha}_1=(1,-1,1,3)^{\mathrm{T}},\boldsymbol{\alpha}_2=(-1,3,5,1)^{\mathrm{T}},\boldsymbol{\alpha}_3=(-2,6,10,a)^{\mathrm{T}},\boldsymbol{\alpha}_4=(4,-1,6,10)^{\mathrm{T}},\boldsymbol{\alpha}_5=(3,-2,-1,b)^{\mathrm{T}}$ 的秩和一个极大线性无关组.

8. 设 $\boldsymbol{\eta}_1$ 与 $\boldsymbol{\eta}_2$ 是非齐次线性方程组 $\boldsymbol{Ax}=\boldsymbol{b}$ 的两个不同的解($\boldsymbol{A}$ 是 $m\times n$ 矩阵),$\boldsymbol{\xi}$ 是对应的齐次线性方程组 $\boldsymbol{Ax}=\boldsymbol{0}$ 的一个非零解.

证明:(1)向量组 $\boldsymbol{\eta}_1,\boldsymbol{\eta}_1-\boldsymbol{\eta}_2$ 线性无关;

(2)若 $R(\boldsymbol{A})=n-1$,则向量组 $\boldsymbol{\xi},\boldsymbol{\eta}_1,\boldsymbol{\eta}_2$ 线性相关.

9. 设向量组 $\boldsymbol{\alpha}_1=(\lambda+3,\lambda,3\lambda+3),\boldsymbol{\alpha}_2=(1,\lambda-1,\lambda),\boldsymbol{\alpha}_3=(2,1,\lambda+3),\boldsymbol{\beta}=(\lambda,\lambda,3)$,问 λ 取何值:

(1)$\boldsymbol{\beta}$ 可由 $\boldsymbol{\alpha}_1,\boldsymbol{\alpha}_2,\boldsymbol{\alpha}_3$ 线性表示,且表示法唯一;

(2)$\boldsymbol{\beta}$ 可由 $\boldsymbol{\alpha}_1,\boldsymbol{\alpha}_2,\boldsymbol{\alpha}_3$ 线性表示,且表示法不唯一;

(3)$\boldsymbol{\beta}$ 不能由 $\boldsymbol{\alpha}_1,\boldsymbol{\alpha}_2,\boldsymbol{\alpha}_3$ 线性表示.

向量 —— 学情测评(B)

一、选择题

1.设矩阵 $\boldsymbol{A}_{m\times n}$ 的秩 $R(\boldsymbol{A})=n<m$,$\boldsymbol{E}_n$ 为 n 阶单位矩阵,下述结论中正确的是(　　).

(A)$\boldsymbol{A}$ 的任意 n 个行向量必线性无关

(B)$\boldsymbol{A}$ 的任意一个 n 阶子式不等于零

(C)$\boldsymbol{A}$ 通过初等行变换,必可以化为 $\begin{pmatrix}\boldsymbol{E}_n\\\boldsymbol{O}\end{pmatrix}$ 形式

(D)$\boldsymbol{A}$ 通过初等列变换,必可以化为 $\begin{pmatrix}\boldsymbol{E}_n\\\boldsymbol{O}\end{pmatrix}$ 形式

2.已知向量组 $\boldsymbol{\alpha}_1,\boldsymbol{\alpha}_2,\boldsymbol{\alpha}_3$ 线性无关,向量组 $\boldsymbol{\alpha}_1+\boldsymbol{\alpha}_2,\boldsymbol{\alpha}_2+\boldsymbol{\alpha}_3,k\boldsymbol{\alpha}_1+l\boldsymbol{\alpha}_3$ 线性相关,则 k 和 l 应满足的关系是(　　).

(A)$k=l=1$　　　(B)$k-l=0$　　　(C)$k+l=0$　　　(D)$k+l=1$

3.设有向量组 $\boldsymbol{\alpha}_1=(1,-1,2,4),\boldsymbol{\alpha}_2=(0,3,1,2),\boldsymbol{\alpha}_3=(3,0,7,14),\boldsymbol{\alpha}_4=(1,-2,2,0),\boldsymbol{\alpha}_5=(2,1,5,10)$,则该向量组的极大线性无关组是(　　).

(A)$\boldsymbol{\alpha}_1,\boldsymbol{\alpha}_2,\boldsymbol{\alpha}_3$　　(B)$\boldsymbol{\alpha}_1,\boldsymbol{\alpha}_2,\boldsymbol{\alpha}_4$　　(C)$\boldsymbol{\alpha}_1,\boldsymbol{\alpha}_2,\boldsymbol{\alpha}_5$　　(D)$\boldsymbol{\alpha}_1,\boldsymbol{\alpha}_2,\boldsymbol{\alpha}_4,\boldsymbol{\alpha}_5$

4.设 n 维列向量组 $\boldsymbol{\alpha}_1,\boldsymbol{\alpha}_2,\cdots,\boldsymbol{\alpha}_m(m<n)$ 线性无关,则 n 维列向量组 $\boldsymbol{\beta}_1,\boldsymbol{\beta}_2,\cdots,\boldsymbol{\beta}_m$ 线性无关的充分必要条件为(　　).

(A)向量组 $\boldsymbol{\alpha}_1,\boldsymbol{\alpha}_2,\cdots,\boldsymbol{\alpha}_m$ 可由向量组 $\boldsymbol{\beta}_1,\boldsymbol{\beta}_2,\cdots,\boldsymbol{\beta}_m$ 线性表示

(B)向量组 $\boldsymbol{\beta}_1,\boldsymbol{\beta}_2,\cdots,\boldsymbol{\beta}_m$ 可由向量组 $\boldsymbol{\alpha}_1,\boldsymbol{\alpha}_2,\cdots,\boldsymbol{\alpha}_m$ 线性表示

(C)向量组 $\boldsymbol{\alpha}_1,\boldsymbol{\alpha}_2,\cdots,\boldsymbol{\alpha}_m$ 与向量组 $\boldsymbol{\beta}_1,\boldsymbol{\beta}_2,\cdots,\boldsymbol{\beta}_m$ 等价

(D) 矩阵 $A=(\boldsymbol{\alpha}_1,\boldsymbol{\alpha}_2,\cdots,\boldsymbol{\alpha}_m)$ 与矩阵 $B=(\boldsymbol{\beta}_1,\boldsymbol{\beta}_2,\cdots,\boldsymbol{\beta}_m)$ 等价

二、填空题

5. 设向量组（Ⅰ）：$\boldsymbol{\alpha}_1,\boldsymbol{\alpha}_2$，向量组（Ⅱ）：$\boldsymbol{\alpha}_1,\boldsymbol{\alpha}_2,\boldsymbol{\alpha}_3$，向量组（Ⅲ）：$\boldsymbol{\alpha}_1,\boldsymbol{\alpha}_2,\boldsymbol{\alpha}_4$ 的秩分别为 $R(Ⅰ)=R(Ⅱ)=2,R(Ⅲ)=3$，则向量组（Ⅳ）：$\boldsymbol{\alpha}_1,\boldsymbol{\alpha}_2,2\boldsymbol{\alpha}_3-3\boldsymbol{\alpha}_4$ 的秩为_____.

6. 设 $\boldsymbol{\alpha}_1=(1,2,3)^T,\boldsymbol{\alpha}_2=(1,3,4)^T,\boldsymbol{\alpha}_3=(2,-1,1)^T,\boldsymbol{\beta}=(2,5,t)^T$，则

(1) t 满足_____，向量 $\boldsymbol{\beta}$ 不能由 $\boldsymbol{\alpha}_1,\boldsymbol{\alpha}_2,\boldsymbol{\alpha}_3$ 线性表出；

(2) t 满足_____，向量 $\boldsymbol{\beta}$ 能由 $\boldsymbol{\alpha}_1,\boldsymbol{\alpha}_2,\boldsymbol{\alpha}_3$ 线性表出，且此时 $\boldsymbol{\beta}=$_____.

三、解答题

7. 设向量 $\boldsymbol{\beta}$ 可以由向量组 $\boldsymbol{\alpha}_1,\boldsymbol{\alpha}_2,\cdots,\boldsymbol{\alpha}_m$ 线性表出，但 $\boldsymbol{\beta}$ 不能由向量组 $\boldsymbol{\alpha}_1,\boldsymbol{\alpha}_2,\cdots,\boldsymbol{\alpha}_{m-1}$ 线性表出.判断：

(1) $\boldsymbol{\alpha}_m$ 能否由 $\boldsymbol{\alpha}_1,\boldsymbol{\alpha}_2,\cdots,\boldsymbol{\alpha}_{m-1},\boldsymbol{\beta}$ 线性表出？为什么？

(2) $\boldsymbol{\alpha}_m$ 能否由 $\boldsymbol{\alpha}_1,\boldsymbol{\alpha}_2,\cdots,\boldsymbol{\alpha}_{m-1}$ 线性表出？为什么？

8. 设有向量组（Ⅰ）$\boldsymbol{\alpha}_1=(1,0,2)^T,\boldsymbol{\alpha}_2=(1,1,3)^T,\boldsymbol{\alpha}_3=(1,-1,a+2)^T$；

（Ⅱ）$\boldsymbol{\beta}_1=(1,2,a+3)^T,\boldsymbol{\beta}_2=(2,1,a+6)^T,\boldsymbol{\beta}_3=(2,1,a+4)^T$.

试问：当 a 为何值时，向量组（Ⅰ）与（Ⅱ）等价？当 a 为何值时，向量组（Ⅰ）与（Ⅱ）不等价？

9. 设 4 维列向量 $\boldsymbol{\alpha}_1,\boldsymbol{\alpha}_2,\boldsymbol{\alpha}_3$ 线性无关，且与 4 维非零列向量 $\boldsymbol{\beta}_1,\boldsymbol{\beta}_2$ 均正交，证明：

(1) $\boldsymbol{\beta}_1,\boldsymbol{\beta}_2$ 线性相关；(2) $\boldsymbol{\alpha}_1,\boldsymbol{\alpha}_2,\boldsymbol{\alpha}_3,\boldsymbol{\beta}_1$ 线性无关.

10. 已知 3 维空间 $\mathbf{R}^3$ 的两组基 $\boldsymbol{\alpha}_1=(1,0,-1)^T,\boldsymbol{\alpha}_2=(2,1,1)^T,\boldsymbol{\alpha}_3=(1,1,1)^T$ 与 $\boldsymbol{\beta}_1=(0,1,1)^T,\boldsymbol{\beta}_2=(-1,1,0)^T,\boldsymbol{\beta}_3=(1,2,1)^T$.

(1) 求由基 $\boldsymbol{\alpha}_1,\boldsymbol{\alpha}_2,\boldsymbol{\alpha}_3$ 到基 $\boldsymbol{\beta}_1,\boldsymbol{\beta}_2,\boldsymbol{\beta}_3$ 的过渡矩阵；

(2) 求 $\boldsymbol{\gamma}=(9,6,5)^T$ 在这两组基下的坐标；

(3) 求向量 $\boldsymbol{\delta}$，使它在这两组基下有相同的坐标.

方程组

📍 知识点指引

（一）齐次线性方程组

1. 齐次线性方程组解的判定

(1) 设 A 是 $m \times n$ 矩阵，$A = (\alpha_1, \alpha_2, \cdots, \alpha_n)$，则

$Ax = 0$ 只有零解（有非零解）$\Leftrightarrow R(A) = n(R(A) < n)$

$\qquad\qquad\qquad\qquad \Leftrightarrow A$ 的列向量组 $\alpha_1, \alpha_2, \cdots, \alpha_n$ 线性无关（相关）.

注：当 $m < n$ 时，$Ax = 0$ 有非零解.

(2) 设 A 是 $n \times n$ 矩阵，则 $Ax = 0$ 只有零解（有非零解）$\Leftrightarrow |A| \neq 0(|A| = 0)$.

2. 齐次线性方程组解的性质和解的结构

(1) 若 $A\alpha_1 = 0, A\alpha_2 = 0$，则 $A(k_1\alpha_1 + k_2\alpha_2) = 0(k_1, k_2$ 为任意常数$)$.

(2) $Ax = 0$ 的基础解系（解向量组的极大线性无关组）

1) 基础解系的定义：

设 $\alpha_1, \alpha_2, \cdots, \alpha_s$ 是 $Ax = 0$ 的解向量，如果：

① $\alpha_1, \alpha_2, \cdots, \alpha_s$ 线性无关；

② $Ax = 0$ 的任一个解向量可由 $\alpha_1, \alpha_2, \cdots, \alpha_s$ 线性表示，

则称 $\alpha_1, \alpha_2, \cdots, \alpha_s$ 是 $Ax = 0$ 的一个基础解系.

2) 基础解系的等价定义：

若向量组 $\alpha_1, \alpha_2, \cdots, \alpha_s$ 满足：

① $\alpha_1, \alpha_2, \cdots, \alpha_s$ 是 $Ax = 0$ 的解向量；

② $\alpha_1, \alpha_2, \cdots, \alpha_s$ 线性无关；

③ $\alpha_1, \alpha_2, \cdots, \alpha_s$ 的个数为 $n - R(A)$，即 $s = n - R(A)$，

则称 $\alpha_1, \alpha_2, \cdots, \alpha_s$ 是 $Ax = 0$ 的基础解系.

(3) $Ax = 0$ 的通解

若 $\alpha_1, \alpha_2, \cdots, \alpha_s$ 是 $Ax = 0$ 的基础解系，则 $Ax = 0$ 的通解为 $x = k_1\alpha_1 + k_2\alpha_2 + \cdots + k_s\alpha_s$，其中 $k_1, k_2, \cdots, k_s$ 为任意常数.

3. 齐次线性方程组的通解计算

(1) 对系数矩阵 A 进行初等行变换，将其化为行阶梯形矩阵；

(2) 若 $R(A) = n$，则 $Ax = 0$ 只有零解；

若 $R(A) < n$，在每个阶梯上选出一列，剩下的 $n - R(A)$ 列对应的变量就是自由变量. 依

次对一个自由变量赋值为1,其余自由变量赋值为0,代入阶梯形方程组中求解,得到$n-R(\boldsymbol{A})$个线性无关的解$\boldsymbol{\alpha}_1,\boldsymbol{\alpha}_2,\cdots,\boldsymbol{\alpha}_s$,即为基础解系,则$\boldsymbol{Ax}=\boldsymbol{0}$的通解为$\boldsymbol{x}=k_1\boldsymbol{\alpha}_1+k_2\boldsymbol{\alpha}_2+\cdots+k_s\boldsymbol{\alpha}_s$,其中$k_1,k_2,\cdots,k_s$是任意常数.

(二) 非齐次线性方程组

1.非齐次线性方程组解的判定

(1)$\boldsymbol{A}_{m\times n}\boldsymbol{x}=\boldsymbol{\beta}$ 无解$\Leftrightarrow R(\boldsymbol{A})\neq R(\boldsymbol{A},\boldsymbol{\beta})\Leftrightarrow R(\boldsymbol{A})+1=R(\boldsymbol{A},\boldsymbol{\beta})$

$\qquad\qquad\qquad\Leftrightarrow\boldsymbol{\beta}$ 不可由 $\boldsymbol{A}$ 的列向量组线性表示.

$\boldsymbol{A}_{m\times n}\boldsymbol{x}=\boldsymbol{\beta}$ 有唯一解$\Leftrightarrow R(\boldsymbol{A})=R(\boldsymbol{A},\boldsymbol{\beta})=n$

$\qquad\qquad\qquad\Leftrightarrow\boldsymbol{\beta}$ 可由 $\boldsymbol{A}$ 的列向量组线性表示,并且表示法唯一.

$\boldsymbol{A}_{m\times n}\boldsymbol{x}=\boldsymbol{\beta}$ 有无穷多解$\Leftrightarrow R(\boldsymbol{A})=R(\boldsymbol{A},\boldsymbol{\beta})=r<n$

$\qquad\qquad\qquad\Leftrightarrow\boldsymbol{\beta}$ 可由 $\boldsymbol{A}$ 的列向量组线性表示,并且表示法不唯一.

(2)设 $\boldsymbol{A}$ 是 $n\times n$ 矩阵,则

$\boldsymbol{Ax}=\boldsymbol{\beta}$ 无解(或者有无穷多解)$\Rightarrow|\boldsymbol{A}|=0$.

$\boldsymbol{Ax}=\boldsymbol{\beta}$ 有唯一解$\Leftrightarrow|\boldsymbol{A}|\neq 0$

$\qquad\qquad\qquad\Leftrightarrow\boldsymbol{A}$ 的行(列)向量组线性无关,并且任意一个 n 维行(列)向量都可以由其线性表示,且表示法唯一.

2.非齐次线性方程组解的性质和解的结构

(1)非齐次线性方程组解的性质

1)设 $\boldsymbol{A\alpha}_1=\boldsymbol{\beta},\boldsymbol{A\alpha}_2=\boldsymbol{\beta}$,则 $\boldsymbol{A}(\boldsymbol{\alpha}_1-\boldsymbol{\alpha}_2)=\boldsymbol{0}$.

2)设 $\boldsymbol{A\alpha}_1=\boldsymbol{\beta},\boldsymbol{A\alpha}_0=\boldsymbol{0}$,则 $\boldsymbol{A}(\boldsymbol{\alpha}_1+\boldsymbol{\alpha}_0)=\boldsymbol{\beta}$.

(2)非齐次线性方程组的通解

若 $\boldsymbol{Ax}=\boldsymbol{\beta}$ 有无穷多解,则其通解为 $\boldsymbol{x}=k_1\boldsymbol{\alpha}_1+k_2\boldsymbol{\alpha}_2+\cdots+k_s\boldsymbol{\alpha}_s+\boldsymbol{\eta}$,其中 $\boldsymbol{\alpha}_1,\boldsymbol{\alpha}_2,\cdots,\boldsymbol{\alpha}_s$ 为 $\boldsymbol{Ax}=\boldsymbol{0}$ 的基础解系,$\boldsymbol{\eta}$ 是 $\boldsymbol{Ax}=\boldsymbol{\beta}$ 的一个特解.

3.非齐次线性方程组的通解计算

(1)对增广对矩阵 $\overline{\boldsymbol{A}}=(\boldsymbol{A},\boldsymbol{\beta})$ 进行初等行变换为行阶梯形矩阵.

(2)若 $R(\boldsymbol{A})\neq R(\boldsymbol{A},\boldsymbol{\beta})$,则 $\boldsymbol{Ax}=\boldsymbol{\beta}$ 无解;

若 $R(\boldsymbol{A})=R(\boldsymbol{A},\boldsymbol{\beta})=n$,则方程组有唯一解;

若 $R(\boldsymbol{A})=R(\boldsymbol{A},\boldsymbol{\beta})<n$,则方程组有无穷多解,设 $\boldsymbol{\eta}$ 是 $\boldsymbol{Ax}=\boldsymbol{\beta}$ 的一个特解,则 $\boldsymbol{Ax}=\boldsymbol{\beta}$ 的通解为 $\boldsymbol{x}=k_1\boldsymbol{\alpha}_1+k_2\boldsymbol{\alpha}_2+\cdots+k_s\boldsymbol{\alpha}_s+\boldsymbol{\eta}$,其中 $\boldsymbol{\alpha}_1,\boldsymbol{\alpha}_2,\cdots,\boldsymbol{\alpha}_s$ 为 $\boldsymbol{Ax}=\boldsymbol{0}$ 的一组基础解系.

(三) 讨论两个方程组解之间的关系

1.公共解的问题

求 $\boldsymbol{Ax}=\boldsymbol{0}$ 与 $\boldsymbol{Bx}=\boldsymbol{0}$ 或 $\boldsymbol{Ax}=\boldsymbol{0}$ 与 $\boldsymbol{Bx}=\boldsymbol{b}_2$ 或 $\boldsymbol{Ax}=\boldsymbol{b}_1$ 与 $\boldsymbol{Bx}=\boldsymbol{b}_2$ 的公共解.

方法:(1)联立方程组,分别求$\begin{cases}\boldsymbol{Ax}=\boldsymbol{0},\\\boldsymbol{Bx}=\boldsymbol{0},\end{cases}$或$\begin{cases}\boldsymbol{Ax}=\boldsymbol{0},\\\boldsymbol{Bx}=\boldsymbol{b}_2,\end{cases}$或$\begin{cases}\boldsymbol{Ax}=\boldsymbol{b}_1,\\\boldsymbol{Bx}=\boldsymbol{b}_2\end{cases}$的解即可;

(2)将其中一个方程的通解 $\boldsymbol{x}=\boldsymbol{\eta}^*+k_1\boldsymbol{\eta}_1+k_2\boldsymbol{\eta}_2+\cdots+k_s\boldsymbol{\eta}_s$ 代入另一个方程求出 k_1,$k_2,\cdots,k_s$ 即可.

2. 讨论 $Ax = 0$ 与 $Bx = 0$ 同解：$Ax = 0$ 的解是 $Bx = 0$ 的解，同时 $Bx = 0$ 的解是 $Ax = 0$ 的解.

进阶专项题

题型1 方程组解的判定

一阶溯源

例1 下列说法正确的有几个（　　）.

(1) 求线性方程组的通解时，自由未知量的选取是唯一的.

(2) 有非零解的齐次线性方程组的基础解系是唯一的.

(3) 有无穷多个解的非齐次线性方程组的通解的形式不唯一.

(4) 若非齐次线性方程组无解，则对应的系数行列式为零.

(A)0 个　　　　　(B)1 个　　　　　(C)2 个　　　　　(D)3 个

【答案】(B)

线索

掌握自由未知量的取法，齐次方程组基础解系的存在条件，基础解系的形式不唯一性，仅有方程的个数与未知量的个数相等时才有系数行列式.

【解析】(1) 错误，取 $\begin{cases} x_1 + x_2 + x_3 = 0, \\ x_2 - x_3 = 0, \end{cases}$ 系数矩阵 $A = \begin{pmatrix} 1 & 1 & 1 \\ 0 & 1 & -1 \end{pmatrix}$，$R(A) = 2$，

则 $3 - R(A) = 1$，即方程有 1 个自由未知量，x_1, x_2, x_3 任意一个均可作为自由未知量.

(2) 错误，取 $\begin{cases} x_1 + x_2 + x_3 = 0, \\ 2x_1 + 2x_2 + 2x_3 = 0, \end{cases}$ 基础解系可以为 $(-1, 0, 1)^T$，$(-1, 1, 0)^T$ 或

$(-1, 0, 1)^T, (-2, 1, 1)^T$，事实上与基础解系等价的线性无关组均可成为对应方程的基础解系.

(3) 正确，由于齐次方程组基础解系不是唯一的，故齐次方程组通解的形式不是唯一的，而非齐次通解等于齐次方程组的通解＋非齐次方程组的特解，故有无穷多解的非齐次方程组的通解的形式不唯一.

(4) 错误，系数矩阵未必为方阵，故未必存在系数行列式.

故选(B).

例2 设方程组 $\begin{cases} x_1 + x_2 = -a_1, \\ x_2 + x_3 = a_2, \\ x_3 + x_4 = -a_3, \\ x_4 + x_1 = a_4 \end{cases}$ 无解，则 a_1, a_2, a_3, a_4 满足的条件是_____.

【答案】$a_1 + a_2 + a_3 + a_4 \neq 0$

非齐次方程组 $Ax=b$ 无解的条件：$R(A)\neq R(A,b)$ 或 $R(A)<R(A,b)$ 或 $R(A)+1=R(A,b)$.

【解析】$(A\ \vdots\ b)=\begin{pmatrix} 1 & 1 & 0 & 0 & \vdots & -a_1 \\ 0 & 1 & 1 & 0 & \vdots & a_2 \\ 0 & 0 & 1 & 1 & \vdots & -a_3 \\ 1 & 0 & 0 & 1 & \vdots & a_4 \end{pmatrix} \rightarrow \begin{pmatrix} 1 & 1 & 0 & 0 & \vdots & -a_1 \\ 0 & 1 & 1 & 0 & \vdots & a_2 \\ 0 & 0 & 1 & 1 & \vdots & -a_3 \\ 0 & -1 & 0 & 1 & \vdots & a_1+a_4 \end{pmatrix}$

$\rightarrow \begin{pmatrix} 1 & 1 & 0 & 0 & \vdots & -a_1 \\ 0 & 1 & 1 & 0 & \vdots & a_2 \\ 0 & 0 & 1 & 1 & \vdots & -a_3 \\ 0 & 0 & 0 & 0 & \vdots & a_1+a_2+a_3+a_4 \end{pmatrix}$,

故方程组无解的条件是 $a_1+a_2+a_3+a_4\neq 0$.

二阶提炼

例3 下列说法正确的个数为（ 　 ）.

(1) 解线性方程组 $Ax=b$ 时，对增广矩阵 $\overline{A}=(A,b)$，既可以施以三种初等行变换，也可以施以三种初等列变换.

(2) 若非齐次线性方程组 $Ax=b$ 的导出组 $Ax=0$ 只有零解，则 $Ax=b$ 有唯一解.

(3) 若非齐次线性方程组 $Ax=b$ 有解，则它有唯一解的充分必要条件是它的导出组 $Ax=0$ 只有零解.

(4) 设 A 为 $m\times n$ 矩阵，若 $AX=AY$，且 $R(A)=n$，则 $X=Y$.

(A)0 个　　　　　(B)1 个　　　　　(C)2 个　　　　　(D)3 个

【答案】(C)

【解析】(1) 错，解线性方程组对增广矩阵 $\overline{A}=(A,b)$ 仅能用初等行变换；求矩阵 A 的秩既能用初等行变换又能用初等列变换且可以混用；求可逆矩阵 A 的逆矩阵，

$$(A\ \vdots\ E)\xrightarrow{\text{初等行变换}}(E\ \vdots\ A^{-1})\ ;\ \binom{A}{E}\xrightarrow{\text{初等列变换}}\binom{E}{A^{-1}}\ ;$$

由齐次线性方程组与非齐次线性方程组的解的关系知(2) 错，(3) 正确；

(4) 正确，A 为 $m\times n$ 矩阵，$AX=AY\Rightarrow A(X-Y)=O$，$R(A)=n$，知 $X-Y=O$，故 $X=Y$.

故选(C).

小结

非齐次线性方程组 $Ax=b$ 有解，则它有无穷多解的充分必要条件是它的导出组 $Ax=0$ 有非零解.

例4 设 A 是 $m\times n$ 矩阵，$m<n$，且 A 的行向量组线性无关，则下列命题错误的是（ 　 ）.

(A) 齐次线性方程组 $A^T x = 0$ 只有零解

(B) 齐次线性方程组 $A^T A x = 0$ 必有非零解

(C) 对任意的列向量 b, 非齐次线性方程组 $Ax = b$ 必有无穷多解

(D) 对任意的列向量 b, 非齐次线性方程组 $A^T x = b$ 必有唯一解

【答案】(D)

【解析】由已知条件可得 $R(A) = m$.

(A) 正确, $R(A^T) = R(A) = m$, 而齐次方程组 $A^T x = 0$ 中含 m 个未知数. 由齐次方程组解的判定得 $A^T x = 0$ 只有零解.

(B) 正确, $R(A^T A) = R(A) = m < n$, 而齐次方程组 $A^T A x = 0$ 中含 n 个未知数. 由齐次方程组解的判定得 $A^T A x = 0$ 有非零解.

(C) 正确, $R(A) = R(A, b) = m < n$, 由非齐次方程组解的判定得 $Ax = b$ 有无穷多解.

(D) 错误, $R(A^T) = m$, $R(A^T, b) \leq m + 1$, 故 $R(A^T)$ 与 $R(A^T, b)$ 不一定相等, 故 $A^T x = b$ 有可能有唯一解, 也有可能无解.

故选(D).

小结

> 由 A 的行向量组线性无关得 A 行满秩, 当系数矩阵的行列式行满秩时, 非齐次方程组一定有解, 另外还要注意秩的公式
> $$R(AA^T) = R(A^T) = R(A) = R(A^T A).$$

例5 设 $A = \begin{pmatrix} 1 & 1 & 1 & 1 \\ a & b & c & d \\ a^2 & b^2 & c^2 & d^2 \end{pmatrix}$ (a, b, c, d 互不相等), 则下列正确的是( ).

(A) $Ax = 0$ 只有零解   (B) $A^T x = 0$ 有非零解

(C) $A^T A x = 0$ 只有零解   (D) $AA^T x = 0$ 只有零解

【答案】(D)

【解析】由已知可得, $R(A) = 3 <$ 列数, 则 $Ax = 0$ 有非零解;

$R(A^T)_{4 \times 3} = 3 =$ 列数, 则 $A^T x = 0$ 只有零解;

$R(A^T A)_{4 \times 4} = R(A) = 3 <$ 列数, 则 $A^T A x = 0$ 有非零解;

$R(AA^T)_{3 \times 3} = R(A) = 3 =$ 列数, 则 $AA^T x = 0$ 只有零解.

故选(D).

小结

> $R(AA^T) = R(A^T) = R(A) = R(A^T A).$

例6 设 $\alpha_1, \alpha_2, \cdots, \alpha_n$ 为 n 维线性无关的向量组, 讨论齐次线性方程组
$$(\alpha_1 + \alpha_2)x_1 + (\alpha_2 + \alpha_3)x_2 + \cdots + (\alpha_n + \alpha_1)x_n = 0$$
的解的情况.

【解】方程组$(\boldsymbol{\alpha}_1+\boldsymbol{\alpha}_2)x_1+(\boldsymbol{\alpha}_2+\boldsymbol{\alpha}_3)x_2+\cdots+(\boldsymbol{\alpha}_n+\boldsymbol{\alpha}_1)x_n=\mathbf{0}$的解的情况等价于向量$\boldsymbol{\alpha}_1+\boldsymbol{\alpha}_2,\boldsymbol{\alpha}_2+\boldsymbol{\alpha}_3,\cdots,\boldsymbol{\alpha}_n+\boldsymbol{\alpha}_1$的线性相关性,

令$\boldsymbol{A}=(\boldsymbol{\alpha}_1,\boldsymbol{\alpha}_2,\cdots,\boldsymbol{\alpha}_n),\boldsymbol{B}=(\boldsymbol{\alpha}_1+\boldsymbol{\alpha}_2,\boldsymbol{\alpha}_2+\boldsymbol{\alpha}_3,\cdots,\boldsymbol{\alpha}_n+\boldsymbol{\alpha}_1)$,则

$$\boldsymbol{B}=(\boldsymbol{\alpha}_1,\boldsymbol{\alpha}_2,\cdots,\boldsymbol{\alpha}_n)\begin{pmatrix}1 & 0 & \cdots & 0 & 1\\ 1 & 1 & \cdots & 0 & 0\\ 0 & 1 & \cdots & 0 & 0\\ \vdots & \vdots & & \vdots & \vdots\\ 0 & 0 & \cdots & 1 & 1\end{pmatrix}=\boldsymbol{AC},\ |\boldsymbol{C}|=1+(-1)^{n+1}.$$

因为$\boldsymbol{\alpha}_1,\boldsymbol{\alpha}_2,\cdots,\boldsymbol{\alpha}_n$线性无关,所以$\boldsymbol{A}$可逆,于是$R(\boldsymbol{B})=R(\boldsymbol{C})$.

当n为偶数时,$R(\boldsymbol{B})=R(\boldsymbol{C})<n$,向量组$\boldsymbol{\alpha}_1+\boldsymbol{\alpha}_2,\boldsymbol{\alpha}_2+\boldsymbol{\alpha}_3,\cdots,\boldsymbol{\alpha}_n+\boldsymbol{\alpha}_1$线性相关,故方程组$(\boldsymbol{\alpha}_1+\boldsymbol{\alpha}_2)x_1+(\boldsymbol{\alpha}_2+\boldsymbol{\alpha}_3)x_2+\cdots+(\boldsymbol{\alpha}_n+\boldsymbol{\alpha}_1)x_n=\mathbf{0}$有非零解;

当n为奇数时,$R(\boldsymbol{B})=R(\boldsymbol{C})=n$,向量组$\boldsymbol{\alpha}_1+\boldsymbol{\alpha}_2,\boldsymbol{\alpha}_2+\boldsymbol{\alpha}_3,\cdots,\boldsymbol{\alpha}_n+\boldsymbol{\alpha}_1$线性无关,故方程组$(\boldsymbol{\alpha}_1+\boldsymbol{\alpha}_2)x_1+(\boldsymbol{\alpha}_2+\boldsymbol{\alpha}_3)x_2+\cdots+(\boldsymbol{\alpha}_n+\boldsymbol{\alpha}_1)x_n=\mathbf{0}$只有零解.

小结

熟练齐次方程组解的判别与向量组线性相关与线性无关的转化.

三阶突破

例7 设$\boldsymbol{A}$是n阶矩阵,$\boldsymbol{\alpha}$是n维列向量,若$R\begin{pmatrix}\boldsymbol{A} & \boldsymbol{\alpha}\\ \boldsymbol{\alpha}^{\mathrm{T}} & 0\end{pmatrix}=R(\boldsymbol{A})$,则线性方程组(   ).

(A)$\boldsymbol{A}x=\boldsymbol{\alpha}$必有无穷多解

(B)$\boldsymbol{A}x=\boldsymbol{\alpha}$必有唯一解

(C)$\begin{pmatrix}\boldsymbol{A} & \boldsymbol{\alpha}\\ \boldsymbol{\alpha}^{\mathrm{T}} & 0\end{pmatrix}\begin{pmatrix}x\\ y\end{pmatrix}=\mathbf{0}$仅有零解

(D)$\begin{pmatrix}\boldsymbol{A} & \boldsymbol{\alpha}\\ \boldsymbol{\alpha}^{\mathrm{T}} & 0\end{pmatrix}\begin{pmatrix}x\\ y\end{pmatrix}=\mathbf{0}$必有非零解

【答案】(D)

线索

在判别齐次线性方程组解的情况时主要求出系数矩阵的秩,在放缩秩的过程中一般要从小到大放缩.

【解析】由$R(\boldsymbol{A})\leqslant R(\boldsymbol{A},\boldsymbol{\alpha})\leqslant R\begin{pmatrix}\boldsymbol{A} & \boldsymbol{\alpha}\\ \boldsymbol{\alpha}^{\mathrm{T}} & 0\end{pmatrix}=R(\boldsymbol{A})\leqslant n<n+1$,

知$R(\boldsymbol{A})=R(\boldsymbol{A},\boldsymbol{\alpha})=R\begin{pmatrix}\boldsymbol{A} & \boldsymbol{\alpha}\\ \boldsymbol{\alpha}^{\mathrm{T}} & 0\end{pmatrix}\leqslant n<n+1$,排除(A)、(B)两项,

又$\begin{pmatrix}\boldsymbol{A} & \boldsymbol{\alpha}\\ \boldsymbol{\alpha}^{\mathrm{T}} & 0\end{pmatrix}\begin{pmatrix}x\\ y\end{pmatrix}=\mathbf{0}$为$n+1$个变量的齐次方程,

故选(D).

小结

需记住矩阵秩的相关结论,此题若换为简答题的形式,注意矩阵分块的形式.

题型2 解的性质、结构、基础解系

一阶溯源

例1 齐次方程组 $\begin{cases} x_1 + 2x_3 - x_4 = 0, \\ x_1 + x_2 + x_4 = 0 \end{cases}$ 的基础解系是（　　）.

(A) $(-2,2,1,0)^{\mathrm{T}}, (1,2,0,1)^{\mathrm{T}}$ (B) $(-1,0,1,1)^{\mathrm{T}}, (2,0,-2,-2)^{\mathrm{T}}$

(C) $(-2,2,1,0)^{\mathrm{T}}, (-2,-2,3,4)^{\mathrm{T}}$ (D) $(1,-2,0,1)^{\mathrm{T}}$

【答案】(C)

线索

齐次方程组的基础解系并不是唯一的,要注意结合排除法,与基础解系等价的线性无关组仍为基础解系.

【解析】向量线性相关,排除(B);$4 - R(\boldsymbol{A}) = 2$,排除(D);$(1,2,0,1)^{\mathrm{T}}$ 不是解,排除(A).

事实上,$\boldsymbol{\xi}_1 = (-2,2,1,0)^{\mathrm{T}}, \boldsymbol{\xi}_2 = (1,-2,0,1)^{\mathrm{T}}$ 为此方程组的一个基础解系,且 $(-2,2,1,0)^{\mathrm{T}}, (-2,-2,3,4)^{\mathrm{T}}$ 线性无关,又 $(-2,-2,3,4)^{\mathrm{T}} = 3\boldsymbol{\xi}_1 + 4\boldsymbol{\xi}_2$,知 $(-2,-2,3,4)^{\mathrm{T}}$ 是方程组的解,故 $(-2,2,1,0)^{\mathrm{T}}, (-2,-2,3,4)^{\mathrm{T}}$ 为此方程组的一个基础解系.

故选(C).

例2 设 $\boldsymbol{\xi}_1, \boldsymbol{\xi}_2, \cdots, \boldsymbol{\xi}_n$ 是方程组 $\boldsymbol{Ax} = \boldsymbol{0}$ 的一个基础解系,$k_1, k_2, \cdots, k_n$ 为任意常数,则方程组 $\boldsymbol{Ax} = \boldsymbol{0}$ 的通解为（　　）.

(A) $\displaystyle\sum_{i=1}^{n} \boldsymbol{\xi}_i$ (B) $\displaystyle\sum_{i=1}^{n-1} k_i(\boldsymbol{\xi}_{i+1} + \boldsymbol{\xi}_i)$

(C) $\displaystyle\sum_{i=1}^{n-1} k_i(\boldsymbol{\xi}_{i+1} - \boldsymbol{\xi}_i)$ (D) $\displaystyle\sum_{i=1}^{n-1} k_i(\boldsymbol{\xi}_{i+1} - 2\boldsymbol{\xi}_i) + k_n\boldsymbol{\xi}_1$

【答案】(D)

线索

本题需明确基础解系的定义,基础解系中向量的个数为 $n - R(\boldsymbol{A})$ 及基础解系中的向量线性无关.

【解析】(A)、(B)、(C) 三项均不含 n 个任意常数,故不是 $\boldsymbol{Ax} = \boldsymbol{0}$ 的通解. 对(D)项,

$$(\boldsymbol{\xi}_1, \boldsymbol{\xi}_2 - 2\boldsymbol{\xi}_1, \boldsymbol{\xi}_3 - 2\boldsymbol{\xi}_2, \cdots, \boldsymbol{\xi}_n - 2\boldsymbol{\xi}_{n-1}) = (\boldsymbol{\xi}_1, \boldsymbol{\xi}_2, \cdots, \boldsymbol{\xi}_n) \begin{pmatrix} 1 & -2 & 0 & \cdots & 0 \\ 0 & 1 & -2 & \cdots & 0 \\ 0 & 0 & 1 & \cdots & 0 \\ \vdots & \vdots & \vdots & & \vdots \\ 0 & 0 & 0 & \cdots & -2 \\ 0 & 0 & 0 & \cdots & 1 \end{pmatrix},$$

$$|\boldsymbol{C}| = \begin{vmatrix} 1 & -2 & 0 & \cdots & 0 \\ 0 & 1 & -2 & \cdots & 0 \\ 0 & 0 & 1 & \cdots & 0 \\ \vdots & \vdots & \vdots & & \vdots \\ 0 & 0 & 0 & \cdots & -2 \\ 0 & 0 & 0 & \cdots & 1 \end{vmatrix} = 1 \neq 0,$$

得 $\boldsymbol{\xi}_1, \boldsymbol{\xi}_2 - 2\boldsymbol{\xi}_1, \boldsymbol{\xi}_3 - 2\boldsymbol{\xi}_2, \cdots, \boldsymbol{\xi}_n - 2\boldsymbol{\xi}_{n-1}$ 线性无关,为 $\boldsymbol{Ax} = \boldsymbol{0}$ 的基础解系.

故选(D).

⇔二阶提炼

例3 设 $\boldsymbol{\alpha}_1, \boldsymbol{\alpha}_2, \boldsymbol{\alpha}_3, \boldsymbol{\alpha}_4$ 是 $\boldsymbol{Ax} = \boldsymbol{0}$ 的一个基础解系,则下列向量组也为 $\boldsymbol{Ax} = \boldsymbol{0}$ 的基础解系是( ).

(A) 与 $\boldsymbol{\alpha}_1, \boldsymbol{\alpha}_2, \boldsymbol{\alpha}_3, \boldsymbol{\alpha}_4$ 等秩的向量组 $\boldsymbol{\beta}_1, \boldsymbol{\beta}_2, \boldsymbol{\beta}_3, \boldsymbol{\beta}_4$

(B) 与 $\boldsymbol{\alpha}_1, \boldsymbol{\alpha}_2, \boldsymbol{\alpha}_3, \boldsymbol{\alpha}_4$ 等价的向量组 $\boldsymbol{\beta}_1, \boldsymbol{\beta}_2, \boldsymbol{\beta}_3, \boldsymbol{\beta}_4$

(C) $\boldsymbol{\alpha}_1 + \boldsymbol{\alpha}_2, \boldsymbol{\alpha}_2 + \boldsymbol{\alpha}_3, \boldsymbol{\alpha}_3 + \boldsymbol{\alpha}_4, \boldsymbol{\alpha}_4 + \boldsymbol{\alpha}_1$

(D) $\boldsymbol{\alpha}_1, \boldsymbol{\alpha}_1 + \boldsymbol{\alpha}_2, \boldsymbol{\alpha}_2 + \boldsymbol{\alpha}_3 + \boldsymbol{\alpha}_4$

【答案】(B)

【解析】由已知条件 $\boldsymbol{\alpha}_1, \boldsymbol{\alpha}_2, \boldsymbol{\alpha}_3, \boldsymbol{\alpha}_4$ 为 $\boldsymbol{Ax} = \boldsymbol{0}$ 的一个基础解系,可得 $\boldsymbol{Ax} = \boldsymbol{0}$ 的基础解系中解向量的个数为 4 个,排除(D)项;也可得到向量组 $\boldsymbol{\alpha}_1, \boldsymbol{\alpha}_2, \boldsymbol{\alpha}_3, \boldsymbol{\alpha}_4$ 线性无关.

而对于(C)项,$(\boldsymbol{\alpha}_1 + \boldsymbol{\alpha}_2) - (\boldsymbol{\alpha}_2 + \boldsymbol{\alpha}_3) + (\boldsymbol{\alpha}_3 + \boldsymbol{\alpha}_4) - (\boldsymbol{\alpha}_4 + \boldsymbol{\alpha}_1) = \boldsymbol{0}$,可知 $\boldsymbol{\alpha}_1 + \boldsymbol{\alpha}_2, \boldsymbol{\alpha}_2 + \boldsymbol{\alpha}_3, \boldsymbol{\alpha}_3 + \boldsymbol{\alpha}_4, \boldsymbol{\alpha}_4 + \boldsymbol{\alpha}_1$ 线性相关,可排除;

对于(A)项,只能得到 $\boldsymbol{\beta}_1, \boldsymbol{\beta}_2, \boldsymbol{\beta}_3, \boldsymbol{\beta}_4$ 线性无关,但不能说明 $\boldsymbol{\beta}_1, \boldsymbol{\beta}_2, \boldsymbol{\beta}_3, \boldsymbol{\beta}_4$ 都为 $\boldsymbol{Ax} = \boldsymbol{0}$ 的解向量,故可排除.

因为 $\boldsymbol{\beta}_1, \boldsymbol{\beta}_2, \boldsymbol{\beta}_3, \boldsymbol{\beta}_4$ 与 $\boldsymbol{\alpha}_1, \boldsymbol{\alpha}_2, \boldsymbol{\alpha}_3, \boldsymbol{\alpha}_4$ 等价,则可得到 $\boldsymbol{\beta}_1, \boldsymbol{\beta}_2, \boldsymbol{\beta}_3, \boldsymbol{\beta}_4$ 不仅线性无关,也可由 $\boldsymbol{\alpha}_1, \boldsymbol{\alpha}_2, \boldsymbol{\alpha}_3, \boldsymbol{\alpha}_4$ 线性表示,则 $\boldsymbol{\beta}_1, \boldsymbol{\beta}_2, \boldsymbol{\beta}_3, \boldsymbol{\beta}_4$ 也为 $\boldsymbol{Ax} = \boldsymbol{0}$ 的解向量,所以 $\boldsymbol{\beta}_1, \boldsymbol{\beta}_2, \boldsymbol{\beta}_3, \boldsymbol{\beta}_4$ 也是 $\boldsymbol{Ax} = \boldsymbol{0}$ 的一个基础解系.

故选(B).

小结

此题考察 $\boldsymbol{Ax} = \boldsymbol{0}$ 的基础解系满足的条件:(1) 应为 $\boldsymbol{Ax} = \boldsymbol{0}$ 的解向量;(2) 线性无关;(3) 所含向量的个数 $= n - R(\boldsymbol{A})$;(4)$\boldsymbol{Ax} = \boldsymbol{0}$ 的任何一个解都可由其线性表示.

例4 设 $\boldsymbol{A}$ 是 4 阶矩阵,$R(\boldsymbol{A}) = 2$,$\boldsymbol{\eta}_1, \boldsymbol{\eta}_2, \boldsymbol{\eta}_3$ 是 $\boldsymbol{Ax} = \boldsymbol{b}$ 的 3 个线性无关解,其中 $\boldsymbol{\eta}_1 + \boldsymbol{\eta}_2 = (-1, 2, 5, 1)^T$,$\boldsymbol{\eta}_2 - 3\boldsymbol{\eta}_3 = (2, 1, 3, -3)^T$,$5\boldsymbol{\eta}_3 + 3\boldsymbol{\eta}_1 = (1, -2, 1, -1)^T$,求方程组 $\boldsymbol{Ax} = \boldsymbol{b}$ 的通解.

【解】$n = 4, R(\boldsymbol{A}) = 2 \Rightarrow 4 - R(\boldsymbol{A}) = 2$,$\boldsymbol{Ax} = \boldsymbol{0}$ 的基础解系中有 2 个线性无关解向量.

$\boldsymbol{\xi}_1 = (\boldsymbol{\eta}_1 + \boldsymbol{\eta}_2) + (\boldsymbol{\eta}_2 - 3\boldsymbol{\eta}_3) = (-1, 2, 5, 1)^T + (2, 1, 3, -3)^T = (1, 3, 8, -2)^T$ 为 $\boldsymbol{Ax} = \boldsymbol{0}$ 的解;$\boldsymbol{\xi}_2 = 4(\boldsymbol{\eta}_1 + \boldsymbol{\eta}_2) - (5\boldsymbol{\eta}_3 + 3\boldsymbol{\eta}_1) = (-5, 10, 19, 5)^T$ 也为 $\boldsymbol{Ax} = \boldsymbol{0}$ 的解.

$\boldsymbol{\eta}_0 = \dfrac{1}{2}(\boldsymbol{\eta}_1 + \boldsymbol{\eta}_2) = \dfrac{1}{2}(-1, 2, 5, 1)^T$ 为 $\boldsymbol{Ax} = \boldsymbol{b}$ 的解,又 $\boldsymbol{\xi}_1, \boldsymbol{\xi}_2$ 线性无关,故

$$k_1\boldsymbol{\xi}_1 + k_2\boldsymbol{\xi}_2 + \boldsymbol{\eta}_0 = k_1(1,3,8,-2)^{\mathrm{T}} + k_2(-5,10,19,5)^{\mathrm{T}} + \frac{1}{2}(-1,2,5,1)^{\mathrm{T}}$$

为方程组 $\boldsymbol{Ax} = \boldsymbol{b}$ 的通解，k_1, k_2 为任意常数.

小结

利用结论：设 $\boldsymbol{\eta}_1, \boldsymbol{\eta}_2, \cdots, \boldsymbol{\eta}_s$ 均为非齐次方程组 $\boldsymbol{Ax} = \boldsymbol{b}$ 的解，令

$$\boldsymbol{\eta} = k_1\boldsymbol{\eta}_1 + k_2\boldsymbol{\eta}_2 + \cdots + k_s\boldsymbol{\eta}_s,$$

当 $k_1 + k_2 + \cdots + k_s = 1$ 时，$\boldsymbol{\eta}$ 为 $\boldsymbol{Ax} = \boldsymbol{b}$ 的解；

当 $k_1 + k_2 + \cdots + k_s = 0$ 时，$\boldsymbol{\eta}$ 为 $\boldsymbol{Ax} = \boldsymbol{0}$ 的解.

构造 $\boldsymbol{Ax} = \boldsymbol{0}$ 的解与 $\boldsymbol{Ax} = \boldsymbol{b}$ 的解.

例5 设 $\boldsymbol{\alpha}_1, \boldsymbol{\alpha}_2, \boldsymbol{\alpha}_3, \boldsymbol{\alpha}_4$ 是 4 维列向量组，$\boldsymbol{A} = (\boldsymbol{\alpha}_1, \boldsymbol{\alpha}_2, \boldsymbol{\alpha}_3, \boldsymbol{\alpha}_4)$，$\boldsymbol{A}^*$ 为 $\boldsymbol{A}$ 的伴随矩阵，已知方程组 $\boldsymbol{Ax} = \boldsymbol{0}$ 的通解为 $k(1,0,2,0)^{\mathrm{T}}$，则下列能成为 $\boldsymbol{A}^* \boldsymbol{x} = \boldsymbol{0}$ 的基础解系的个数为（　　）.

(1)$\boldsymbol{\alpha}_1, \boldsymbol{\alpha}_2, \boldsymbol{\alpha}_4$；(2)$\boldsymbol{\alpha}_1 + \boldsymbol{\alpha}_2, \boldsymbol{\alpha}_2 + \boldsymbol{\alpha}_4, \boldsymbol{\alpha}_4 + \boldsymbol{\alpha}_1$；(3)$\boldsymbol{\alpha}_2, \boldsymbol{\alpha}_3, \boldsymbol{\alpha}_4$；(4)$\boldsymbol{\alpha}_2, \boldsymbol{\alpha}_2 + \boldsymbol{\alpha}_3, \boldsymbol{\alpha}_2 + \boldsymbol{\alpha}_3 + \boldsymbol{\alpha}_4$.

(A)1　　　　　(B)2　　　　　(C)3　　　　　(D)4

【答案】(D)

【解析】$n = 4$，$\boldsymbol{Ax} = \boldsymbol{0}$ 的通解为 $k(1,0,2,0)^{\mathrm{T}}$，$4 - R(\boldsymbol{A}) = 1 \Rightarrow R(\boldsymbol{A}) = 3 \Rightarrow R(\boldsymbol{A}^*) = 1 \Rightarrow 4 - R(\boldsymbol{A}^*) = 3$，知 $\boldsymbol{A}^* \boldsymbol{x} = \boldsymbol{0}$ 的基础解系中有 3 个线性无关的解向量. 又 $\boldsymbol{A}^* \boldsymbol{A} = |\boldsymbol{A}| \boldsymbol{E} = \boldsymbol{O} \Rightarrow \boldsymbol{A}$ 的每一列均为 $\boldsymbol{A}^* \boldsymbol{x} = \boldsymbol{0}$ 的解，知 $\boldsymbol{\alpha}_1, \boldsymbol{\alpha}_2, \boldsymbol{\alpha}_3, \boldsymbol{\alpha}_4$ 中任意 3 个线性无关的向量均为 $\boldsymbol{A}^* \boldsymbol{x} = \boldsymbol{0}$ 的基础解系. 由 $\boldsymbol{\alpha}_1 + 2\boldsymbol{\alpha}_3 = \boldsymbol{0}$，$R(\boldsymbol{A}) = 3$ 知 $\boldsymbol{\alpha}_1, \boldsymbol{\alpha}_2, \boldsymbol{\alpha}_4$；$\boldsymbol{\alpha}_2, \boldsymbol{\alpha}_3, \boldsymbol{\alpha}_4$ 均线性无关，故均可作为 $\boldsymbol{A}^* \boldsymbol{x} = \boldsymbol{0}$ 的一个基础解系，故(1)、(3) 正确；

又 $\boldsymbol{\alpha}_1 + \boldsymbol{\alpha}_2, \boldsymbol{\alpha}_2 + \boldsymbol{\alpha}_4, \boldsymbol{\alpha}_4 + \boldsymbol{\alpha}_1$ 为 $\boldsymbol{A}^* \boldsymbol{x} = \boldsymbol{0}$ 的解，且

$$(\boldsymbol{\alpha}_1 + \boldsymbol{\alpha}_2, \boldsymbol{\alpha}_2 + \boldsymbol{\alpha}_4, \boldsymbol{\alpha}_4 + \boldsymbol{\alpha}_1) = (\boldsymbol{\alpha}_1, \boldsymbol{\alpha}_2, \boldsymbol{\alpha}_4)\begin{pmatrix} 1 & 0 & 1 \\ 1 & 1 & 0 \\ 0 & 1 & 1 \end{pmatrix}, \begin{vmatrix} 1 & 0 & 1 \\ 1 & 1 & 0 \\ 0 & 1 & 1 \end{vmatrix} = 2 \neq 0,$$

知 $\boldsymbol{\alpha}_1 + \boldsymbol{\alpha}_2, \boldsymbol{\alpha}_2 + \boldsymbol{\alpha}_4, \boldsymbol{\alpha}_4 + \boldsymbol{\alpha}_1$ 线性无关，故可作为 $\boldsymbol{A}^* \boldsymbol{x} = \boldsymbol{0}$ 的一个基础解系，故(2) 正确；

又 $\boldsymbol{\alpha}_2, \boldsymbol{\alpha}_2 + \boldsymbol{\alpha}_3, \boldsymbol{\alpha}_2 + \boldsymbol{\alpha}_3 + \boldsymbol{\alpha}_4$ 为 $\boldsymbol{A}^* \boldsymbol{x} = \boldsymbol{0}$ 的解，且

$$(\boldsymbol{\alpha}_2, \boldsymbol{\alpha}_2 + \boldsymbol{\alpha}_3, \boldsymbol{\alpha}_2 + \boldsymbol{\alpha}_3 + \boldsymbol{\alpha}_4) = (\boldsymbol{\alpha}_2, \boldsymbol{\alpha}_3, \boldsymbol{\alpha}_4)\begin{pmatrix} 1 & 1 & 1 \\ 0 & 1 & 1 \\ 0 & 0 & 1 \end{pmatrix}, \begin{vmatrix} 1 & 1 & 1 \\ 0 & 1 & 1 \\ 0 & 0 & 1 \end{vmatrix} = 1 \neq 0,$$

知 $\boldsymbol{\alpha}_2, \boldsymbol{\alpha}_2 + \boldsymbol{\alpha}_3, \boldsymbol{\alpha}_2 + \boldsymbol{\alpha}_3 + \boldsymbol{\alpha}_4$ 线性无关，故可作为 $\boldsymbol{A}^* \boldsymbol{x} = \boldsymbol{0}$ 的一个基础解系，故(4) 正确.

故选(D).

小结

(2011真题改编) 伴随矩阵的相关问题需熟练使用 $\boldsymbol{A}^* \boldsymbol{A} = |\boldsymbol{A}| \boldsymbol{E}$，$R(\boldsymbol{A})$ 与 $R(\boldsymbol{A}^*)$ 的关系，当 $\boldsymbol{A}$ 不可逆时，由 $\boldsymbol{A}^* \boldsymbol{A} = \boldsymbol{A} \boldsymbol{A}^* = |\boldsymbol{A}| \boldsymbol{E} = \boldsymbol{O}$ 得 $\boldsymbol{A}$ 的每一列均为 $\boldsymbol{A}^* \boldsymbol{X} = \boldsymbol{0}$ 的解，$\boldsymbol{A}^*$ 的每一列均为 $\boldsymbol{AX} = \boldsymbol{0}$ 的解.

例6 A 为 $m \times n$ 矩阵,证明 $Ax = b$ 有解的充要条件是 $A^T x = 0$ 的解都是 $b^T x = 0$ 的解.

【证明】(1) 充分性:若 $A^T x = 0$ 的解都是 $b^T x = 0$ 的解,则 $A^T x = 0$ 的解为 $A^T x = 0$ 与 $b^T x = 0$ 的公共解,又 $A^T x = 0$ 与 $b^T x = 0$ 的公共解为 $\begin{cases} A^T x = 0, \\ b^T x = 0 \end{cases}$ 的解,即 $A^T x = 0$ 与 $\begin{cases} A^T x = 0, \\ b^T x = 0 \end{cases}$ 同解

知 $R(A^T) = R\begin{pmatrix} A^T \\ b^T \end{pmatrix} \Rightarrow R(A) = R(A, b) \Rightarrow Ax = b$ 有解.

(2) 必要性:若 $Ax = b$ 有解,$\forall x_0$ 满足 $A^T x_0 = 0 \Rightarrow x^T A^T x_0 = b^T x_0 = 0$,即此时 $A^T x = 0$ 的解都是 $b^T x = 0$ 的解.

综上:$Ax = b$ 有解的充要条件是 $A^T x = 0$ 的解都是 $b^T x = 0$ 的解.

小结

> $A_{m \times n} x = 0$ 的解均为 $B_{s \times n} x = 0$ 的解,则 $A_{m \times n} x = 0$ 与 $\begin{pmatrix} A \\ B \end{pmatrix} x = 0$ 同解.

三阶突破

例7 设 A 与 B 都是 n 阶方阵,$Ax = 0$ 的解都是 $Bx = 0$ 的解,ξ_1, ξ_2, ξ_3 为 $Ax = 0$ 的基础解系,则在下列线性方程组中,下列以 $\xi_1 + \xi_2, \xi_2 + \xi_3, \xi_1 + \xi_3$ 为基础解系的方程组有( )个.

(1)$(A + B)x = 0$;   (2)$ABx = 0$;   (3)$\begin{pmatrix} A \\ B \end{pmatrix} x = 0$;   (4)$\begin{pmatrix} A + B \\ A - B \end{pmatrix} x = 0$.

(A)0个   (B)1个   (C)2个   (D)3个

【答案】(C)

线索

> 掌握两个齐次方程组有公共解的条件,同解即是有相同的基础解系.

【解析】ξ_1, ξ_2, ξ_3 为 $Ax = 0$ 的基础解系,故 $\xi_1 + \xi_2, \xi_2 + \xi_3, \xi_1 + \xi_3$ 也为 $Ax = 0$ 的基础解系.

当 $Ax = 0$ 的解都是 $Bx = 0$ 解时,$Ax = 0$ 与 $\begin{pmatrix} A \\ B \end{pmatrix} x = 0$ 同解,$\begin{pmatrix} A + B \\ A - B \end{pmatrix} \rightarrow \begin{pmatrix} A + B \\ -2B \end{pmatrix} \rightarrow \begin{pmatrix} A + B \\ B \end{pmatrix} \rightarrow \begin{pmatrix} A \\ B \end{pmatrix}$,故 $\begin{pmatrix} A + B \\ A - B \end{pmatrix} x = 0$ 与 $\begin{pmatrix} A \\ B \end{pmatrix} x = 0$ 同解,(1) 的反例 $A = -B$;(2) 的反例 $B = O$.

故选(C).

小结

> (1)$A_{m \times n} x = 0, B_{s \times n} x = 0$ 有非零公共解的充要条件为 $R\begin{pmatrix} A \\ B \end{pmatrix} < n$;
>
> (2)$A_{m \times n} x = 0, B_{s \times n} x = 0$ 同解的充要条件为 $R(A) = R(B) = R\begin{pmatrix} A \\ B \end{pmatrix}$.

例8 已知 A 是 $m \times n$ 矩阵，其 m 个行向量是齐次线性方程组 $Cx = 0$ 的基础解系，B 是 m 阶可逆矩阵.

证明：BA 的行向量也是齐次方程组 $Cx = 0$ 的基础解系.

线索

涉及矩阵的行、列向量，一般需要行分块、列分块.

行分块：$A_{m \times n} = \begin{pmatrix} \gamma_1^T \\ \gamma_2^T \\ \vdots \\ \gamma_m^T \end{pmatrix} \Rightarrow A^T_{n \times m} = (\gamma_1, \gamma_2, \cdots, \gamma_m)$；

列分块：$A_{m \times n} = (\alpha_1, \alpha_2, \cdots, \alpha_n) \Rightarrow A^T_{n \times m} = \begin{pmatrix} \alpha_1^T \\ \alpha_2^T \\ \vdots \\ \alpha_n^T \end{pmatrix}$.

【证明】 令 $A_{m \times n} = \begin{pmatrix} \gamma_1^T \\ \gamma_2^T \\ \vdots \\ \gamma_m^T \end{pmatrix} \Rightarrow A^T_{n \times m} = (\gamma_1, \gamma_2, \cdots, \gamma_m)$，$\gamma_1^T, \gamma_2^T, \cdots, \gamma_m^T$ 为 $Cx = 0$ 的基础解系，知

$CA^T = O$，且 $R(\gamma_1^T, \gamma_2^T, \cdots, \gamma_m^T) = R(A) = R(A^T) = m$，又 $C(BA)^T = CA^T B^T = O \Rightarrow BA$ 的行向量为 $Cx = 0$ 的解，由 B 可逆知 $R[(BA)^T] = R(BA) = R(A) = m$，$BA$ 的 m 个行向量线性无关，故 BA 的行向量也是齐次方程组 $Cx = 0$ 的基础解系.

小结

验证 $\xi_1, \xi_2, \cdots, \xi_m$ 为 $C_{s \times n} x = 0$ 的基础解系的方法：

(1) $\xi_1, \xi_2, \cdots, \xi_m$ 为 $C_{s \times n} x = 0$ 的解；

(2) $\xi_1, \xi_2, \cdots, \xi_m$ 线性无关；

(3) $R(\xi_1, \xi_2, \cdots, \xi_m) = n - R(C)$.

题型3 求解线性方程组

一阶溯源

例1 某五元齐次线性方程组经高斯消元，系数矩阵化为 $\begin{pmatrix} 1 & -2 & 2 & 3 & 4 \\ 0 & 0 & 1 & 5 & 2 \\ 0 & 0 & 0 & 2 & 0 \end{pmatrix}$，自由变量

可以取为

(1) x_4, x_5；　　　　(2) x_3, x_5；　　　　(3) x_1, x_5；　　　　(4) x_2, x_3.

其中正确的共有(　　)个.

(A)1　　　　　　　　(B)2　　　　　　　　(C)3　　　　　　　　(D)4

【答案】(B)

> **线索**
>
> 齐次方程组的自由未知量的选取不是唯一的,系数矩阵列向量的极大无关组所在列对应的未知量均为非自由未知量,其余为自由未知量.

【解析】$\boldsymbol{A}=\begin{pmatrix} 1 & -2 & 2 & 3 & 4 \\ 0 & 0 & 1 & 5 & 2 \\ 0 & 0 & 0 & 2 & 0 \end{pmatrix} \Rightarrow R(\boldsymbol{A})=3.$

若 x_4,x_5 为自由未知量,x_1,x_2,x_3 所对应的列秩为 $R\begin{pmatrix} 1 & -2 & 2 \\ 0 & 0 & 1 \\ 0 & 0 & 0 \end{pmatrix}=2$,知 x_4,x_5 不可为自由未知量;

若 x_2,x_3 为自由未知量,x_1,x_4,x_5 所对应的列秩为 $R\begin{pmatrix} 1 & 3 & 4 \\ 0 & 5 & 2 \\ 0 & 2 & 0 \end{pmatrix}=3$,知 x_2,x_3 可为自由未知量.

同理可验证 x_3,x_5 不可为自由未知量,x_1,x_5 可为自由未知量.

故选(B).

例2 在线性方程组 $\boldsymbol{AX}=\boldsymbol{\beta}$ 中,$\boldsymbol{A}=(a_{ij})_{n\times n}$,$A_{ij}$ 为 a_{ij} 的代数余子式,$\boldsymbol{\beta}=(b_1,b_2,\cdots,b_n)^{\mathrm{T}}$,已知 $\sum\limits_{j=1}^{n} a_{3j}A_{3j}=-4,\sum\limits_{i=1}^{n} b_i A_{i2}=8$,则未知量 $x_2=$ _____.

【答案】-2

> **线索**
>
> 当方程的个数等于未知量的个数时,考虑采用克拉默法则.

【解析】$\boldsymbol{AX}=\boldsymbol{\beta}$,$\boldsymbol{A}$ 为 $n\times n$ 方阵,$\sum\limits_{j=1}^{n} a_{3j}A_{3j}=-4$,$\sum\limits_{i=1}^{n} b_i A_{i2}=8$,则 $D=|\boldsymbol{A}|=-4\neq 0$.

故由克拉默法则知 $x_2=\dfrac{D_2}{D}=\dfrac{8}{-4}=-2.$

例3 设 $\boldsymbol{A}=\begin{pmatrix} 1 & 2 & 3 \\ 0 & 1 & 2 \\ 2 & -1 & 1 \end{pmatrix}$,求使方程组 $\boldsymbol{Ax}=\boldsymbol{b}$ 成立的所有满足条件的 $\boldsymbol{b}$.

> **线索**
>
> 非齐次方程组的求解问题可以转化为一个向量可由向量组线性表示的问题.

【解】因为 $\begin{vmatrix} 1 & 2 & 3 \\ 0 & 1 & 2 \\ 2 & -1 & 1 \end{vmatrix} = \begin{vmatrix} 1 & 2 & 3 \\ 0 & 1 & 2 \\ 0 & -5 & -5 \end{vmatrix} \neq 0$，知 $R(A)=3$.

记 $A = (\boldsymbol{\alpha}_1, \boldsymbol{\alpha}_2, \boldsymbol{\alpha}_3) \Rightarrow 3 = R(A) \leqslant R(A, b) \leqslant 3 \Rightarrow R(A) = R(A, b) = 3$，知任意 $b = (b_1, b_2, b_3)^T$ 可由 $\boldsymbol{\alpha}_1, \boldsymbol{\alpha}_2, \boldsymbol{\alpha}_3$ 唯一线性表示，且方程组 $Ax = b$ 成立，所以

$$b = k_1 \begin{pmatrix} 1 \\ 0 \\ 2 \end{pmatrix} + k_2 \begin{pmatrix} 2 \\ 1 \\ -1 \end{pmatrix} + k_3 \begin{pmatrix} 3 \\ 2 \\ 1 \end{pmatrix}, k_1, k_2, k_3 \text{ 为任意常数.}$$

例4 问 λ 为何值时，线性方程组 $\begin{cases} x_1 + x_3 = \lambda, \\ 4x_1 + x_2 + 2x_3 = \lambda + 2, \\ 6x_1 + x_2 + 4x_3 = 2\lambda + 2 \end{cases}$ 有解，并求出解的一般形式.

线索

掌握非齐次方程组有解的条件及求非齐次方程组解的两种方法.

【解】$(A \vdots b) = \begin{pmatrix} 1 & 0 & 1 & \vdots & \lambda \\ 4 & 1 & 2 & \vdots & \lambda+2 \\ 6 & 1 & 4 & \vdots & 2\lambda+2 \end{pmatrix} \rightarrow \begin{pmatrix} 1 & 0 & 1 & \vdots & \lambda \\ 0 & 1 & -2 & \vdots & -3\lambda+2 \\ 0 & 1 & -2 & \vdots & -4\lambda+2 \end{pmatrix}$

$\rightarrow \begin{pmatrix} 1 & 0 & 1 & \vdots & \lambda \\ 0 & 1 & -2 & \vdots & -3\lambda+2 \\ 0 & 0 & 0 & \vdots & -\lambda \end{pmatrix}$,

当 $\lambda=0$ 时，方程组有解，$(A \vdots b) \rightarrow \begin{pmatrix} 1 & 0 & 1 & \vdots & 0 \\ 0 & 1 & -2 & \vdots & 2 \\ 0 & 0 & 0 & \vdots & 0 \end{pmatrix}$，即 $\begin{cases} x_1 + x_3 = 0, \\ x_2 - 2x_3 = 2, \end{cases}$ 选取 x_3 为自由未知量，x_1, x_2 为非自由未知量，

方法一（自由未知量表示法）： $\begin{cases} x_1 = -x_3 + 0, \\ x_2 = 2x_3 + 2, \\ x_3 = x_3 + 0, \end{cases}$ 令 $x_3 = k \Rightarrow x = k \begin{pmatrix} -1 \\ 2 \\ 1 \end{pmatrix} + \begin{pmatrix} 0 \\ 2 \\ 0 \end{pmatrix}$, k 为任意常数.

方法二（基础解系构造法）： 令 $x_3 = 1$ 代入齐次方程组 $\begin{cases} x_1 + x_3 = 0, \\ x_2 - 2x_3 = 0 \end{cases} \Rightarrow x_2 = 2, x_1 = -1$，知 $(-1, 2, 1)^T$ 为齐次方程组的基础解系；

令 $x_3 = 0$ 代入非齐次方程组 $\begin{cases} x_1 + x_3 = 0, \\ x_2 - 2x_3 = 2 \end{cases} \Rightarrow x_2 = 2, x_1 = 0$，知 $(0, 2, 0)^T$ 为非齐次方程组的解.

故此非齐次方程的通解为 $x = k \begin{pmatrix} -1 \\ 2 \\ 1 \end{pmatrix} + \begin{pmatrix} 0 \\ 2 \\ 0 \end{pmatrix}$, k 为任意常数.

例5 当 a 为何值时,线性方程组 $\begin{cases} x_1 + x_2 + x_3 + x_4 + x_5 = a, \\ x_1 + 2x_3 + 3x_4 + 2x_5 = 3, \\ 4x_1 + 5x_2 + 3x_3 + 2x_4 + 3x_5 = 2, \\ x_1 + x_4 + 2x_5 = 1 \end{cases}$ 有解,并求出解的

一般形式.

【解】方程组的增广矩阵

$$(A \vdots b) = \begin{pmatrix} 1 & 1 & 1 & 1 & 1 & \vdots & a \\ 1 & 0 & 2 & 3 & 2 & \vdots & 3 \\ 4 & 5 & 3 & 2 & 3 & \vdots & 2 \\ 1 & 0 & 0 & 1 & 2 & \vdots & 1 \end{pmatrix} \rightarrow \begin{pmatrix} 1 & 0 & 0 & 1 & \vdots & 2 & 1 \\ 0 & 0 & 2 & 2 & \vdots & 0 & 2 \\ 0 & 5 & 3 & -2 & \vdots & -5 & -2 \\ 0 & 1 & 1 & 0 & \vdots & -1 & a-1 \end{pmatrix}$$

$$\rightarrow \begin{pmatrix} 1 & 0 & 0 & 1 & 2 & \vdots & 1 \\ 0 & 1 & 1 & 0 & -1 & \vdots & a-1 \\ 0 & 0 & 1 & 1 & 0 & \vdots & 1 \\ 0 & 0 & 0 & 0 & 0 & \vdots & -5a+5 \end{pmatrix},$$

当 $a=1$ 时,方程组有解,此时

$$(A \vdots b) \rightarrow \begin{pmatrix} 1 & 0 & 0 & 1 & 2 & \vdots & 1 \\ 0 & 1 & 1 & 0 & -1 & \vdots & 0 \\ 0 & 0 & 1 & 1 & 0 & \vdots & 1 \\ 0 & 0 & 0 & 0 & 0 & \vdots & 0 \end{pmatrix} \rightarrow \begin{pmatrix} 1 & 0 & 0 & 1 & 2 & 1 \\ 0 & 1 & 0 & -1 & -1 & -1 \\ 0 & 0 & 1 & 1 & 0 & 1 \\ 0 & 0 & 0 & 0 & 0 & 0 \end{pmatrix},$$

即 $\begin{cases} x_1 + x_4 + 2x_5 = 1, \\ x_2 - x_4 - x_5 = -1, \\ x_3 + x_4 = 1, \end{cases}$ 选取 x_4, x_5 为自由未知量,x_1, x_2, x_3 为非自由未知量.

方法一(自由未知量表示法): $\begin{cases} x_1 = -x_4 - 2x_5 + 1, \\ x_2 = x_4 + x_5 - 1, \\ x_3 = -x_4 + 0x_5 + 1, \\ x_4 = x_4 + 0x_5 + 0, \\ x_5 = 0x_4 + x_5 + 0, \end{cases}$

令 $x_4 = k_1, x_5 = k_2, k_1, k_2$ 为任意常数,此方程组的通解为

$$k_1(-1, 1, -1, 1, 0)^T + k_2(-2, 1, 0, 0, 1)^T + (1, -1, 1, 0, 0)^T.$$

方法二(基础解系构造法): 令 $x_4 = 1, x_5 = 0$ 代入齐次方程

$$\begin{cases} x_1 + x_4 + 2x_5 = 0, \\ x_2 - x_4 - x_5 = 0, \\ x_3 + x_4 = 0 \end{cases} \Rightarrow \begin{cases} x_1 = -1, \\ x_2 = 1, \\ x_3 = -1, \end{cases}$$

$$\diamondsuit \ x_4 = 0, x_5 = 1 \ \text{代入齐次方程} \begin{cases} x_1 + x_4 + 2x_5 = 0, \\ x_2 - x_4 - x_5 = 0, \\ x_3 + x_4 = 0 \end{cases} \Rightarrow \begin{cases} x_1 = -2, \\ x_2 = 1, \\ x_3 = 0. \end{cases}$$

$$\diamondsuit \ x_4 = 0, x_5 = 0 \ \text{代入非齐次方程} \begin{cases} x_1 + x_4 + 2x_5 = 1, \\ x_2 - x_4 - x_5 = -1, \\ x_3 + x_4 = 1 \end{cases} \Rightarrow \begin{cases} x_1 = 1, \\ x_2 = -1, \\ x_3 = 1. \end{cases}$$

此方程组的通解为

$$k_1(-1,1,-1,1,0)^{\mathrm{T}} + k_2(-2,1,0,0,1)^{\mathrm{T}} + (1,-1,1,0,0)^{\mathrm{T}}, k_1, k_2 \ \text{为任意常数}.$$

小结

(1) 自由未知量表示法中其增广矩阵一般化为行最简形；(2) 基础解系构造法中其增广矩阵一般化为行阶梯或行最简形.

例6 设 $\boldsymbol{A} = \begin{pmatrix} 1 & 1 & -1 \\ 2 & a+2 & -b-2 \\ 1 & 1-3a & a+2b \end{pmatrix}, \boldsymbol{\beta} = \begin{pmatrix} 1 \\ 3 \\ -2 \end{pmatrix}$，讨论当 a, b 取何值时，方程组 $\boldsymbol{Ax} = \boldsymbol{\beta}$ 有

唯一解，无穷多解，无解，并在有无数解时求出其通解.

【解】$(\boldsymbol{A} \vdots \boldsymbol{\beta}) = \begin{pmatrix} 1 & 1 & -1 & \vdots & 1 \\ 2 & a+2 & -b-2 & \vdots & 3 \\ 1 & 1-3a & a+2b & \vdots & -2 \end{pmatrix} \rightarrow \begin{pmatrix} 1 & 1 & -1 & \vdots & 1 \\ 0 & a & -b & \vdots & 1 \\ 0 & -3a & a+2b+1 & \vdots & -3 \end{pmatrix}$

$$\rightarrow \begin{pmatrix} 1 & 1 & -1 & \vdots & 1 \\ 0 & a & -b & \vdots & 1 \\ 0 & 0 & a-b+1 & \vdots & 0 \end{pmatrix},$$

(1) 当 $a \neq 0, a-b+1 \neq 0$ 时，$R(\boldsymbol{A}) = R(\boldsymbol{A} \vdots \boldsymbol{\beta}) = 3$，方程组有唯一解；

(2) 当 $a = 0, a-b+1 = 0$ 时，即 $a = 0, b = 1$，$R(\boldsymbol{A}) = R(\boldsymbol{A} \vdots \boldsymbol{\beta}) = 2$，方程组有无穷多解，

$$(\boldsymbol{A} \vdots \boldsymbol{\beta}) \rightarrow \begin{pmatrix} 1 & 1 & -1 & \vdots & 1 \\ 0 & 0 & -1 & \vdots & 1 \\ 0 & 0 & 0 & \vdots & 0 \end{pmatrix} \rightarrow \begin{pmatrix} 1 & 1 & 0 & \vdots & 0 \\ 0 & 0 & 1 & \vdots & -1 \\ 0 & 0 & 0 & \vdots & 0 \end{pmatrix},$$

选取 x_2 为自由未知量，x_1, x_3 为非自由未知量，则 $\begin{cases} x_1 = -x_2 + 0, \\ x_2 = x_2 + 0, \\ x_3 = 0x_2 - 1. \end{cases}$

令 $x_2 = k$，k 为任意常数，方程组通解为 $k(-1,1,0)^{\mathrm{T}} + (0,0,-1)^{\mathrm{T}}$；

(3) 当 $a \neq 0, a-b+1 = 0$ 时，$(\boldsymbol{A} \vdots \boldsymbol{\beta}) \rightarrow \begin{pmatrix} 1 & 1 & -1 & \vdots & 1 \\ 0 & a & -b & \vdots & 1 \\ 0 & 0 & 0 & \vdots & 0 \end{pmatrix}$，$R(\boldsymbol{A}) = R(\boldsymbol{A} \vdots \boldsymbol{\beta}) = 2$，方程

组有无穷多解，选取 x_3 为自由未知量，x_1, x_2 为非自由未知量，由

$$(\boldsymbol{A} \vdots \boldsymbol{\beta}) \rightarrow \begin{pmatrix} 1 & 1 & -1 & \vdots & 1 \\ 0 & 1 & -\dfrac{b}{a} & \vdots & \dfrac{1}{a} \\ 0 & 0 & 0 & \vdots & 0 \end{pmatrix} \rightarrow \begin{pmatrix} 1 & 0 & \dfrac{b}{a}-1 & \vdots & 1-\dfrac{1}{a} \\ 0 & 1 & -\dfrac{b}{a} & \vdots & \dfrac{1}{a} \\ 0 & 0 & 0 & \vdots & 0 \end{pmatrix}, 知 \begin{cases} x_1 = \left(1-\dfrac{b}{a}\right)x_3 + 1 - \dfrac{1}{a}, \\ x_2 = \dfrac{b}{a}x_3 + \dfrac{1}{a}, \\ x_3 = x_3 + 0. \end{cases}$$

令 $x_3 = k$，k 为任意常数，方程组通解为 $k\left(1-\dfrac{b}{a}, \dfrac{b}{a}, 1\right)^{\mathrm{T}} + \left(1-\dfrac{1}{a}, \dfrac{1}{a}, 0\right)^{\mathrm{T}}$;

(4) 当 $a=0, a-b+1 \neq 0$ 时，即 $a=0, b \neq 1$，

$$(\boldsymbol{A} \vdots \boldsymbol{\beta}) \rightarrow \begin{pmatrix} 1 & 1 & -1 & \vdots & 1 \\ 0 & a & -b & \vdots & 1 \\ 0 & 0 & a-b+1 & \vdots & 0 \end{pmatrix} \rightarrow \begin{pmatrix} 1 & 1 & -1 & \vdots & 1 \\ 0 & 0 & -b & \vdots & 1 \\ 0 & 0 & 1-b & \vdots & 0 \end{pmatrix} \rightarrow \begin{pmatrix} 1 & 1 & -1 & \vdots & 1 \\ 0 & 0 & 1 & \vdots & 0 \\ 0 & 0 & 0 & \vdots & 1 \end{pmatrix},$$

此时 $R(\boldsymbol{A}) = 2 \neq R(\boldsymbol{A} \vdots \boldsymbol{\beta}) = 3$，方程组无解.

小结

(2012真题同类型题) 讨论矩阵的秩仅需讨论主元素对应的位置是否为零，所有情况均需讨论清楚.

例7 设 $\begin{cases} x_1 + a_1 x_2 + a_1^2 x_2 = a_1^3, \\ x_1 + a_2 x_2 + a_2^2 x_2 = a_2^3, \\ x_1 + a_3 x_2 + a_3^2 x_2 = a_3^3, \\ x_1 + a_4 x_2 + a_4^2 x_2 = a_4^3. \end{cases}$

(1) 证若 a_1, a_2, a_3, a_4 互不相等时，方程组无解;

(2) 设 $a_1 = a_2 = k, a_3 = a_4 = -k, k \neq 0$，求方程组的通解.

【证明】 (1) 记方程组为 $\boldsymbol{A}\boldsymbol{x} = \boldsymbol{b}$，令 $\boldsymbol{B} = (\boldsymbol{A}, \boldsymbol{b}) = \begin{pmatrix} 1 & a_1 & a_1^2 & a_1^3 \\ 1 & a_2 & a_2^2 & a_2^3 \\ 1 & a_3 & a_3^2 & a_3^3 \\ 1 & a_4 & a_4^2 & a_4^3 \end{pmatrix}$.

当 a_1, a_2, a_3, a_4 互不相等时，$R(\boldsymbol{A}) = 3$，且

$|\boldsymbol{B}| = (a_4 - a_1)(a_4 - a_2)(a_4 - a_3)(a_3 - a_2)(a_3 - a_1)(a_2 - a_1) \neq 0$，

即 $R(\boldsymbol{B}) = 4$，因此 $R(\boldsymbol{A}) \neq R(\boldsymbol{A}, \boldsymbol{b})$ 知 $\boldsymbol{A}\boldsymbol{x} = \boldsymbol{b}$ 无解.

【解】 (2) 当 $a_1 = a_2 = k, a_3 = a_4 = -k, k \neq 0$ 时，

$$(\boldsymbol{A}, \boldsymbol{b}) = \begin{pmatrix} 1 & k & k^2 & k^3 \\ 1 & k & k^2 & k^3 \\ 1 & -k & k^2 & -k^3 \\ 1 & -k & k^2 & -k^3 \end{pmatrix} \rightarrow \begin{pmatrix} 1 & 0 & k^2 & 0 \\ 0 & -2k & 0 & -2k^3 \\ 0 & 0 & 0 & 0 \\ 0 & 0 & 0 & 0 \end{pmatrix},$$

则 $\boldsymbol{A}\boldsymbol{x} = \boldsymbol{b} \Rightarrow \begin{cases} x_1 + k^2 x_3 = 0, \\ -2k x_2 = -2k^3, \end{cases}$ 故 $\boldsymbol{A}\boldsymbol{x} = \boldsymbol{b}$ 的通解为 $C(-k^2, 0, 1)^{\mathrm{T}} + (0, k^2, 0)^{\mathrm{T}}$，$C$ 为任意常数.

例8　设实方阵 $\boldsymbol{A}=(a_{ij})_{4\times4}$，满足 $A_{ij}=a_{ij}$（即 $\boldsymbol{A}^*=\boldsymbol{A}^{\mathrm{T}}$），又已知 $a_{44}=-1$.

(1) 求 $|\boldsymbol{A}|$；(2) 求方程组 $\boldsymbol{A}\boldsymbol{x}=\begin{pmatrix}0\\0\\0\\1\end{pmatrix}$ 的解.

【解】(1) $\boldsymbol{A}^*=\boldsymbol{A}^{\mathrm{T}}$，$|\boldsymbol{A}|=|\boldsymbol{A}^{\mathrm{T}}|=|\boldsymbol{A}^*|=|\boldsymbol{A}|^3\Rightarrow|\boldsymbol{A}|=0$ 或 1 或 -1.

又 $|\boldsymbol{A}|=\sum_{j=1}^{4}a_{4j}A_{4j}=\sum_{j=1}^{3}a_{4j}{}^2+(-1)^2>0\Rightarrow|\boldsymbol{A}|=1$ 知 $a_{41}=a_{42}=a_{43}=0$.

同理 $a_{14}=a_{24}=a_{34}=0$.

(2) $\boldsymbol{A}$ 可逆，$\boldsymbol{x}=\boldsymbol{A}^{-1}\begin{pmatrix}0\\0\\0\\1\end{pmatrix}=\dfrac{\boldsymbol{A}^*}{|\boldsymbol{A}|}\begin{pmatrix}0\\0\\0\\1\end{pmatrix}=\boldsymbol{A}^{\mathrm{T}}\begin{pmatrix}0\\0\\0\\1\end{pmatrix}=\begin{pmatrix}a_{11}&a_{21}&a_{31}&0\\a_{12}&a_{22}&a_{32}&0\\a_{13}&a_{23}&a_{33}&0\\0&0&0&-1\end{pmatrix}\begin{pmatrix}0\\0\\0\\1\end{pmatrix}=\begin{pmatrix}0\\0\\0\\-1\end{pmatrix}.$

小结

$A_{ij}=a_{ij}\Leftrightarrow\boldsymbol{A}^*=\boldsymbol{A}^{\mathrm{T}}$；$A_{ij}=-a_{ij}\Leftrightarrow\boldsymbol{A}^*=-\boldsymbol{A}^{\mathrm{T}}$，熟练相互转化.

例9　$\boldsymbol{A}=\begin{pmatrix}1&1&1&\cdots&1\\a_1&a_2&a_3&\cdots&a_n\\a_1&a_2^2&a_3^2&\cdots&a_n^2\\\vdots&\vdots&\vdots&&\vdots\\a_1^{n-1}&a_2^{n-1}&a_3^{n-1}&\cdots&a_n^{n-1}\end{pmatrix}$，$\boldsymbol{x}=\begin{pmatrix}x_1\\x_2\\\vdots\\x_n\end{pmatrix}$，$\boldsymbol{\beta}=\begin{pmatrix}1\\1\\\vdots\\1\end{pmatrix}$，其中

$a_i\neq a_j(i\neq j,j=1,2,\cdots,n)$，则线性方程组 $\boldsymbol{A}^{\mathrm{T}}\boldsymbol{x}=\boldsymbol{\beta}$ 的解是_____.

【答案】$(1,0,0,0,\cdots,0)^{\mathrm{T}}$

【解析】$\boldsymbol{A}$ 为 n 阶方阵，且 $|\boldsymbol{A}^{\mathrm{T}}|=|\boldsymbol{A}|=\prod_{1\leqslant i<j\leqslant n}(a_j-a_i)\neq0$，知 $\boldsymbol{A}^{\mathrm{T}}\boldsymbol{x}=\boldsymbol{\beta}$ 有唯一解，又

$$\begin{pmatrix}1&a_1&a_1^2&\cdots&a_1^{n-1}\\1&a_2&a_2^2&\cdots&a_2^{n-1}\\1&a_3&a_3^2&\cdots&a_3^{n-1}\\\vdots&\vdots&\vdots&&\vdots\\1&a_n&a_n^2&\cdots&a_n^{n-1}\end{pmatrix}\begin{pmatrix}1\\0\\0\\\vdots\\0\end{pmatrix}=\begin{pmatrix}1\\1\\1\\\vdots\\1\end{pmatrix},$$

故 $\boldsymbol{A}^{\mathrm{T}}\boldsymbol{x}=\boldsymbol{\beta}$ 的解为 $(1,0,0,0,\cdots,0)^{\mathrm{T}}$.

小结

(1) 当系数矩阵为方阵时，解线性方程组一般需借助克拉默法则；(2) 当方程组有唯一解时，一般可以构造出方程组的解.

例10 已知 3 阶矩阵 A 第一行元素为 $(1,2,3)$,且 $A^2=O$,则 $Ax=0$ 的通解为 _____.

【答案】$k_1(-2,1,0)^T+k_2(-3,0,1)^T$($k_1,k_2$ 为任意常数)

【解析】由 A 的第一行元素为 $(1,2,3)$ 可得 $R(A)\geqslant 1$,又由 $A^2=O$ 可得 $Ax=0$.

而 $A\cdot A=O\Rightarrow R(A)+R(A)\leqslant 3$,因此 $R(A)=1,A\rightarrow\begin{pmatrix}1&2&3\\0&0&0\\0&0&0\end{pmatrix}$,故

$$Ax=0\Rightarrow x_1+2x_2+3x_3=0,$$

由此方程可解出 $Ax=0$ 的通解为 $k_1(-2,1,0)^T+k_2(-3,0,1)^T$($k_1,k_2$ 为任意常数).

小结

此题为抽象方程组求通解,应先确定基础解系中解向量的个数,即先求出 $R(A)=1$,再构造解.

例11 已知 $A=(\alpha_1,\alpha_2,\alpha_3)$ 是 3 阶非零矩阵,$\alpha_1,\alpha_2,\alpha_3$ 都是 3 维列向量,且 $\alpha_3=\alpha_1+\alpha_2$,又 $AB=O$,其中 $B=\begin{pmatrix}1&-2&a+3\\0&a&0\\-3&6&-9\end{pmatrix}$,则齐次线性方程组 $Ax=0$ 的通解为 _____.

【答案】$k_1\begin{pmatrix}1\\1\\-1\end{pmatrix}+k_2\begin{pmatrix}1\\0\\-3\end{pmatrix}$,其中 k_1,k_2 为任意常数

【解析】因为 $\alpha_3=\alpha_1+\alpha_2$,所以 $\alpha_1+\alpha_2-\alpha_3=0$,有 $A\begin{pmatrix}1\\1\\-1\end{pmatrix}=0$.又 $AB=O$ 知 B 的每一列均为 $Ax=0$ 的解,则 $A\begin{pmatrix}1\\0\\-3\end{pmatrix}=0$.由 $\begin{pmatrix}1\\1\\-1\end{pmatrix},\begin{pmatrix}1\\0\\-3\end{pmatrix}$ 为 $Ax=0$ 的两个线性无关的解知 $3-R(A)\geqslant 2$,即 $R(A)\leqslant 1$.又因为 A 为非零矩阵,$R(A)\geqslant 1$,所以有 $R(A)=1,3-R(A)=2$,知 $Ax=0$ 的基础解系中仅有两个线性无关的解向量,因此 $Ax=0$ 的通解为 $k_1\begin{pmatrix}1\\1\\-1\end{pmatrix}+k_2\begin{pmatrix}1\\0\\-3\end{pmatrix}$,其中 k_1,k_2 为任意常数.

小结

(与 1990 真题,2011 真题同类型题)求抽象齐次方程组的通解时,先根据条件确定基础解系中线性无关的向量个数,由 $AB=O$ 的条件通常得到秩的信息与 B 的每一列都是方程组的解.

例12 若线性方程组 $Ax=b$，其中 $A=\begin{pmatrix} \sqrt{3} & 1 & \sqrt{2} \\ \sqrt{3} & -1 & -\sqrt{2} \\ 0 & -2 & \sqrt{2} \end{pmatrix}$，$b=\begin{pmatrix} 1 \\ 1 \\ 1 \end{pmatrix}$，

(1) 计算 AA^{T}；(2) 求解方程组．

【解】(1) $AA^{\mathrm{T}}=\begin{pmatrix} \sqrt{3} & 1 & \sqrt{2} \\ \sqrt{3} & -1 & -\sqrt{2} \\ 0 & -2 & \sqrt{2} \end{pmatrix}\begin{pmatrix} \sqrt{3} & \sqrt{3} & 0 \\ 1 & -1 & -2 \\ \sqrt{2} & -\sqrt{2} & \sqrt{2} \end{pmatrix}=\begin{pmatrix} 6 & 0 & 0 \\ 0 & 6 & 0 \\ 0 & 0 & 6 \end{pmatrix}=6E.$

(2) 由 $AA^{\mathrm{T}}=6E$，从而 $x=\dfrac{1}{6}A^{\mathrm{T}}b=\dfrac{1}{6}\begin{pmatrix} 2\sqrt{3} \\ -2 \\ \sqrt{2} \end{pmatrix}$．

小结

通过计算 AA^{T} 得 A 正交，利用了正交矩阵性质去求解方程组，避免了矩阵求逆．

例13 A 为 n 阶矩阵，$n\geqslant 3$，$R(A)=n-1$，且代数余子式 $A_{11}\neq 0$，则 $Ax=0$ 的通解是 _____，$A^{*}x=0$ 的通解是 _____，$(A^{*})^{*}x=0$ 的通解是 _____．

【答案】$k(A_{11},A_{12},\cdots A_{1n})^{\mathrm{T}}$（$k$ 为任意常数），$k_1(a_{12},a_{22},\cdots,a_{n2})^{\mathrm{T}}+k_2(a_{13},a_{23},\cdots,a_{n3})^{\mathrm{T}}+\cdots+k_{n-1}(a_{1n},a_{2n},\cdots,a_{nn})^{\mathrm{T}}$（$k_1,k_2,\cdots,k_{n-1}$ 为任意常数），$k_1(1,0,0,\cdots,0)^{\mathrm{T}}+k_2(0,1,0,\cdots,0)^{\mathrm{T}}+\cdots+k_n(0,0,0,\cdots,1)^{\mathrm{T}}$（$k_1,k_2,\cdots,k_n$ 为任意常数）

【解析】A 为 n 阶矩阵，$R(A)=n-1$，$n-R(A)=1$，知 $Ax=0$ 的基础解系中仅有一个线性无关的解向量，又 $AA^{*}=|A|E=O\Rightarrow A^{*}$ 的每一列均为 $Ax=0$ 的解．又 $A_{11}\neq 0$，故 $Ax=0$ 的通解为 $k(A_{11},A_{12},\cdots A_{1n})^{\mathrm{T}}$，$k$ 为任意常数．

A 为 n 阶矩阵，$R(A)=n-1$，$R(A^{*})=1$，$n-R(A^{*})=n-1$，知 $A^{*}x=0$ 的基础解系中有 $n-1$ 个线性无关的解向量，又 $A^{*}A=|A|E=O\Rightarrow A$ 的每一列均为 $A^{*}x=0$ 的解，又

$A_{11}\neq 0$，知 $\begin{vmatrix} a_{22} & a_{23} & \cdots & a_{2n} \\ a_{32} & a_{33} & \cdots & a_{3n} \\ \vdots & \vdots & & \vdots \\ a_{n2} & a_{n3} & \cdots & a_{nn} \end{vmatrix}\neq 0$，故 $A^{*}x=0$ 的通解为 $k_1(a_{12},a_{22},\cdots,a_{n2})^{\mathrm{T}}+k_2$

$(a_{13},a_{23},\cdots,a_{n3})^{\mathrm{T}}+\cdots+k_{n-1}(a_{1n},a_{2n},\cdots,a_{nn})^{\mathrm{T}}$，$k_1,k_2,\cdots,k_{n-1}$ 为任意常数．

A 为 n 阶矩阵，$R(A)=n-1$，$R(A^{*})=1$，$n\geqslant 3$，知 $R[(A^{*})^{*}]=0\Leftrightarrow(A^{*})^{*}=0$，故任意 n 维列向量均为 $(A^{*})^{*}x=0$ 的解，则 $(A^{*})^{*}x=0$ 的通解为 $k_1(1,0,0,\cdots,0)^{\mathrm{T}}+k_2(0,1,0,\cdots,0)^{\mathrm{T}}+\cdots+k_n(0,0,0,\cdots,1)^{\mathrm{T}}$，$k_1,k_2,\cdots,k_n$ 为任意常数．

小结

（与 2020 真题题型一致）熟记 $R(A),R(A^{*}),R[(A^{*})^{*}]$ 的关系，当 $|A|=0$ 时，$AA^{*}=A^{*}A=|A|E=O$，则 A 的每一列为 $A^{*}x=0$ 的解，A^{*} 的每一列为 $Ax=0$ 的解．

例14　已知 4 阶方阵 $A=(\alpha_1,\alpha_2,\alpha_3,\alpha_4)$, $\alpha_1,\alpha_2,\alpha_3,\alpha_4$ 均为 4 维列向量, 其中 α_1,α_2 线性无关, 若 $\alpha_1+2\alpha_2-\alpha_3=\beta$, $\alpha_1+\alpha_2+\alpha_3+\alpha_4=\beta$, $2\alpha_1+3\alpha_2+\alpha_3+2\alpha_4=\beta$, k_1,k_2 为任意常数, 那么 $Ax=\beta$ 的通解为（　　）.

(A)$k_1(1,1,1,1)^{\mathrm{T}}+k_2(2,3,1,2)^{\mathrm{T}}+(1,2,-1,0)^{\mathrm{T}}$

(B)$k_1(1,2,0,1)^{\mathrm{T}}+k_2(0,1,-2,-1)^{\mathrm{T}}+(1,1,1,1)^{\mathrm{T}}$

(C)$k_1(2,3,0,1)^{\mathrm{T}}+k_2(1,1,2,2)^{\mathrm{T}}+(2,3,1,2)^{\mathrm{T}}$

(D)$k_1(1,2,0,1)^{\mathrm{T}}+k_2(1,1,2,2)^{\mathrm{T}}+(0,1,-2,-1)^{\mathrm{T}}$

【答案】(B)

【解析】α_1,α_2 线性无关 $\Rightarrow R(A)\geqslant 2$.

又 $\eta_1=(1,2,-1,0)^{\mathrm{T}}$, $\eta_2=(1,1,1,1)^{\mathrm{T}}$, $\eta_3=(2,3,1,2)^{\mathrm{T}}$ 为 $Ax=\beta$ 的解, 则

$$\eta_2-\eta_1=(0,-1,2,1)^{\mathrm{T}},\eta_3-\eta_1=(1,1,2,2)^{\mathrm{T}},\eta_3-\eta_2=(1,2,0,1)^{\mathrm{T}}$$

均为 $Ax=0$ 的解. 又 $\eta_2-\eta_1$, $\eta_3-\eta_2$ 线性无关, 故 $4-R(A)\geqslant 2\Rightarrow R(A)=2$, $Ax=0$ 的基础解系中仅有两个线性无关的解向量.

故 $Ax=\beta$ 的通解为 $k_1(\eta_2-\eta_1)+k_2(\eta_3-\eta_2)+\eta_2$, k_1,k_2 为任意常数.

故选(B).

小结

此题 $Ax=0$ 的基础解系为 $\eta_2-\eta_1$, $\eta_3-\eta_2$; $\eta_2-\eta_1$, $\eta_3-\eta_1$; $\eta_3-\eta_1$, $\eta_3-\eta_2$ 均可, $Ax=\beta$ 的特解为 η_1, η_2, η_3 均可.

例15　已知 4×5 矩阵 $A=(\alpha_1,\alpha_2,\alpha_3,\alpha_4,\alpha_5)$, 其中 $\alpha_1,\alpha_2,\alpha_3,\alpha_4,\alpha_5$ 均为 4 维列向量, $\alpha_1,\alpha_2,\alpha_4$ 线性无关, 又设 $\alpha_3=\alpha_1-\alpha_4$, $\alpha_5=\alpha_1+\alpha_2+\alpha_4$, $\beta=2\alpha_1+\alpha_2-\alpha_3+\alpha_4+\alpha_5$, 求 $Ax=\beta$ 的通解.

【解】$\alpha_1,\alpha_2,\alpha_4$ 线性无关, 知 $R(\alpha_1,\alpha_2,\alpha_4)=3$, 又

$\alpha_3=\alpha_1-\alpha_4$, $\alpha_5=\alpha_1+\alpha_2+\alpha_4\Rightarrow R(A)=R(\alpha_1,\alpha_2,\alpha_3,\alpha_4,\alpha_5)=R(\alpha_1,\alpha_2,\alpha_4)=3$,

则 $Ax=0$ 的基础解系中仅有 $n-R(A)=5-3=2$ 个线性无关的解向量, 又由

$$\alpha_1+0\alpha_2-\alpha_3-\alpha_4+0\alpha_5=0,\alpha_1+\alpha_2+0\alpha_3+\alpha_4-\alpha_5=0,$$
$$\beta=2\alpha_1+\alpha_2-\alpha_3+\alpha_4+\alpha_5,$$

知 $(1,0,-1,-1,0)^{\mathrm{T}}$, $(1,1,0,1,-1)^{\mathrm{T}}$ 为 $Ax=0$ 的基础解系, $(2,1,-1,1,1)^{\mathrm{T}}$ 为 $Ax=\beta$ 的解, 故 $Ax=\beta$ 的通解为 $k_1(1,0,-1,-1,0)^{\mathrm{T}}+k_2(1,1,0,1,-1)^{\mathrm{T}}+(2,1,-1,1,1)^{\mathrm{T}}$, 其中 k_1,k_2 为任意常数.

小结

(与 2012 真题, 2017 真题为同类型题) 抽象方程组的求解, 根据已知条件找出系数矩阵的秩, 齐次方程组的基础解系及非齐次的特解.

三阶突破

例16 已知齐次线性方程组

$$\begin{cases} (a_1+b)x_1 + a_2x_2 + a_3x_3 + \cdots + a_nx_n = 0, \\ a_1x_1 + (a_2+b)x_2 + a_3x_3 + \cdots + a_nx_n = 0, \\ a_1x_1 + a_2x_2 + (a_3+b)x_3 + \cdots + a_nx_n = 0, \\ \qquad\qquad\qquad \cdots \\ a_1x_1 + a_2x_2 + a_3x_3 + \cdots + (a_n+b)x_n = 0, \end{cases}$$

其中 $\sum\limits_{i=1}^{n} a_i \neq 0$，试讨论 $a_1, a_2, \cdots, a_n$ 和 b 满足何种关系时：

(1) 方程组仅有零解；(2) 方程组有非零解，且有非零解时，求此方程组的一个基础解系.

线索

将系数矩阵化成"爪形"矩阵，从而按照"爪形"矩阵处理，确定参数的值，从而进行方程组的求解.

【解】设线性方程组的系数矩阵为 $\boldsymbol{A}$，

$$\boldsymbol{A} = \begin{pmatrix} a_1+b & a_2 & a_3 & \cdots & a_n \\ a_1 & a_2+b & a_3 & \cdots & a_n \\ a_1 & a_2 & a_3+b & \cdots & a_n \\ \vdots & \vdots & \vdots & & \vdots \\ a_1 & a_2 & a_3 & \cdots & a_n+b \end{pmatrix} \rightarrow \begin{pmatrix} a_1+b & a_2 & a_3 & \cdots & a_{n-1} & a_n \\ -b & b & 0 & \cdots & 0 & 0 \\ -b & 0 & b & \cdots & 0 & 0 \\ \vdots & \vdots & \vdots & & \vdots & \vdots \\ -b & 0 & 0 & \cdots & 0 & b \end{pmatrix}.$$

(1) 当 $b \neq 0$ 时，$\boldsymbol{A} \rightarrow \begin{pmatrix} \sum\limits_{i=1}^{n} a_i + b & 0 & 0 & \cdots & 0 & 0 \\ -1 & 1 & 0 & \cdots & 0 & 0 \\ -1 & 0 & 1 & \cdots & 0 & 0 \\ \vdots & \vdots & \vdots & & \vdots & \vdots \\ -1 & 0 & 0 & \cdots & 0 & 1 \end{pmatrix},$

当 $b \neq -\sum\limits_{i=1}^{n} a_i$ 时，$R(\boldsymbol{A}) = n$，方程组仅有零解；

当 $b = -\sum\limits_{i=1}^{n} a_i$ 时，$\boldsymbol{A} \rightarrow \begin{pmatrix} 0 & 0 & 0 & \cdots & 0 & 0 \\ -1 & 1 & 0 & \cdots & 0 & 0 \\ -1 & 0 & 1 & \cdots & 0 & 0 \\ \vdots & \vdots & \vdots & & \vdots & \vdots \\ -1 & 0 & 0 & \cdots & 0 & 1 \end{pmatrix}$，$R(\boldsymbol{A}) = n-1 < n$，方程组有非零

解，得 $\boldsymbol{Ax} = \boldsymbol{0}$ 的一个基础解系 $\boldsymbol{\alpha} = (1, 1, \cdots, 1)^{\mathrm{T}}$.

(2) 当 $b=0$ 时,$\boldsymbol{A}=\begin{pmatrix} a_1 & a_2 & \cdots & a_{n-1} & a_n \\ 0 & 0 & \cdots & 0 & 0 \\ \vdots & \vdots & & \vdots & \vdots \\ 0 & 0 & \cdots & 0 & 0 \end{pmatrix}$ 由 $\sum_{i=1}^{n} a_i \neq 0$,不妨设 $a_1 \neq 0$,

得 $\boldsymbol{Ax} = \boldsymbol{0}$ 的一个基础解系为:

$$\boldsymbol{\alpha}_1 = \left(-\frac{a_2}{a_1}, 1, 0, \cdots, 0\right)^{\mathrm{T}}, \boldsymbol{\alpha}_2 = \left(-\frac{a_3}{a_1}, 0, 1, \cdots, 0\right)^{\mathrm{T}}, \cdots, \boldsymbol{\alpha}_{n-1} = \left(-\frac{a_n}{a_1}, 0, 0, \cdots, 1\right)^{\mathrm{T}}.$$

小结

此类问题还可以计算行列式的值,判定其是否等于零,从而确定参数的值.

例17 设线性方程组

$$\begin{cases} x_1 + \lambda x_2 + \mu x_3 + x_4 = 0, \\ 2x_1 + x_2 + x_3 + 2x_4 = 0, \\ 3x_1 + (2+\lambda)x_2 + (4+\mu)x_3 + 4x_4 = 1. \end{cases}$$

已知 $(1, -1, 1, -1)^{\mathrm{T}}$ 是该方程组的一个解,试求:

(1) 方程组的全部解,并用对应的齐次线性方程组的基础解系表示全部解;

(2) 该方程组满足 $x_2 = x_3$ 的全部解.

线索

由 $(1, -1, 1, -1)^{\mathrm{T}}$ 是解,代入线性方程组得两个参数之间的关系,从而使增广矩阵只含有一个参数,化简增广矩阵为行阶梯形矩阵,讨论参数的值,确定系数矩阵和增广矩阵的秩,得解的情况.

【解】(1) 将 $(1, -1, 1, -1)^{\mathrm{T}}$ 代入线性方程组得 $\lambda = \mu$,

$$\overline{\boldsymbol{A}} = \begin{pmatrix} 1 & \lambda & \lambda & 1 & 0 \\ 2 & 1 & 1 & 2 & 0 \\ 3 & 2+\lambda & 4+\lambda & 4 & 1 \end{pmatrix} \rightarrow \begin{pmatrix} 1 & 0 & -2\lambda & 1-\lambda & -\lambda \\ 0 & 1 & 3 & 1 & 1 \\ 0 & 0 & 2(2\lambda-1) & 2\lambda-1 & 2\lambda-1 \end{pmatrix},$$

当 $\lambda = \dfrac{1}{2}$ 时,$R(\boldsymbol{A}) = R(\overline{\boldsymbol{A}}) = 2 < 4$,线性方程组有无穷多解,

$$\boldsymbol{x} = \left(-\frac{1}{2}, 1, 0, 0\right)^{\mathrm{T}} + k_1(1, -3, 1, 0)^{\mathrm{T}} + k_2\left(-\frac{1}{2}, -1, 0, 1\right)^{\mathrm{T}}, k_1, k_2 \in \mathbf{R}.$$

当 $\lambda \neq \dfrac{1}{2}$ 时,$R(\boldsymbol{A}) = R(\overline{\boldsymbol{A}}) = 3 < 4$,

此时 $\overline{\boldsymbol{A}} = \begin{pmatrix} 1 & \lambda & \lambda & 1 & 0 \\ 2 & 1 & 1 & 2 & 0 \\ 3 & 2+\lambda & 4+\lambda & 4 & 1 \end{pmatrix} \rightarrow \begin{pmatrix} 1 & 0 & -2\lambda & 1-\lambda & -\lambda \\ 0 & 1 & 3 & 1 & 1 \\ 0 & 0 & 2 & 1 & 1 \end{pmatrix}$

$$\rightarrow \begin{pmatrix} 1 & 0 & 0 & 1 & 0 \\ 0 & 1 & 0 & -\dfrac{1}{2} & -\dfrac{1}{2} \\ 0 & 0 & 1 & \dfrac{1}{2} & \dfrac{1}{2} \end{pmatrix},$$

线性方程组有无穷多解,$x = \left(0, -\frac{1}{2}, \frac{1}{2}, 0\right)^{\mathrm{T}} + k\left(-1, \frac{1}{2}, -\frac{1}{2}, 1\right)^{\mathrm{T}}, k \in \mathbf{R}$.

(2) 当 $\lambda = \frac{1}{2}$ 时,对 $x_2 = x_3$,由对应的通解可知,$1 - 3k_1 - k_2 = k_1$,得 $k_2 = 1 - 4k_1$,此时满足条件的全部解为 $x = (-1, 0, 0, 1)^{\mathrm{T}} + k_1 (3, 1, 1, -4)^{\mathrm{T}}, k_1 \in \mathbf{R}$.

当 $\lambda \neq \frac{1}{2}$ 时,对 $x_2 = x_3$,由对应的通解可知,$-\frac{1}{2} + \frac{1}{2}k = \frac{1}{2} - \frac{1}{2}k$,得 $k = 1$,此时满足条件的全部解为 $x = (-1, 0, 0, 1)^{\mathrm{T}}$.

例18 设线性方程组 $\boldsymbol{\alpha}_1 x_1 + \boldsymbol{\alpha}_2 x_2 + \boldsymbol{\alpha}_3 x_3 + \boldsymbol{\alpha}_4 x_4 = \boldsymbol{\beta}$,其中 $\boldsymbol{\alpha}_i (i = 1, 2, 3, 4)$ 及 $\boldsymbol{\beta}$ 均是 4 维列向量,有通解 $k(-2, 3, 1, 0)^{\mathrm{T}} + (4, -1, 0, 3)^{\mathrm{T}}$.

(1) 问 $\boldsymbol{\beta}$ 能否由 $\boldsymbol{\alpha}_2, \boldsymbol{\alpha}_3, \boldsymbol{\alpha}_4$ 线性表出,若能表出,则表出之,若不能表出,说明理由;

(2) $\boldsymbol{\alpha}_4$ 能否由 $\boldsymbol{\alpha}_1, \boldsymbol{\alpha}_2, \boldsymbol{\alpha}_3$ 线性表出,说明理由;

(3) 求线性方程组 $(\boldsymbol{\alpha}_1 + \boldsymbol{\beta}, \boldsymbol{\alpha}_1, \boldsymbol{\alpha}_2, \boldsymbol{\alpha}_3, \boldsymbol{\alpha}_4) X = \boldsymbol{\beta}$ 的通解.

线索

求系数矩阵的秩,齐次方程组的基础解系,非齐次方程的特解,说明向量不能由向量组线性表示可借助于反证法.

【解】 (1) 记 $A = (\boldsymbol{\alpha}_1, \boldsymbol{\alpha}_2, \boldsymbol{\alpha}_3, \boldsymbol{\alpha}_4)$,$Ax = \boldsymbol{\beta}$ 的通解为 $k(-2, 3, 1, 0)^{\mathrm{T}} + (4, -1, 0, 3)^{\mathrm{T}}$,

可知 $\begin{cases} n = 4, R(A) = 4 - 1 = 3, \\ -2\boldsymbol{\alpha}_1 + 3\boldsymbol{\alpha}_2 + \boldsymbol{\alpha}_3 + 0\boldsymbol{\alpha}_4 = \mathbf{0},\text{得 } \boldsymbol{\beta} = 5\boldsymbol{\alpha}_2 + 2\boldsymbol{\alpha}_3 + 3\boldsymbol{\alpha}_4,\text{故 } \boldsymbol{\beta} \text{ 能由 } \boldsymbol{\alpha}_2, \boldsymbol{\alpha}_3, \boldsymbol{\alpha}_4 \text{ 线性表出.} \\ 4\boldsymbol{\alpha}_1 - \boldsymbol{\alpha}_2 + 0\boldsymbol{\alpha}_3 + 3\boldsymbol{\alpha}_4 = \boldsymbol{\beta}, \end{cases}$

(2) 假设 $\boldsymbol{\alpha}_4$ 可由 $\boldsymbol{\alpha}_1, \boldsymbol{\alpha}_2, \boldsymbol{\alpha}_3$ 线性表示,则 $-2\boldsymbol{\alpha}_1 + 3\boldsymbol{\alpha}_2 + \boldsymbol{\alpha}_3 = \mathbf{0}$ 得 $\boldsymbol{\alpha}_1, \boldsymbol{\alpha}_2, \boldsymbol{\alpha}_3$ 线性相关,与 $R(\boldsymbol{\alpha}_1, \boldsymbol{\alpha}_2, \boldsymbol{\alpha}_3, \boldsymbol{\alpha}_4) = R(\boldsymbol{\alpha}_1, \boldsymbol{\alpha}_2, \boldsymbol{\alpha}_3) < 3$ 矛盾,知假设不成立,故 $\boldsymbol{\alpha}_4$ 不可由 $\boldsymbol{\alpha}_1, \boldsymbol{\alpha}_2, \boldsymbol{\alpha}_3$ 线性表示.

(3) 记 $C = (\boldsymbol{\alpha}_1 + \boldsymbol{\beta}, \boldsymbol{\alpha}_1, \boldsymbol{\alpha}_2, \boldsymbol{\alpha}_3, \boldsymbol{\alpha}_4)$,由

$$\boldsymbol{\beta} = 5\boldsymbol{\alpha}_2 + 2\boldsymbol{\alpha}_3 + 3\boldsymbol{\alpha}_4 = 0\boldsymbol{\alpha}_1 + 5\boldsymbol{\alpha}_2 + 2\boldsymbol{\alpha}_3 + 3\boldsymbol{\alpha}_4,$$

$$R(C) = R(\boldsymbol{\alpha}_1, \boldsymbol{\alpha}_2, \boldsymbol{\alpha}_3, \boldsymbol{\alpha}_4) = 3, 5 - R(C) = 2,$$

所以 $Cx = \mathbf{0}$ 的基础解系中仅有两个线性无关的解向量. 由

$$-2\boldsymbol{\alpha}_1 + 3\boldsymbol{\alpha}_2 + \boldsymbol{\alpha}_3 + 0\boldsymbol{\alpha}_4 = \mathbf{0} \Rightarrow 0(\boldsymbol{\alpha}_1 + \boldsymbol{\beta}) - 2\boldsymbol{\alpha}_1 + 3\boldsymbol{\alpha}_2 + \boldsymbol{\alpha}_3 + 0\boldsymbol{\alpha}_4 = \mathbf{0},$$

知 $\boldsymbol{\xi}_1 = (0, -2, 3, 1, 0)^{\mathrm{T}}$ 为 $Cx = \mathbf{0}$ 的解. 又

$$4\boldsymbol{\alpha}_1 - \boldsymbol{\alpha}_2 + 0\boldsymbol{\alpha}_3 + 3\boldsymbol{\alpha}_4 = \boldsymbol{\beta} \Rightarrow 5\boldsymbol{\alpha}_1 - \boldsymbol{\alpha}_2 + 0\boldsymbol{\alpha}_3 + 3\boldsymbol{\alpha}_4 = \boldsymbol{\alpha}_1 + \boldsymbol{\beta},$$

知 $\boldsymbol{\xi}_2 = (1, -5, 1, 0, -3)^{\mathrm{T}}$ 为 $Cx = \mathbf{0}$ 的解,且 $\boldsymbol{\xi}_1, \boldsymbol{\xi}_2$ 线性无关. 又

$$0(\boldsymbol{\alpha}_1 + \boldsymbol{\beta}) + 4\boldsymbol{\alpha}_1 - \boldsymbol{\alpha}_2 + 0\boldsymbol{\alpha}_3 + 3\boldsymbol{\alpha}_4 = \boldsymbol{\beta}$$

知 $\boldsymbol{\eta} = (0, 4, -1, 0, 3)^{\mathrm{T}}$ 为 $Cx = \boldsymbol{\beta}$ 的解,故 $Cx = \boldsymbol{\beta}$ 的通解为

$k_1 (0, -2, 3, 1, 0)^{\mathrm{T}} + k_2 (1, -5, 1, 0, -3)^{\mathrm{T}} + (0, 4, -1, 0, 3)^{\mathrm{T}}$,其中 k_1, k_2 为任意常数.

小结

由 $\boldsymbol{\beta} = (-2k+4)\boldsymbol{\alpha}_1 + (3k-1)\boldsymbol{\alpha}_2 + k\boldsymbol{\alpha}_3 + 3\boldsymbol{\alpha}_4$，知

当 $k=2$ 时，$\boldsymbol{\beta} = 5\boldsymbol{\alpha}_2 + 2\boldsymbol{\alpha}_3 + 3\boldsymbol{\alpha}_4$，说明 $\boldsymbol{\beta}$ 可由 $\boldsymbol{\alpha}_2,\boldsymbol{\alpha}_3,\boldsymbol{\alpha}_4$ 线性表示；

当 $k=\dfrac{1}{3}$ 时，$\boldsymbol{\beta} = \dfrac{10}{3}\boldsymbol{\alpha}_1 + \dfrac{1}{3}\boldsymbol{\alpha}_3 + 3\boldsymbol{\alpha}_4$，说明 $\boldsymbol{\beta}$ 可由 $\boldsymbol{\alpha}_1,\boldsymbol{\alpha}_3,\boldsymbol{\alpha}_4$ 线性表示；

当 $k=0$ 时，$\boldsymbol{\beta} = 4\boldsymbol{\alpha}_1 - \boldsymbol{\alpha}_2 + 3\boldsymbol{\alpha}_4$，说明 $\boldsymbol{\beta}$ 可由 $\boldsymbol{\alpha}_1,\boldsymbol{\alpha}_2,\boldsymbol{\alpha}_4$ 线性表示；

k 不论取何值，$\boldsymbol{\beta}$ 均不可由 $\boldsymbol{\alpha}_1,\boldsymbol{\alpha}_2,\boldsymbol{\alpha}_3$ 线性表示.

例19 设 3 阶方阵 $\boldsymbol{B}$ 的每个列向量都是方程组 $\begin{cases} x_1 + 2x_2 - 2x_3 = 1, \\ 2x_1 - x_2 + \lambda x_3 = 2, \\ 3x_1 + x_2 - x_3 = 3 \end{cases}$ 的解，且 $R(\boldsymbol{B})=2$.

(1) 设 $\boldsymbol{A}$ 为此线性方程组的系数矩阵，求 $R(\boldsymbol{A})$ 以及 λ 的值；(2) 求 $(\boldsymbol{AB})^n$.

线索

(1) 求系数矩阵的秩一般需要采取夹逼定理；(2) 掌握方阵幂的常用的计算方法.

【解】(1) 已知 $\boldsymbol{B}$ 的每一个向量均是方程组 $\boldsymbol{Ax} = \begin{pmatrix} 1 \\ 2 \\ 3 \end{pmatrix}$ 的解，且 $R(\boldsymbol{B})=2$，表明 $\boldsymbol{Ax} = \begin{pmatrix} 1 \\ 2 \\ 3 \end{pmatrix}$ 有

无穷多个解，故 $R(\boldsymbol{A}) \leqslant 2$. 又因为系数矩阵 $\boldsymbol{A}$ 中存在二阶子式 $\begin{vmatrix} 1 & 2 \\ 2 & -1 \end{vmatrix} \neq 0$，所以 $R(\boldsymbol{A}) \geqslant 2$，

综上可知 $R(\boldsymbol{A})=2$，从而 $|\boldsymbol{A}|=0$，计算得 $\lambda = 1$.

(2) 因为 $\boldsymbol{AB} = \begin{pmatrix} 1 & 1 & 1 \\ 2 & 2 & 2 \\ 3 & 3 & 3 \end{pmatrix} = \begin{pmatrix} 1 \\ 2 \\ 3 \end{pmatrix}(1,1,1)$，故

$$(\boldsymbol{AB})^n = \begin{pmatrix} 1 & 1 & 1 \\ 2 & 2 & 2 \\ 3 & 3 & 3 \end{pmatrix}^n = \begin{pmatrix} 1 \\ 2 \\ 3 \end{pmatrix}\left[(1,1,1)\begin{pmatrix} 1 \\ 2 \\ 3 \end{pmatrix}\right]^{n-1}(1,1,1) = 6^{n-1}\begin{pmatrix} 1 & 1 & 1 \\ 2 & 2 & 2 \\ 3 & 3 & 3 \end{pmatrix}.$$

小结

给定任意矩阵 $\boldsymbol{A}$，且 $R(\boldsymbol{A})=1$，则 $\boldsymbol{A} = \boldsymbol{\alpha}\boldsymbol{\beta}^{\mathrm{T}}$，$\boldsymbol{\alpha},\boldsymbol{\beta}$ 均为列向量，当 $\boldsymbol{A}$ 为方阵时，

$$\boldsymbol{A}^n = (\boldsymbol{\alpha}^{\mathrm{T}}\boldsymbol{\beta})^{n-1}\boldsymbol{A} = (\boldsymbol{\beta}^{\mathrm{T}}\boldsymbol{\alpha})^{n-1}\boldsymbol{A}.$$

例20 (2008) 设矩阵 $\boldsymbol{A} = \begin{pmatrix} 2a & 1 & & \\ a^2 & 2a & \ddots & \\ & \ddots & \ddots & 1 \\ & & a^2 & 2a \end{pmatrix}$，现矩阵 $\boldsymbol{A}$ 满足方程 $\boldsymbol{Ax} = \boldsymbol{b}$，其中

$\boldsymbol{x} = (x_1, x_2, \cdots, x_n)^{\mathrm{T}}$，$\boldsymbol{b} = (1, 0, 0, \cdots, 0)^{\mathrm{T}}$.

(1) 求证 $|\boldsymbol{A}| = (n+1)a^n$；

（2）a 为何值，方程组有唯一解，并求 x_1；

（3）a 为何值，方程组有无穷多解，并求通解．

线索

（1）掌握三对角行列式的常规的几种方法；（2）当方程的个数等于未知量的个数时，求未知量可采取克拉默法则．

【证明】（1）**方法一**：由 $D_n = 2aD_{n-1} - a^2 D_{n-2} \Rightarrow D_n - aD_{n-1} = a(D_{n-1} - aD_{n-2})$

$$= a^2(D_{n-2} - aD_{n-3}) = \cdots = a^{n-2}(D_2 - aD_1) = a^{n-2}(3a^2 - 2a^2)$$

$$= a^n,$$

即有
$$\begin{cases} D_n - aD_{n-1} = a^n, \\ aD_{n-1} - a^2 D_{n-2} = a \cdot a^{n-1}, \\ a^2 D_{n-2} - a^3 D_{n-3} = a^2 \cdot a^{n-2}, \\ \quad\vdots \\ a^{n-2}D_2 - a^{n-1}D_1 = a^{n-2} \cdot a^2 \end{cases} \Rightarrow D_n = (n-1)a^n + 2a^n = (n+1)a^n.$$

方法二：$D_n = aD_{n-1} + a^n = a(aD_{n-2} + a^{n-1}) + a^n = a^2 D_{n-2} + 2a^n$

$$= a^3 D_{n-3} + 3a^n = \cdots = a^{n-1}D_1 + (n-1)a^n = 2a^n + (n-1)a^n = (n+1)a^n.$$

方法三：验证 $D_2 = \begin{vmatrix} 2a & 1 \\ a^2 & 2a \end{vmatrix} = 3a^2$ 成立；

假设 $D_{n-1} = na^{n-1},\ D_{n-2} = (n-1)a^{n-2}$，

验证 $D_n = 2ana^{n-1} - a^2(n-1)a^{n-2} = 2na^n - (n-1)a^n = (n+1)a^n$ 成立．

方法四：
$$\begin{vmatrix} 2a & 1 & & & & \\ & \frac{3}{2}a & 1 & & & \\ & & \frac{4}{3}a & 1 & & \\ & & & \ddots & \ddots & \\ & & & & \frac{n}{n-1}a & 1 \\ & & & & & \frac{n+1}{n}a \end{vmatrix} = (n+1)a^n.$$

【解】（2）由克拉默法则，当 $a \neq 0$ 时，系数行列式不为零，方程组有唯一解，且

$$x_1 = \frac{D_1}{D} = \frac{D_1}{(n+1)a^n},$$

其中 $D_1 = \begin{vmatrix} 1 & 1 & & & & \\ 0 & 2a & 1 & & & \\ & a^2 & 2a & \ddots & & \\ & & \ddots & \ddots & \ddots & \\ & & & \ddots & \ddots & 1 \\ & & & & a^2 & 2a \end{vmatrix}_{n \times n} = \begin{vmatrix} 2a & 1 & & & \\ a^2 & 2a & \ddots & & \\ & \ddots & \ddots & 1 \\ & & a^2 & 2a \end{vmatrix}_{(n-1)\times(n-1)} = na^{n-1},$

所以 $x_1 = \dfrac{n}{n+1} a^{-1}$.

（3）由克拉默法则，当 $a=0$ 时，系数行列式为零，方程组有无穷多解，

$$\begin{pmatrix} 0 & 1 & & & \\ & 0 & 1 & & \\ & & \ddots & \ddots & \\ & & & 0 & 1 \\ & & & & 0 \end{pmatrix} \begin{pmatrix} x_1 \\ x_2 \\ x_3 \\ \vdots \\ x_n \end{pmatrix} = \begin{pmatrix} 1 \\ 0 \\ 0 \\ \vdots \\ 0 \end{pmatrix},$$

此时 $R(\boldsymbol{A}) = R(\boldsymbol{A} \vdots \boldsymbol{b}) = n-1, n-R(\boldsymbol{A}) = 1$，所以方程组有无穷多解，且 $\boldsymbol{Ax} = \boldsymbol{0}$ 的基础解系中仅有一个线性无关的解向量.

选取 x_1 为自由未知量，$x_2, x_3, \cdots, x_n$ 为非自由未知量.

此方程组可化为 $\begin{cases} x_2 = 1, \\ x_3 = 0, \\ \cdots \\ x_n = 0 \end{cases} \Rightarrow \begin{cases} x_1 = x_1 + 0, \\ x_2 = 0x_1 + 1, \\ x_3 = 0x_1 + 0, \text{令 } x_1 = k, \\ \cdots \\ x_n = 0x_1 + 0, \end{cases}$

故其通解为 $k(1,0,0,\cdots,0)^{\mathrm{T}} + (0,1,0,\cdots,0)^{\mathrm{T}}, k$ 为任意常数.

或令 $x_1 = 1$ 代入 $\begin{cases} x_2 = 0, \\ x_3 = 0, \\ \cdots \\ x_n = 0 \end{cases} \Rightarrow (1,0,0,\cdots,0)^{\mathrm{T}}$ 为 $\boldsymbol{Ax} = \boldsymbol{0}$ 的基础解系，

令 $x_1 = 0$ 代入 $\begin{cases} x_2 = 1, \\ x_3 = 0, \\ \cdots \\ x_n = 0 \end{cases} \Rightarrow (0,1,0,\cdots,0)^{\mathrm{T}}$ 为 $\boldsymbol{Ax} = \boldsymbol{b}$ 的解，

故其通解为 $k(1,0,0,\cdots,0)^{\mathrm{T}} + (0,1,0,\cdots,0)^{\mathrm{T}}, k$ 为任意常数.

小结

当系数矩阵的化简不是常规的行最简形时，注意通解形式的变化.

例21 $\boldsymbol{A}$ 是 3 阶矩阵，$\boldsymbol{b} = (2,-2,2)^{\mathrm{T}}, \boldsymbol{Ax} = \boldsymbol{b}$ 有通解 $k_1(-2,1,0)^{\mathrm{T}} + k_2(-3,0,1)^{\mathrm{T}} + (1,-1,1)^{\mathrm{T}}$，其中 k_1, k_2 为任意常数，求 $\boldsymbol{A}$ 及 $\boldsymbol{A}^{2021}$.

线索

考查利用方程组的解，求矩阵的特征值和特征向量，并反求矩阵及矩阵的幂.

【解】由 $\boldsymbol{Ax} = \boldsymbol{b}$ 的通解形式可得：$\boldsymbol{\alpha}_1 = (-2,1,0)^{\mathrm{T}}, \boldsymbol{\alpha}_2 = (-3,0,1)^{\mathrm{T}}$ 为 $\boldsymbol{Ax} = \boldsymbol{0}$ 的两个线性无关解，$\boldsymbol{\alpha}_3 = (1,-1,1)^{\mathrm{T}}$ 为 $\boldsymbol{Ax} = \boldsymbol{b}$ 的特解，即 $\boldsymbol{A\alpha}_1 = \boldsymbol{0}, \boldsymbol{A\alpha}_2 = \boldsymbol{0}$，也可看成 $\boldsymbol{A\alpha}_1 = 0\boldsymbol{\alpha}_1, \boldsymbol{A\alpha}_2$

$=0\boldsymbol{\alpha}_2$，$A\boldsymbol{\alpha}_3=2\boldsymbol{\alpha}_3$，则 $\boldsymbol{\alpha}_1$，$\boldsymbol{\alpha}_2$ 为 A 的特征值 $\lambda_1=\lambda_2=0$ 对应的两个线性无关的特征向量，$\boldsymbol{\alpha}_3$ 为 A 的特征值 $\lambda_3=2$ 对应的特征向量.

又 $\boldsymbol{\alpha}_1$，$\boldsymbol{\alpha}_2$，$\boldsymbol{\alpha}_3$ 线性无关，则矩阵 A 必可相似对角化，令 $P=(\boldsymbol{\alpha}_1,\boldsymbol{\alpha}_2,\boldsymbol{\alpha}_3)$，则

$$P^{-1}AP=\boldsymbol{\Lambda}=\begin{pmatrix}0&0&0\\0&0&0\\0&0&2\end{pmatrix},$$

即 $A=P\boldsymbol{\Lambda}P^{-1}=\begin{pmatrix}-2&-3&1\\1&0&-1\\0&1&1\end{pmatrix}\begin{pmatrix}0&&\\&0&\\&&2\end{pmatrix}\begin{pmatrix}-2&-3&1\\1&0&-1\\0&1&1\end{pmatrix}^{-1}=\begin{pmatrix}1&2&3\\-1&-2&-3\\1&2&3\end{pmatrix}.$

由 $R(A)=1\Rightarrow A=\begin{pmatrix}1\\-1\\1\end{pmatrix}(1,2,3)$，记 $A=\boldsymbol{\alpha}\boldsymbol{\beta}^{\mathrm{T}}$，则

$$A^{2021}=\boldsymbol{\alpha}\boldsymbol{\beta}^{\mathrm{T}}\cdot\boldsymbol{\alpha}\boldsymbol{\beta}^{\mathrm{T}}\cdot\cdots\cdot\boldsymbol{\alpha}\boldsymbol{\beta}^{\mathrm{T}}=2^{2020}\boldsymbol{\alpha}\boldsymbol{\beta}^{\mathrm{T}}=2^{2020}A=2^{2020}\begin{pmatrix}1&2&3\\-1&-2&-3\\1&2&3\end{pmatrix}.$$

小结

$A=P\boldsymbol{\Lambda}P^{-1}\Rightarrow A^n=P\boldsymbol{\Lambda}^nP^{-1}.$

题型4 解矩阵方程

一阶溯源

例1 求与 $A=\begin{pmatrix}1&2\\1&-1\end{pmatrix}$ 可交换的矩阵.

线索

求可交换矩阵的问题转化成齐次线性方程组的求解问题.

【解】设 $X=\begin{pmatrix}x_1&x_2\\x_3&x_4\end{pmatrix}$ 与 A 可交换，由 $AX=XA$ 得

$$\begin{pmatrix}x_1+2x_3&x_2+2x_4\\x_1-x_3&x_2-x_4\end{pmatrix}=\begin{pmatrix}x_1+x_2&2x_1-x_2\\x_3+x_4&2x_3-x_4\end{pmatrix}\Rightarrow\begin{cases}x_2-2x_3=0,\\2x_1-2x_2-2x_4=0,\\x_1-2x_3-x_4=0,\\x_2-2x_3=0.\end{cases}$$

系数矩阵 $\begin{pmatrix}0&1&-2&0\\2&-2&0&-2\\1&0&-2&-1\\0&1&-2&0\end{pmatrix}\rightarrow\begin{pmatrix}1&0&-2&-1\\0&1&-2&0\\0&0&0&0\\0&0&0&0\end{pmatrix},$

解得 $X = \begin{pmatrix} 2k_1 + k_2 & 2k_1 \\ k_1 & k_2 \end{pmatrix}$, $k_1, k_2 \in \mathbf{R}$.

例2 A, B 都为 3 阶方阵,$A = \begin{pmatrix} 1 & 1 & 2 \\ -1 & 2 & 1 \\ 0 & 1 & 1 \end{pmatrix}$,$B = \begin{pmatrix} 4 & -1 & 3 \\ 2 & k & 0 \\ 2 & -1 & 1 \end{pmatrix}$,若存在 X,使得 $AX = B$,

则 $k = $ _____.

【答案】-2.

> **线索**
>
> 要使 $AX = B$ 有解 $\Leftrightarrow B$ 的列向量组可由 A 的列向量组线性表示 $\Rightarrow R(B) \leqslant R(A)$.

【解析】由已知可得 $R(A) = 2$,$AX = B$ 有解 $\Rightarrow R(B) \leqslant R(A) = 2$,故 $|B| = 0 \Rightarrow k = -2$.

二阶提炼

例3 设 $A = \begin{pmatrix} 2 & 3 & 3 \\ 2 & 2 & 0 \\ a+5 & a+9 & 2a+6 \end{pmatrix}$,$B = \begin{pmatrix} 1 & 2 & 2 \\ 2 & 1 & 1 \\ a+3 & a+6 & a+4 \end{pmatrix}$.

(1) 当 a 为何值时,$AX - B = BX$ 无解;

(2) 当 a 为何值时,$AX - B = BX$ 有解,并求解.

【解】由 $AX - B = BX$ 得 $(A - B)X = B$,

$$(A - B \vdots B) = \begin{pmatrix} 1 & 1 & 1 & \vdots & 1 & 2 & 2 \\ 0 & 1 & -1 & \vdots & 2 & 1 & 1 \\ 2 & 3 & a+2 & \vdots & a+3 & a+6 & a+4 \end{pmatrix}$$

$$\rightarrow \begin{pmatrix} 1 & 1 & 1 & \vdots & 1 & 2 & 2 \\ 0 & 1 & -1 & \vdots & 2 & 1 & 1 \\ 0 & 0 & a+1 & \vdots & a-1 & a+1 & a-1 \end{pmatrix},$$

(1) 当 $a = -1$ 时,$R(A - B) = 2$,$R(A - B \vdots B) = 3$,$R(A - B) \neq R(A - B \vdots B)$,故 $AX - B = BX$ 无解.

(2) 当 $a \neq -1$ 时,$R(A - B) = 3$,$R(A - B \vdots B) = 3$,故 $AX - B = BX$ 有唯一解,令 $X = (x_1, x_2, x_3)$,$B = (b_1, b_2, b_3)$,则由 $(A - B)x_1 = b_1$,$(A - B)x_2 = b_2$,$(A - B)x_3 = b_3$,

解得 $x_1 = \begin{pmatrix} \dfrac{1-3a}{a+1} \\ \dfrac{3a+1}{a+1} \\ \dfrac{a-1}{a+1} \end{pmatrix}$,$x_2 = \begin{pmatrix} -1 \\ 2 \\ 1 \end{pmatrix}$,$x_3 = \begin{pmatrix} \dfrac{3-a}{a+1} \\ \dfrac{2a}{a+1} \\ \dfrac{a-1}{a+1} \end{pmatrix}$,

故唯一解：$X = \begin{pmatrix} \dfrac{1-3a}{a+1} & -1 & \dfrac{3-a}{a+1} \\ \dfrac{3a+1}{a+1} & 2 & \dfrac{2a}{a+1} \\ \dfrac{a-1}{a+1} & 1 & \dfrac{a-1}{a+1} \end{pmatrix}$ $(a \neq -1)$.

小结

此题考矩阵方程：

(1) 若 $(A-B)X=B$ 无解 $\Leftrightarrow R(A-B) \neq R(A-B \vdots B)$；

(2) 若 $(A-B)X=B$ 有解 $\Leftrightarrow R(A-B) = R(A-B \vdots B)$.

例4 设 $A^* = \begin{pmatrix} 1 & 0 & 0 \\ 1 & 2 & 4 \\ 0 & 0 & 2 \end{pmatrix}$，满足 $AX+(A^{-1})^* X(A^*)^* = E$，且 $|A|>0$，求矩阵 X.

【解】由 $(A^{-1})^* = (A^*)^{-1}$，$|A^*|=|A|^{n-1}$，$(A^*)^* = |A|^{n-2}A$，得 $|A^*|=|A|^2=4$.
由 $|A|>0$，得 $|A|=2$，故 $AX+(A^{-1})^* X(A^*)^* = E$ 可变形为 $AX+(A^{-1})^* X \cdot 2A = E$.
上式左乘 A^* 得 $A^*AX+A^*(A^{-1})^* X \cdot 2A = A^*$，又 $AA^*=A^*A=|A|E=2E$，故

$$2X+2XA = A^*,\ 2X(E+A)=A^*,\ X=\frac{1}{2}A^*(E+A)^{-1}.$$

由 $A=2(A^*)^{-1} = \begin{pmatrix} 2 & 0 & 0 \\ -1 & 1 & -2 \\ 0 & 0 & 1 \end{pmatrix}$ 得 $(A+E)^{-1}=\frac{1}{6}\begin{pmatrix} 2 & 0 & 0 \\ 1 & 3 & 3 \\ 0 & 0 & 3 \end{pmatrix}$，从而 $X=\frac{1}{6}\begin{pmatrix} 1 & 0 & 0 \\ 2 & 3 & 9 \\ 0 & 0 & 3 \end{pmatrix}$.

小结

由伴随矩阵 A^* 的相关公式化简已知等式，解出未知矩阵，此类问题的求解一般是将已知等式作恒等变形处理。

例5 已知可逆矩阵 $A = \begin{pmatrix} a & b \\ b & a \end{pmatrix}$ 及矩阵 $B = \begin{pmatrix} 1 & 2 & 3 \\ -1 & -2 & -3 \end{pmatrix}$.

(1) 证明：存在唯一矩阵 $X = \begin{pmatrix} x_1 & x_3 & x_5 \\ x_2 & x_4 & x_6 \end{pmatrix}$ 满足 $AX=B$；

(2) 求解 X.

【解】(1) 由题设有 $\begin{pmatrix} a & b \\ b & a \end{pmatrix}\begin{pmatrix} x_1 & x_3 & x_5 \\ x_2 & x_4 & x_6 \end{pmatrix} = \begin{pmatrix} 1 & 2 & 3 \\ -1 & -2 & -3 \end{pmatrix}$，依矩阵的乘法及性质得

$$\begin{cases} ax_1+bx_2=1, & ① \\ bx_1+ax_2=-1, & ② \\ ax_3+bx_4=2, & ③ \\ bx_3+ax_4=-2, & ④ \\ ax_5+bx_6=3, & ⑤ \\ bx_5+ax_6=-3. & ⑥ \end{cases}$$

此方程组的系数行列式 $D = \begin{vmatrix} a & b & & & & \\ b & a & & & & \\ & & a & b & & \\ & & b & a & & \\ & & & & a & b \\ & & & & b & a \end{vmatrix} = (a^2 - b^2)^3$,

由 $\boldsymbol{A}$ 可逆,故 $|\boldsymbol{A}| = a^2 - b^2 \neq 0$,从而得 $D \neq 0$,故方程组有唯一解,从而得唯一矩阵 $\boldsymbol{X}$ 满足 $\boldsymbol{AX} = \boldsymbol{B}$.

(2) 由 ①,② 得 $x_1 = \dfrac{1}{a-b}, x_2 = \dfrac{1}{b-a}$;

由 ③,④ 得 $x_3 = \dfrac{2}{a-b}, x_4 = \dfrac{2}{b-a}$;

由 ⑤,⑥ 得 $x_5 = \dfrac{3}{a-b}, x_6 = \dfrac{3}{b-a}$,

故所求 $\boldsymbol{X} = \dfrac{1}{a-b} \begin{pmatrix} 1 & 2 & 3 \\ -1 & -2 & -3 \end{pmatrix}$.

小结

(2) 中 $\boldsymbol{X}$ 的求解可用 $\boldsymbol{X} = \boldsymbol{A}^{-1}\boldsymbol{B}$ 得到.

三阶突破

例6 设矩阵 $\boldsymbol{A} = \begin{pmatrix} 1 & 1 & 1 & 1 \\ 4 & 3 & 5 & -1 \\ m & 1 & 3 & n \end{pmatrix}, \boldsymbol{C} = \begin{pmatrix} -1 & 1 & 0 \\ -1 & 0 & -1 \\ 1 & -2 & -1 \end{pmatrix}$,已知向量 $\boldsymbol{\alpha}_1 = (-2, 1, 1, 0)^{\mathrm{T}}, \boldsymbol{\alpha}_2 = (4, -5, 0, 1)^{\mathrm{T}}$ 为 $\boldsymbol{Ax} = \boldsymbol{0}$ 的解,求 m, n 的值及满足 $\boldsymbol{AB} = \boldsymbol{C}$ 的所有矩阵 $\boldsymbol{B}$.

线索

(与 2014 真题,2016 真题为同类型题)解矩阵方程 $\boldsymbol{AX} = \boldsymbol{B}$,即矩阵 $\boldsymbol{B}$ 的列可由 $\boldsymbol{A}$ 的列线性表出,$\boldsymbol{A}$ 不可逆时,需将矩阵 $\boldsymbol{B}$ 列分块,将 $\boldsymbol{B}$ 的每一列用 $\boldsymbol{A}$ 的列线性表出,每一列的表示系数构成矩阵 $\boldsymbol{X}$ 的每一列.

【解】 $\boldsymbol{\alpha}_1 = (-2, 1, 1, 0)^{\mathrm{T}}, \boldsymbol{\alpha}_2 = (4, -5, 0, 1)^{\mathrm{T}}$ 为 $\boldsymbol{Ax} = \boldsymbol{0}$ 的解,$\boldsymbol{\alpha}_1, \boldsymbol{\alpha}_2$ 线性无关,知 $4 - R(\boldsymbol{A}) \geqslant 2 \Rightarrow R(\boldsymbol{A}) \leqslant 2$,又 $\boldsymbol{A}$ 中存在 2 阶子式 $\begin{vmatrix} 1 & 1 \\ 4 & 3 \end{vmatrix} \neq 0 \Rightarrow R(\boldsymbol{A}) \geqslant 2$,故 $R(\boldsymbol{A}) = 2$.由

$\boldsymbol{A} = \begin{pmatrix} 1 & 1 & 1 & 1 \\ 4 & 3 & 5 & -1 \\ m & 1 & 3 & n \end{pmatrix} \rightarrow \begin{pmatrix} 1 & 1 & 1 & 1 \\ 0 & -1 & 1 & -5 \\ 0 & 1-m & 3-m & n-m \end{pmatrix} \rightarrow \begin{pmatrix} 1 & 1 & 1 & 1 \\ 0 & -1 & 1 & -5 \\ 0 & 0 & 4-2m & -5+4m+n \end{pmatrix}$,

得 $\begin{cases} 4-2m = 0, \\ -5+4m+n = 0 \end{cases} \Rightarrow \begin{cases} m = 2, \\ n = -3. \end{cases}$

$$(A \vdots C) = \begin{pmatrix} 1 & 1 & 1 & 1 & \vdots & -1 & 1 & 0 \\ 4 & 3 & 5 & -1 & \vdots & -1 & 0 & -1 \\ 2 & 1 & 3 & -3 & \vdots & 1 & -2 & -1 \end{pmatrix} \rightarrow \begin{pmatrix} 1 & 1 & 1 & 1 & \vdots & -1 & 1 & 0 \\ 0 & -1 & 1 & -5 & \vdots & 3 & -4 & -1 \\ 0 & -1 & 1 & -5 & \vdots & 3 & -4 & -1 \end{pmatrix}$$

$$\rightarrow \begin{pmatrix} 1 & 0 & 2 & -4 & \vdots & 2 & -3 & -1 \\ 0 & 1 & -1 & 5 & \vdots & -3 & 4 & 1 \\ 0 & 0 & 0 & 0 & \vdots & 0 & 0 & 0 \end{pmatrix},$$

$$AB = C \Leftrightarrow \begin{pmatrix} 1 & 1 & 1 & 1 \\ 4 & 3 & 5 & -1 \\ 2 & 1 & 3 & -3 \end{pmatrix} \begin{pmatrix} x_1 & y_1 & z_1 \\ x_2 & y_2 & z_2 \\ x_3 & y_3 & z_3 \\ x_4 & y_4 & z_4 \end{pmatrix} = \begin{pmatrix} -1 & 1 & 0 \\ -1 & 0 & -1 \\ 1 & -2 & -1 \end{pmatrix},$$

即分别求 3 个方程组

$$\begin{pmatrix} 1 & 1 & 1 & 1 \\ 4 & 3 & 5 & -1 \\ 2 & 1 & 3 & -3 \end{pmatrix} \begin{pmatrix} x_1 \\ x_2 \\ x_3 \\ x_4 \end{pmatrix} = \begin{pmatrix} -1 \\ -1 \\ 1 \end{pmatrix}, \begin{pmatrix} 1 & 1 & 1 & 1 \\ 4 & 3 & 5 & -1 \\ 2 & 1 & 3 & -3 \end{pmatrix} \begin{pmatrix} y_1 \\ y_2 \\ y_3 \\ y_4 \end{pmatrix} = \begin{pmatrix} 1 \\ 0 \\ -2 \end{pmatrix},$$

$$\begin{pmatrix} 1 & 1 & 1 & 1 \\ 4 & 3 & 5 & -1 \\ 2 & 1 & 3 & -3 \end{pmatrix} \begin{pmatrix} z_1 \\ z_2 \\ z_3 \\ z_4 \end{pmatrix} = \begin{pmatrix} 0 \\ -1 \\ -1 \end{pmatrix}$$

的通解,则

$$B = \begin{pmatrix} x_1 & y_1 & z_1 \\ x_2 & y_2 & z_2 \\ x_3 & y_3 & z_3 \\ x_4 & y_4 & z_4 \end{pmatrix} = \begin{pmatrix} -2k_1 + 4k_2 + 2 & -2k_3 + 4k_4 - 3 & -2k_5 + 4k_6 - 1 \\ k_1 - 5k_2 - 3 & k_3 - 5k_4 + 4 & k_5 - 5k_6 + 1 \\ k_1 & k_3 & k_5 \\ k_2 & k_4 & k_6 \end{pmatrix},$$

其中 $k_1, k_2, k_3, k_4, k_5, k_6$ 为任意常数.

小结

矩阵 B 不可为 $\begin{pmatrix} -2k_1 + 4k_2 + 2 & -2k_1 + 4k_2 - 3 & -2k_1 + 4k_2 - 1 \\ k_1 - 5k_2 - 3 & k_1 - 5k_2 + 4 & k_1 - 5k_2 + 1 \\ k_1 & k_1 & k_1 \\ k_2 & k_2 & k_2 \end{pmatrix}$.

题型5 公共解、同解

一阶溯源

例1 已知 A,B 均是 $m \times n$ 矩阵，$R(A)=n-s$，$R(B)=n-t$，且 $t+s>n$，证明齐次线性方程组 $Ax=0$ 和 $Bx=0$ 必有非零公共解.

线索

$A_{m \times n}x=0$，$B_{p \times n}x=0$ 有非零解的充要条件为 $\begin{pmatrix} A \\ B \end{pmatrix}x=0$ 有非零解.

【证明】A,B 均是 $m \times n$ 矩阵，$R(A)=n-s$，$R(B)=n-t$，$t+s>n$，

$$R\begin{pmatrix} A \\ B \end{pmatrix} \leqslant R(A)+R(B)=n-s+n-t=n+(n-s-t)<n,$$

则 $\begin{pmatrix} A \\ B \end{pmatrix}x=0$ 有非零解，故齐次线性方程组 $Ax=0$ 和 $Bx=0$ 必有非零公共解.

二阶提炼

例2 若 $A,B \in \mathbf{R}^{n \times n}$，方程组 $ABx=0$ 与 $Bx=0$ 同解的充分必要条件是 $R(AB)=R(B)$.

【证明】显然当 $R(AB)=n$ 时，$|AB| \neq 0$，得 $R(A)=R(B)=n$，这时有 $ABx=0$，得 $Bx=0$，反之，若 $Bx=0$，亦有 $ABx=0$.

当 $R(AB)<n$ 时，

必要性：若 $ABx=0$ 与 $Bx=0$ 同解，它们的基础解系相同，故 $R(AB)=R(B)$.

充分性：若 $R(AB)=R(B)=r$，由 $Bx=0$ 的解同为 $ABx=0$ 的解，得 $Bx=0$ 的基础解系可由 $ABx=0$ 的基础解系线性表示，而 $n-R(B)=n-R(AB)$，故 $Bx=0$ 与 $ABx=0$ 的基础解系等价，即 $ABx=0$ 与 $Bx=0$ 同解.

小结

证明同解只需说明基础解系等价，即一边可以线性表出，再说明秩相等就可以得向量组之间等价，同时充要性的证明必须说明充分性和必要性.

例3 已知非齐次线性方程组（Ⅰ）与（Ⅱ）同解，其中

$$（Ⅰ）\begin{cases} x_1+x_2-2x_3=5, \\ x_2+x_3=2, \end{cases} \quad （Ⅱ）\begin{cases} ax_1+4x_2+x_3=11, \\ 2x_1+5x_2-ax_3=16, \end{cases}$$

则 $a=$ _____.

【答案】1

【解析】**方法一**：令 $x_2=0$ 代入方程组（Ⅰ）得 $x_3=2$，$x_1=9$，将 $x_1=9$，$x_2=0$，$x_3=2$ 代入方程组（Ⅱ）得 $a=1$.

方法二： 解出方程组（Ⅰ）的通解为 $k(3,-1,1)^{\mathrm{T}}+(3,2,0)^{\mathrm{T}}=(3k+3,2-k,k)^{\mathrm{T}}$，代入方程组（Ⅱ）知 $a=1$.

方法三： $R(\boldsymbol{A}\vdots\boldsymbol{b}_1)=R\begin{pmatrix}1&1&-2&\vdots&5\\0&1&1&\vdots&2\end{pmatrix}=2$，$R(\boldsymbol{B}\vdots\boldsymbol{b}_2)=R\begin{pmatrix}a&4&1&\vdots&11\\2&5&-a&\vdots&16\end{pmatrix}=2$，

$$R\begin{pmatrix}\boldsymbol{A}&\boldsymbol{b}_1\\\boldsymbol{B}&\boldsymbol{b}_2\end{pmatrix}=R\begin{pmatrix}1&1&-2&5\\0&1&1&2\\a&4&1&11\\2&5&-a&16\end{pmatrix}=R\begin{pmatrix}1&1&-2&5\\0&1&1&2\\0&4-a&1+2a&11-5a\\0&3&4-a&6\end{pmatrix}$$

$$=R\begin{pmatrix}1&1&-2&5\\0&1&1&2\\0&0&3a-3&3-3a\\0&0&1-a&0\end{pmatrix}=2\Rightarrow a=1.$$

小结

(1) 两个方程组(Ⅰ)与(Ⅱ)同解，即(Ⅰ)的解全是(Ⅱ)的解，(Ⅱ)的解也全是(Ⅰ)的解；

(2) 方程组 $\boldsymbol{A}_{m\times n}\boldsymbol{x}=\boldsymbol{b}_1,\boldsymbol{B}_{s\times n}\boldsymbol{x}=\boldsymbol{b}_2$ 同解的充要条件为 $R(\boldsymbol{A}\vdots\boldsymbol{b}_1)=R(\boldsymbol{B}\vdots\boldsymbol{b}_2)$

$=R\begin{pmatrix}\boldsymbol{A}&\boldsymbol{b}_1\\\boldsymbol{B}&\boldsymbol{b}_2\end{pmatrix}$.

三阶突破

例4 (1) 求以 $\boldsymbol{\alpha}_1=(2,-3,1,0)^{\mathrm{T}},\boldsymbol{\alpha}_2=(-2,4,0,1)^{\mathrm{T}}$ 为基础解系的齐次线性方程组 $\boldsymbol{A}\boldsymbol{x}=\boldsymbol{0}$.

(2) 如果 $\boldsymbol{A}\boldsymbol{x}=\boldsymbol{0}$ 与齐次线性方程组 $\begin{cases}3x_1+(a+2)x_2+x_3-2x_4=0,\\2x_1-5x_3+bx_4=0\end{cases}$ 有非零公共解，则常数 a,b 应满足什么条件？并求其所有非零解.

线索

会利用基础解系反求原方程组，掌握已知一个方程组的基础解系与另一方程组求公共解的方法.

【解】 (1) 由 $\boldsymbol{A}(\boldsymbol{\alpha}_1,\boldsymbol{\alpha}_2)=\boldsymbol{O}\Rightarrow[\boldsymbol{A}(\boldsymbol{\alpha}_1,\boldsymbol{\alpha}_2)]^{\mathrm{T}}=\boldsymbol{O}\Rightarrow\begin{pmatrix}\boldsymbol{\alpha}_1^{\mathrm{T}}\\\boldsymbol{\alpha}_2^{\mathrm{T}}\end{pmatrix}\boldsymbol{A}^{\mathrm{T}}=\boldsymbol{O}$，知 $\boldsymbol{A}^{\mathrm{T}}$ 的每一列为 $\begin{pmatrix}\boldsymbol{\alpha}_1^{\mathrm{T}}\\\boldsymbol{\alpha}_2^{\mathrm{T}}\end{pmatrix}\boldsymbol{x}$

$=\boldsymbol{0}$ 的解，即 $\boldsymbol{A}$ 的每一行为 $\begin{pmatrix}\boldsymbol{\alpha}_1^{\mathrm{T}}\\\boldsymbol{\alpha}_2^{\mathrm{T}}\end{pmatrix}\boldsymbol{x}=\boldsymbol{0}$ 的解，$\begin{pmatrix}\boldsymbol{\alpha}_1^{\mathrm{T}}\\\boldsymbol{\alpha}_2^{\mathrm{T}}\end{pmatrix}=\begin{pmatrix}2&-3&1&0\\-2&4&0&1\end{pmatrix}\rightarrow\begin{pmatrix}2&0&4&3\\0&1&1&1\end{pmatrix}$，即

$\begin{cases}2x_1+4x_3+3x_4=0,\\x_2+x_3+x_4=0,\end{cases}$ 知基础解系为 $(-2,-1,1,0)^{\mathrm{T}},(-3,-2,0,2)^{\mathrm{T}}$，故矩阵 $\boldsymbol{A}$ 可为

$\begin{pmatrix} -2 & -1 & 1 & 0 \\ -3 & -2 & 0 & 2 \end{pmatrix}$,对应齐次方程组为 $\begin{cases} 2x_1 + x_2 - x_3 = 0, \\ 3x_1 + 2x_2 - 2x_4 = 0. \end{cases}$

（2）**方法一**：$Ax = 0$ 的通解为 $k_1\boldsymbol{\alpha}_1 + k_2\boldsymbol{\alpha}_2 = (2k_1 - 2k_2, -3k_1 + 4k_2, k_1, k_2)^{\mathrm{T}}$，$k_1, k_2$ 不全为零，将 $x_1 = 2k_1 - 2k_2, x_2 = -3k_1 + 4k_2, x_3 = k_1, x_4 = k_2$ 代入方程组

$$\begin{cases} 3x_1 + (a+2)x_2 + x_3 - 2x_4 = 0, \\ 2x_1 - 5x_3 + bx_4 = 0 \end{cases} \Rightarrow \begin{cases} (1-3a)k_1 + 4ak_2 = 0, \\ -k_1 + (b-4)k_2 = 0, \end{cases}$$

此方程组有非零解 k_1, k_2，得

$$\begin{vmatrix} 1-3a & 4a \\ -1 & b-4 \end{vmatrix} = 0 \Rightarrow 16a + b - 3ab - 4 = 0,$$

方程组等价于 $-k_1 + (b-4)k_2 = 0$，令 $k_2 = k \neq 0 \Rightarrow k_1 = (b-4)k$，故两方程组的非零公共解为

$$k_1\boldsymbol{\alpha}_1 + k_2\boldsymbol{\alpha}_2 = (b-4)k\boldsymbol{\alpha}_1 + k\boldsymbol{\alpha}_2 = k(2b-10, 16-3b, b-4, 1)^{\mathrm{T}}.$$

方法二：联立两个方程组解 $\begin{pmatrix} A \\ B \end{pmatrix} x = 0$，

$$\begin{pmatrix} A \\ B \end{pmatrix} \rightarrow \begin{pmatrix} 2 & 1 & -1 & 0 \\ 3 & 2 & 0 & -2 \\ 3 & a+2 & 1 & -2 \\ 2 & 0 & -5 & b \end{pmatrix} \rightarrow \begin{pmatrix} 1 & 1 & 1 & -2 \\ 0 & 1 & 3 & -4 \\ 0 & 0 & 1 & 4-b \\ 0 & 0 & 0 & 16a+b-3ab-4 \end{pmatrix},$$

$$\rightarrow \begin{pmatrix} 1 & 0 & 0 & 10-2b \\ 0 & 1 & 0 & 3b-16 \\ 0 & 0 & 1 & 4-b \\ 0 & 0 & 0 & 16a+b-3ab-4 \end{pmatrix},$$

得 $16a + b - 3ab - 4 = 0$，且 $\begin{pmatrix} A \\ B \end{pmatrix} x = 0$ 的非零解为 $k(2b-10, 16-3b, b-4, 1)^{\mathrm{T}}, k \neq 0$.

小结

矩阵 A 不是唯一的，$\begin{pmatrix} 2 & 1 & -1 & 0 \\ 3 & 2 & 0 & -2 \end{pmatrix}$ 或 $\begin{pmatrix} 2 & 1 & -1 & 0 \\ 5 & 3 & -1 & -2 \end{pmatrix}$ 均可。

例5 设方程组（Ⅰ）$Ax = 0$ 的基础解系为

$$\boldsymbol{\alpha}_1 = (1,1,1,0,2)^{\mathrm{T}}, \boldsymbol{\alpha}_2 = (1,1,0,1,1)^{\mathrm{T}}, \boldsymbol{\alpha}_3 = (1,0,1,1,2)^{\mathrm{T}};$$

设方程组（Ⅱ）$Bx = 0$ 的基础解系为

$$\boldsymbol{\beta}_1 = (1,1,-1,-1,1)^{\mathrm{T}}, \boldsymbol{\beta}_2 = (1,-1,1,-1,2)^{\mathrm{T}}, \boldsymbol{\beta}_3 = (1,-1,-1,1,1)^{\mathrm{T}}.$$

（1）求解线性方程组（Ⅲ）$\begin{cases} Ax = 0, \\ Bx = 0 \end{cases}$ 的基础解系及通解.

（2）求矩阵 $C=(A^{\mathrm{T}},B^{\mathrm{T}})$ 的秩.

线索

已知两个方程的基础解系求其通解,需将两个方程的通解表示出来,找出使之相等的解,则为其公共解.

【解】 方程组（Ⅰ）$Ax=0$ 的通解为 $k_1\alpha_1+k_2\alpha_2+k_3\alpha_3,k_1,k_2,k_3$ 为任意常数,方程组（Ⅱ）$Bx=0$ 的通解为 $l_1\beta_1+l_2\beta_2+l_3\beta_3,l_1,l_2,l_3$ 为任意常数.

令 $k_1\alpha_1+k_2\alpha_2+k_3\alpha_3=l_1\beta_1+l_2\beta_2+l_3\beta_3$,知
$$k_1\alpha_1+k_2\alpha_2+k_3\alpha_3-l_1\beta_1-l_2\beta_2-l_3\beta_3=0,$$

得
$$\begin{pmatrix}1&1&1&-1&-1&-1\\1&1&0&-1&1&1\\1&0&1&1&-1&1\\0&1&1&1&1&-1\\2&1&2&-1&-2&-1\end{pmatrix}\rightarrow\begin{pmatrix}1&0&0&0&0&2\\0&1&0&0&0&0\\0&0&1&0&0&-2\\0&0&0&1&0&1\\0&0&0&0&1&0\end{pmatrix},$$

知 $k_1=-2l_3,k_2=0,k_3=2l_3,l_1=-l_3,l_2=0,l_3=l_3$,令 $l_3=k,k$ 为任意常数.

故 $\begin{cases}Ax=0,\\Bx=0\end{cases}$ 的基础解系为 $(0,-1,0,1,0)^{\mathrm{T}}$,通解为
$$k_1\alpha_1+k_2\alpha_2+k_3\alpha_3-l_1\beta_1+l_2\beta_2+l_3\beta_3=k(0,-1,0,1,0)^{\mathrm{T}}.$$

（2）$\begin{cases}Ax=0,\\Bx=0\end{cases}$ 的基础解系为 $(0,-1,0,1,0)^{\mathrm{T}}$,知 $5-R\binom{A}{B}=1\Rightarrow R\binom{A}{B}=4$,
$$R(A^{\mathrm{T}}\vdots B^{\mathrm{T}})=R\binom{A}{B}^{\mathrm{T}}=R\binom{A}{B}=4.$$

小结

$\begin{cases}Ax=0,\\Bx=0\end{cases}$ 的通解为 $k_1\alpha_1+k_2\alpha_2+k_3\alpha_3=l_1\beta_1+l_2\beta_2+l_3\beta_3$ 时对应的解,而不是 $k(-2,0,2,-1,0,1)^{\mathrm{T}}$.

例6 设 A 是 n 阶矩阵,对于齐次线性方程组（Ⅰ）$A^nx=0$ 和（Ⅱ）$A^{n+1}x=0$,现有四个命题

（1）（Ⅰ）的解必是（Ⅱ）的解；　　（2）（Ⅱ）的解必是（Ⅰ）的解；

（3）（Ⅰ）的解不是（Ⅱ）的解；　　（4）（Ⅱ）的解不是（Ⅰ）的解.

以上命题中正确的是（　）.

（A）(1)(2)　　　（B）(1)(4)　　　（C）(3)(4)　　　（D）(2)(3)

【答案】 (A)

证明 $A_{m \times n} x = 0, B_{s \times n} x = 0$ 同解:(1) 说明 $A_{m \times n} x = 0$ 的解均为 $B_{s \times n} x = 0$ 的解,且 $B_{s \times n} x = 0$ 的解也均为 $A_{m \times n} x = 0$ 的解;(2) 证明 $R(A) = R(B) = R \begin{pmatrix} A \\ B \end{pmatrix}$.

【解】(1) 显然成立,知(3) 不正确,排除(C)、(D) 两项,由 $A^{n+1} x = 0$,若 A 可逆,知 $A^{-1} A^{n+1} x = 0 = A^{-1} \cdot 0 \Rightarrow A^n x = 0$,排除(4).

若 $A^{n+1} \alpha = 0, A^n \alpha \neq 0 \Rightarrow \alpha, A\alpha, \cdots, A^n \alpha$ 线性无关,与 $n+1$ 个 n 维向量必线性相关矛盾.

事实上,设 $l_0 \alpha + l_1 A\alpha + l_2 A^2 \alpha + \cdots + l_n A^n \alpha = 0$,

两边左乘 A,得 $l_0 A\alpha + l_1 A^2 \alpha + l_2 A^3 \alpha + \cdots + l_{n-1} A^n \alpha = 0$,

两边左乘 A,得 $l_0 A^2 \alpha + l_1 A^3 \alpha + \cdots + l_{n-2} A^n \alpha = 0$,

两边不断左乘 A,得 $l_0 A^{n-1} \alpha + l_1 A^n \alpha = 0$.

两边左乘 A,得 $l_0 A^n \alpha = 0$,因为 $A^n \alpha \neq 0 \Rightarrow l_0 = 0$,不断回代得 $l_0 = l_1 = l_2 = \cdots = l_n = 0$,故 $\alpha, A\alpha, \cdots, A^n \alpha$ 线性无关.

小结

A 为 n 阶方阵:(1) $A^n x = 0$ 与 $A^{n+1} x = 0$ 同解;(2) 若 $A^{n+1} \alpha = 0, A^n \alpha \neq 0 \Rightarrow \alpha, A\alpha, \cdots, A^n \alpha$ 线性无关.

题型6 方程组的应用

一阶溯源

例1 设 $\boldsymbol{\alpha}_1 = \begin{pmatrix} a_1 \\ a_2 \\ a_3 \end{pmatrix}, \boldsymbol{\alpha}_2 = \begin{pmatrix} b_1 \\ b_2 \\ b_3 \end{pmatrix}, \boldsymbol{\alpha}_3 = \begin{pmatrix} c_1 \\ c_2 \\ c_3 \end{pmatrix}$,则三条直线

$$a_1 x + b_1 y + c_1 = 0, a_2 x + b_2 y + c_2 = 0, a_3 x + b_3 y + c_3 = 0,$$

(其中 $a_i^2 + b_i^2 \neq 0, i = 1, 2, 3$) 交于一点的充要条件是( ).

(A) $\boldsymbol{\alpha}_1, \boldsymbol{\alpha}_2, \boldsymbol{\alpha}_3$ 线性相关   (B) $\boldsymbol{\alpha}_1, \boldsymbol{\alpha}_2, \boldsymbol{\alpha}_3$ 线性无关

(C) $R(\boldsymbol{\alpha}_1, \boldsymbol{\alpha}_2, \boldsymbol{\alpha}_3) = R(\boldsymbol{\alpha}_1, \boldsymbol{\alpha}_2)$ (D) $\boldsymbol{\alpha}_1, \boldsymbol{\alpha}_2, \boldsymbol{\alpha}_3$ 线性相关,$\boldsymbol{\alpha}_1, \boldsymbol{\alpha}_2$ 线性无关

【答案】(D)

三条直线交于一点,对应方程组有唯一解,利用方程组解的唯一性判别,说明直线的位置关系.

【解析】三条直线交于一点的充要条件是方程组

$$\begin{cases} a_1x + b_1y + c_1 = 0, \\ a_2x + b_2y + c_2 = 0, \Rightarrow \\ a_3x + b_3y + c_3 = 0 \end{cases} \begin{cases} a_1x + b_1y = -c_1, \\ a_2x + b_2y = -c_2, \\ a_3x + b_3y = -c_3 \end{cases}$$

有唯一解. 记 $\boldsymbol{A} = \begin{pmatrix} a_1 & b_1 \\ a_2 & b_2 \\ a_3 & b_3 \end{pmatrix}, \overline{\boldsymbol{A}} = \begin{pmatrix} a_1 & b_1 & -c_1 \\ a_2 & b_2 & -c_2 \\ a_3 & b_3 & -c_3 \end{pmatrix}, R(\boldsymbol{A}) = R(\overline{\boldsymbol{A}}) = 2,$ 则

$$R(\boldsymbol{\alpha}_1, \boldsymbol{\alpha}_2) = R(\boldsymbol{\alpha}_1, \boldsymbol{\alpha}_2, \boldsymbol{\alpha}_3) = 2 < 3,$$

即 $\boldsymbol{A}$ 的列向量组 $\boldsymbol{\alpha}_1, \boldsymbol{\alpha}_2$ 线性无关, 但 $\overline{\boldsymbol{A}}$ 的列向量 $\boldsymbol{\alpha}_1, \boldsymbol{\alpha}_2, \boldsymbol{\alpha}_3$ 线性相关.

故选(D).

例2 已知四个不同平面 $a_{i1}x + a_{i2}y + a_{i3}z = b_i (i = 1, 2, 3, 4)$ 相交于一条直线, 由平面方程的方程组所构成的增广矩阵为 $\overline{\boldsymbol{A}}$, 行列式 $|\overline{\boldsymbol{A}}|$ 的值为 _____.

【答案】0

> **线索**
>
> 由四个平面相交于一条直线知 $R(\boldsymbol{A}) = R(\overline{\boldsymbol{A}})$.

【解析】记 $\boldsymbol{A} = \begin{pmatrix} a_{11} & a_{12} & a_{13} \\ a_{21} & a_{22} & a_{23} \\ a_{31} & a_{32} & a_{33} \\ a_{41} & a_{42} & a_{43} \end{pmatrix}, \overline{\boldsymbol{A}} = \begin{pmatrix} a_{11} & a_{12} & a_{13} & b_1 \\ a_{21} & a_{22} & a_{23} & b_2 \\ a_{31} & a_{32} & a_{33} & b_3 \\ a_{41} & a_{42} & a_{43} & b_4 \end{pmatrix},$

四个平面相交于一条直线知 $R(\boldsymbol{A}) = R(\overline{\boldsymbol{A}})$.

若 $R(\boldsymbol{A}) = R(\overline{\boldsymbol{A}}) = 3$, 则四个平面相交于一点, 排除此种情况,

若 $R(\boldsymbol{A}) = R(\overline{\boldsymbol{A}}) = 1$, 则四个平面相互重合, 排除此种情况,

故 $R(\boldsymbol{A}) = R(\overline{\boldsymbol{A}}) = 2 < 4 \Rightarrow |\overline{\boldsymbol{A}}| = 0.$

二阶提炼

例3 (2019) 有三个平面两两相交, 交线互相平行, 它们的方程为 $a_{i1}x + a_{i2}y + a_{i3}z = d_i (i = 1, 2, 3)$, 其组成的线性方程组的系数矩阵和增广矩阵分别记为 $\boldsymbol{A}, \overline{\boldsymbol{A}}$, 则(   ).

(A)$R(\boldsymbol{A}) = 2, R(\overline{\boldsymbol{A}}) = 3$　　　　　　(B)$R(\boldsymbol{A}) = 2, R(\overline{\boldsymbol{A}}) = 2$

(C)$R(\boldsymbol{A}) = 1, R(\overline{\boldsymbol{A}}) = 2$　　　　　　(D)$R(\boldsymbol{A}) = 1, R(\overline{\boldsymbol{A}}) = 1$

【答案】(A)

小结

参照如下结论:三个平面 $a_i x + b_i y + c_i z = d_i (i = 1, 2, 3)$,说明三个平面的位置关系.

【解】设三个平面构成的方程组对应的系数矩阵与增广矩阵分别为

$$A = \begin{pmatrix} a_1 & b_1 & c_1 \\ a_2 & b_2 & c_2 \\ a_3 & b_3 & c_3 \end{pmatrix}, \overline{A} = \begin{pmatrix} a_1 & b_1 & c_1 & d_1 \\ a_2 & b_2 & c_2 & d_2 \\ a_3 & b_3 & c_3 & d_3 \end{pmatrix},$$

(1) $R(A) = R(\overline{A}) = 1$,则三个平面重合.

(2) $R(A) = R(\overline{A}) = 2$,则有两个平面的法向量不成比例,故有两个平面相交,假设前两个平面的法向量不成比例,

若 $\dfrac{a_3}{a_1} = \dfrac{b_3}{b_1} = \dfrac{c_3}{c_1} = \dfrac{d_3}{d_1}$ 或 $\dfrac{a_3}{a_2} = \dfrac{b_3}{b_2} = \dfrac{c_3}{c_2} = \dfrac{d_3}{d_2}$,则第三个平面与其中一个平面重合;

若 $\dfrac{a_3}{a_1} = \dfrac{b_3}{b_1} = \dfrac{c_3}{c_1} = \dfrac{d_3}{d_1}$ 或 $\dfrac{a_3}{a_2} = \dfrac{b_3}{b_2} = \dfrac{c_3}{c_2} = \dfrac{d_3}{d_2}$ 均不成立,则三个平面相交于一条直线.

(3) $R(A) = R(\overline{A}) = 3$,则三个平面相交于一点.

(4) $R(A) = 1, R(\overline{A}) = 2$,则三个平面的法向量平行,且有两个平面平行,

假设前两个平面平行,则有 $\dfrac{a_1}{a_2} = \dfrac{b_1}{b_2} = \dfrac{c_1}{c_2} \neq \dfrac{d_1}{d_2}$,

若 $\dfrac{a_3}{a_1} = \dfrac{b_3}{b_1} = \dfrac{c_3}{c_1} \neq \dfrac{d_3}{d_1}, \dfrac{a_3}{a_2} = \dfrac{b_3}{b_2} = \dfrac{c_3}{c_2} \neq \dfrac{d_3}{d_2}$,则三个平面两两平行;

若 $\dfrac{a_3}{a_1} = \dfrac{b_3}{b_1} = \dfrac{c_3}{c_1} = \dfrac{d_3}{d_1}$ 或 $\dfrac{a_3}{a_2} = \dfrac{b_3}{b_2} = \dfrac{c_3}{c_2} = \dfrac{d_3}{d_2}$ 有一个成立,则第三个平面与其中一个平面重合.

(5) $R(A) = 2, R(\overline{A}) = 3$,有两个平面的法向量不成比例,则有两平面相交,

假设前两个平面相交,

若 $\dfrac{a_3}{a_1} = \dfrac{b_3}{b_1} = \dfrac{c_3}{c_1}, \dfrac{a_3}{a_2} = \dfrac{b_3}{b_2} = \dfrac{c_3}{c_2}$ 均不成立,则三个平面两两相交;

若 $\dfrac{a_3}{a_1} = \dfrac{b_3}{b_1} = \dfrac{c_3}{c_1}$ 或 $\dfrac{a_3}{a_2} = \dfrac{b_3}{b_2} = \dfrac{c_3}{c_2}$ 有一个成立,则第三个平面与上述两平面之一平行.

例4 设有三个不同平面的方程 $a_{i1}x + a_{i2}y + a_{i3}z = b_i, i = 1, 2, 3$,它们所组成线性方程组的系数矩阵与增广矩阵的秩都为 2,则这三个平面可能的位置关系为(　　).

(A) 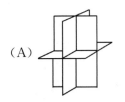   (B)   (C) 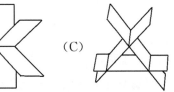   (D)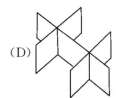

【答案】(B)

小结

参照例 3 小结.

例5 设 $\boldsymbol{\alpha}_i = (a_i, b_i, c_i)^{\mathrm{T}}, i = 1, 2, 3, \boldsymbol{\alpha} = (d_1, d_2, d_3)^{\mathrm{T}}$，则三个平面

$$
\begin{cases}
a_1 x + b_1 y + c_1 z + d_1 = 0, \\
a_2 x + b_2 y + c_2 z + d_2 = 0, \\
a_3 x + b_3 y + c_3 z + d_3 = 0
\end{cases}
$$

两两相交成三条平行直线的充分必要条件为(　　).

(A) $R(\boldsymbol{\alpha}_1, \boldsymbol{\alpha}_2, \boldsymbol{\alpha}_3) = 1, R(\boldsymbol{\alpha}_1, \boldsymbol{\alpha}_2, \boldsymbol{\alpha}_3, \boldsymbol{\alpha}) = 2$

(B) $R(\boldsymbol{\alpha}_1, \boldsymbol{\alpha}_2, \boldsymbol{\alpha}_3) = 2, R(\boldsymbol{\alpha}_1, \boldsymbol{\alpha}_2, \boldsymbol{\alpha}_3, \boldsymbol{\alpha}) = 3$

(C) $\boldsymbol{\alpha}_1, \boldsymbol{\alpha}_2, \boldsymbol{\alpha}_3$ 中任意两个均线性无关，且 $\boldsymbol{\alpha}$ 不能由 $\boldsymbol{\alpha}_1, \boldsymbol{\alpha}_2, \boldsymbol{\alpha}_3$ 线性表出

(D) $\boldsymbol{\alpha}_1, \boldsymbol{\alpha}_2, \boldsymbol{\alpha}_3$ 线性相关，且 $\boldsymbol{\alpha}$ 不能由 $\boldsymbol{\alpha}_1, \boldsymbol{\alpha}_2, \boldsymbol{\alpha}_3$ 线性表出

【答案】(C)

小结

参照例 3 小结，其中(B)项可能存在两平行平面与第三个平面相交.

⚔三阶突破

例6 已知平面上三条不同直线的方程分别为 $\begin{cases} l_1: ax + 2by + 3c = 0, \\ l_2: bx + 2cy + 3a = 0, \\ l_3: cx + 2ay + 3b = 0, \end{cases}$ 试证这三条直线

交于一点的充分必要条件为 $a + b + c = 0$.

线索

(1) 熟练地将几何问题转化为代数问题，在说明行列式的结果时注意完全平方的构造；

(2) 另证充要条件需分清必要条件与充分条件的区别.

【证明】设 $\boldsymbol{A} = \begin{pmatrix} a & 2b \\ b & 2c \\ c & 2a \end{pmatrix}, \overline{\boldsymbol{A}} = \begin{pmatrix} a & 2b & -3c \\ b & 2c & -3a \\ c & 2a & -3b \end{pmatrix}$,

必要性：由三条直线相交于一点知方程组有唯一解，即 $R(\boldsymbol{A}) = R(\overline{\boldsymbol{A}}) = 2$，知

$$|\overline{A}|=0\Rightarrow\begin{vmatrix}a&b&c\\b&c&a\\c&a&b\end{vmatrix}=0$$

$$\Rightarrow(a+b+c)\begin{vmatrix}1&1&1\\b&c&a\\c&a&b\end{vmatrix}=(a+b+c)\begin{vmatrix}1&1&1\\0&c-b&a-b\\0&a-c&b-c\end{vmatrix}$$

$$=-(a+b+c)(a^2+b^2+c^2-ab-bc-ac)$$

$$=-\frac{1}{2}(a+b+c)[(a-b)^2+(b-c)^2+(a-c)^2]=0,$$

若 $a=b=c$ 成立,则 l_1,l_2,l_3 为相同的直线与题意不符,故 $a+b+c=0$.

充分性:若 $a+b+c=0$,知 $R(\overline{A})<3$,

又 A 中存在二阶子式

$$\begin{vmatrix}a&b\\b&c\end{vmatrix}=ac-b^2=-a(a+b)-b^2=-(a^2+b^2+ab)$$

$$=-\frac{1}{2}[(a+b)^2+a^2+b^2]\neq0,$$

故 $R(A)=R(\overline{A})=2$,即原方程组有唯一解.

小结

掌握有关方程组的几何问题:(1) 直线的位置关系;(2) 平面的位置关系.

专项突破小练

方程组 —— 学情测评(A)

一、选择题

1.t 为何值时,方程组 $\begin{cases}tx=3x-9y,\\ty=-x+3y\end{cases}$ 没有非零解,则( ).

(A)$t\neq0$ 且 $t=6$ (B)$t=0$ 且 $t\neq6$

(C)$t=0$ 且 $t=6$ (D)$t\neq0$ 且 $t\neq6$

2.设 $A=\begin{pmatrix}1&2&k\\1&k+1&1\\k&2&1\end{pmatrix}$,$B$ 是 3 阶非零矩阵,且 $AB=O$,则( ).

(A) 当 $k=1$ 时,$R(B)=1$ (B) 当 $k=-3$ 时,$R(B)=1$

(C) 当 $k=1$ 时，$R(\boldsymbol{B})=2$ (D) 当 $k=-3$ 时，$R(\boldsymbol{B})=2$

3. 设 $\boldsymbol{A}$ 为 $n(n\geqslant 2)$ 阶方阵，$\boldsymbol{A}^*$ 为 $\boldsymbol{A}$ 的伴随矩阵，若对任一 n 维列向量 $\boldsymbol{\alpha}$，均有 $\boldsymbol{A}^*\boldsymbol{\alpha}=\boldsymbol{0}$，则齐次线性方程组 $\boldsymbol{Ax}=\boldsymbol{0}$ 的基础解系所含解向量的个数 k 必定满足(　　).

(A) $k=0$ (B) $k=1$ (C) $k>1$ (D) $k=n$

4. 已知 $\boldsymbol{A}=(\boldsymbol{\alpha}_1,\boldsymbol{\alpha}_2,\boldsymbol{\alpha}_3,\boldsymbol{\alpha}_4)$，$\boldsymbol{Ax}=\boldsymbol{0}$ 的通解为 $k(1,0,-1,2)^{\mathrm{T}}$，k 为任意常数，则下列方程组有非零解的是(　　).

(A) $(\boldsymbol{\alpha}_1,\boldsymbol{\alpha}_2,\boldsymbol{\alpha}_3)\boldsymbol{x}=\boldsymbol{0}$ (B) $(\boldsymbol{\alpha}_1,\boldsymbol{\alpha}_2,\boldsymbol{\alpha}_4)\boldsymbol{x}=\boldsymbol{0}$

(C) $(\boldsymbol{\alpha}_1,\boldsymbol{\alpha}_3,\boldsymbol{\alpha}_4)\boldsymbol{x}=\boldsymbol{0}$ (D) $(\boldsymbol{\alpha}_2,\boldsymbol{\alpha}_3,\boldsymbol{\alpha}_4)\boldsymbol{x}=\boldsymbol{0}$

5. $\boldsymbol{\alpha}_1,\boldsymbol{\alpha}_2,\boldsymbol{\alpha}_3,\boldsymbol{\alpha}_4,\boldsymbol{\alpha}_5$ 为 4 维列向量，$\boldsymbol{A}=(\boldsymbol{\alpha}_1,\boldsymbol{\alpha}_2,\boldsymbol{\alpha}_3,\boldsymbol{\alpha}_4)$，$\boldsymbol{Ax}=\boldsymbol{\alpha}_5$ 的通解为 $k(1,-1,2,0)^{\mathrm{T}}+(2,1,0,1)^{\mathrm{T}}$，则下列不正确的是(　　).

(A) $2\boldsymbol{\alpha}_1+\boldsymbol{\alpha}_2+\boldsymbol{\alpha}_4-\boldsymbol{\alpha}_5=\boldsymbol{0}$ (B) $\boldsymbol{\alpha}_5-\boldsymbol{\alpha}_4-2\boldsymbol{\alpha}_3-3\boldsymbol{\alpha}_1=\boldsymbol{0}$

(C) $\boldsymbol{\alpha}_1-\boldsymbol{\alpha}_2+2\boldsymbol{\alpha}_3-\boldsymbol{\alpha}_5=\boldsymbol{0}$ (D) $\boldsymbol{\alpha}_5-\boldsymbol{\alpha}_4+\boldsymbol{\alpha}_3-3\boldsymbol{\alpha}_2=\boldsymbol{0}$

二、填空题

6. 已知矩阵 $\boldsymbol{A}_{5\times 4}$，$R(\boldsymbol{A})=3$，$\boldsymbol{\alpha}_1,\boldsymbol{\alpha}_2,\boldsymbol{\alpha}_3$ 为 $\boldsymbol{Ax}=\boldsymbol{b}$ 的 3 个不同的解，若 $\boldsymbol{\alpha}_1+2\boldsymbol{\alpha}_2-\boldsymbol{\alpha}_3=(1,2,0,1)^{\mathrm{T}}$，$\boldsymbol{\alpha}_2+\boldsymbol{\alpha}_3=(1,2,3,4)^{\mathrm{T}}$，则方程组 $\boldsymbol{Ax}=\boldsymbol{b}$ 的通解为_____.

7. 已知 $\boldsymbol{\xi}_1=(-9,1,2,11)^{\mathrm{T}}$，$\boldsymbol{\xi}_2=(1,-5,13,0)^{\mathrm{T}}$，$\boldsymbol{\xi}_3=(-7,-9,24,11)^{\mathrm{T}}$ 是方程组

$$\begin{cases} a_1x_1+7x_2+a_3x_3+x_4=d_1, \\ 3x_1+b_2x_2+2x_3+2x_4=d_2, \\ 9x_1+4x_2+x_3+7x_4=2 \end{cases}$$

的解，所以方程组的通解是_____.

三、解答题

8. 若 $\boldsymbol{B}\in \mathbf{R}^{3\times 3}$ 且为非零矩阵，又 $\boldsymbol{A}$ 为方程组 $\begin{cases} x_1+2x_2-2x_3=0, \\ 2x_1-x_2+\lambda x_3=0, \\ 3x_1+x_2-x_3=0 \end{cases}$ 的系数矩阵且 $\boldsymbol{AB}=\boldsymbol{O}$，

(1) 求 λ 值；(2) 试证 $|\boldsymbol{B}|=0$.

9. 若 (a,b,c) 是 $\boldsymbol{A}\in \mathbf{R}^{3\times 3}$ 的第一行，a,b,c 不全为零，又矩阵 $\boldsymbol{B}=\begin{pmatrix} 1 & 2 & 3 \\ 2 & 4 & 6 \\ 3 & 6 & k \end{pmatrix}$（$k$ 为常数），

且 $\boldsymbol{AB}=\boldsymbol{O}$，求线性方程组 $\boldsymbol{Ax}=\boldsymbol{0}$ 的通解.

10. 解方程组

$$\begin{cases} 2x_1-2x_2+x_3-x_4+x_5=1, \\ x_1+2x_2-x_3+x_4-2x_5=1, \\ 4x_1-10x_2+5x_3-5x_4+7x_5=1, \\ 2x_1-14x_2+7x_3-7x_4+11x_5=-1. \end{cases}$$

11.求一个齐次线性方程组,使它的基础解系为 $\boldsymbol{\alpha}_1=(0,1,2,3)^{\mathrm{T}},\boldsymbol{\alpha}_2=(3,2,1,0)^{\mathrm{T}}$.

12.设有两个 4 元齐次线性方程组

$$(\text{Ⅰ})\begin{cases}x_1+x_2=0,\\x_2-x_4=0,\end{cases}(\text{Ⅱ})\begin{cases}x_1-x_2+x_3=0,\\x_2-x_3+x_4=0.\end{cases}$$

(1) 求线性方程组(Ⅰ)和(Ⅱ)的基础解系;

(2) 试问方程组(Ⅰ)和(Ⅱ)是否有非零公共解? 若有,则求出所有的非零公共解;若没有,则说明理由.

方程组 —— 学情测评(B)

一、选择题

1.设非齐次线性方程组 $\boldsymbol{Ax}=\boldsymbol{b}$,其中 $\boldsymbol{A}_{m\times n}$,则下列正确的是(　　).

(A) 当 $\boldsymbol{A}$ 的列向量组线性无关,则 $\boldsymbol{Ax}=\boldsymbol{b}$ 有解

(B) 当 $\boldsymbol{A}$ 的行向量组线性无关,则 $\boldsymbol{Ax}=\boldsymbol{b}$ 有解

(C) 当 $\boldsymbol{A}$ 的列向量组线性相关,则 $\boldsymbol{Ax}=\boldsymbol{b}$ 有无穷解

(D) 当 $\boldsymbol{A}$ 的行向量组线性相关,则 $\boldsymbol{Ax}=\boldsymbol{b}$ 有无穷解

2.$\boldsymbol{A}_{3\times4}\boldsymbol{x}=\boldsymbol{b}$ 有通解

$$k_1\boldsymbol{\xi}_1+k_2\boldsymbol{\xi}_2+\boldsymbol{\eta}=k_1(1,2,0,-2)^{\mathrm{T}}+k_2(4,-1,-1,-1)^{\mathrm{T}}+(1,0,-1,1)^{\mathrm{T}},$$

则下列为 $\boldsymbol{Ax}=\boldsymbol{b}$ 的解的是(　　).

(A)$\boldsymbol{\alpha}_1=(1,2,0,-2)^{\mathrm{T}}$　　　　　　　(B)$\boldsymbol{\alpha}_2=(6,1,-2,-2)^{\mathrm{T}}$

(C)$\boldsymbol{\alpha}_3=(3,1,-2,4)^{\mathrm{T}}$　　　　　　　(D)$\boldsymbol{\alpha}_4=(5,1,-1,-3)^{\mathrm{T}}$

3.$\boldsymbol{A}=\begin{pmatrix}1&-1&2\\3&a+1&4\\5&a-1&a+4\end{pmatrix}$,若 $\boldsymbol{Ax}=\boldsymbol{0}$ 的任一非零解都由向量 $\boldsymbol{\alpha}$ 线性表示,则 $a=$(　　).

(A)4　　　　　　(B)4　　　　　　(C)4 或 -4　　　　　　(D) 不存在

4.n 阶矩阵 $\boldsymbol{A}$ 的行列式中元素 a_{12} 对应的代数余子式 $A_{12}\neq0$,且 $\boldsymbol{\eta}_1,\boldsymbol{\eta}_2$ 为 $\boldsymbol{Ax}=\boldsymbol{b}$ 的两个不同解,则 $\boldsymbol{Ax}=\boldsymbol{0}$ 的基础解系中解向量的个数为(　　)个.

(A)0　　　　　　(B)1　　　　　　(C)2　　　　　　(D)3

二、填空题

5.设 $\boldsymbol{\eta}_1=(0,4,0)^{\mathrm{T}},\boldsymbol{\eta}_2=(-3,3,1)^{\mathrm{T}}$ 是线性方程组

$$\begin{cases}x_1+x_2+4x_3=4,\\x_1-x_2+2x_3=-4,\\a_1x_1+a_2x_2+a_3x_3=a_4\end{cases}$$

的两个解，则此方程的通解为_____.

6. 设 $A = \begin{pmatrix} 1 & 3 & 5 \\ 2 & 5 & 7 \\ 3 & 7 & 9 \end{pmatrix}$，$AB = O$，$B$ 为非零矩阵，则 $B^{\mathrm{T}}x = 0$ 的通解为_____.

7. 已知 $A_{3\times3}$ 为正交矩阵，元素 $a_{11} = 1$，$b = (1,0,0)^{\mathrm{T}}$，则 $Ax = b$ 的通解为_____.

三、解答题

8. 已知线性方程组

$$\begin{cases} x_1 + x_2 - 2x_3 + 3x_4 = 0, \\ 2x_1 + x_2 - 6x_3 + 4x_4 = -1, \\ 3x_1 + 2x_2 + px_3 + 7x_4 = -1, \\ x_1 - x_2 - 6x_3 - x_4 = t, \end{cases}$$

讨论参数 p，t 取何值时，方程组有解、无解？当有解时，试用其对应齐次方程组的基础解系表示通解.

9. 若

$$\begin{cases} x_1 + x_2 + x_3 = 0, \\ ax_1 + bx_2 + cx_3 = 0, \\ a^2x_1 + b^2x_2 + c^2x_3 = 0, \end{cases}$$

(1) a，b，c 为何关系时方程组仅有零解；(2) a，b，c 为何关系时方程组有非零解.

10. 设 $\boldsymbol{\alpha}_i = (a_{i1}, a_{i2}, \cdots, a_{in})$，$x = (x_1, x_2, \cdots, x_n)^{\mathrm{T}}$，$A = (a_{ij})_{n\times n}$，$R(A) = n$，又设方程组

$$\begin{pmatrix} \boldsymbol{\alpha}_1 \\ \boldsymbol{\alpha}_2 \\ \vdots \\ \boldsymbol{\alpha}_r \end{pmatrix} x = 0,$$

试证：$\boldsymbol{\beta}_1 = (A_{r+1,1}, \cdots, A_{r+1,n})^{\mathrm{T}}, \cdots, \boldsymbol{\beta}_{n-r} = (A_{n,1}, \cdots, A_{n,n})^{\mathrm{T}}$ 为该方程组的一组基础解系，其中 A_{ij} 是 A 中元素 a_{ij} 的代数余子式.

11. 已知 $AX = B$，其中 $A = \begin{pmatrix} 1 & 3 & 3 \\ 2 & 6 & 9 \\ -1 & -3 & 3 \end{pmatrix}$，$B = \begin{pmatrix} 2 & -1 & 1 \\ 7 & 4 & -1 \\ 4 & 13 & -7 \end{pmatrix}$，求矩阵 X.

12. 矩阵 $A_{2\times4}$，$B_{2\times4}$，$Ax = 0$ 的基础解系 $\boldsymbol{\xi}_1 = (1,3,0,2)^{\mathrm{T}}$，$\boldsymbol{\xi}_2 = (1,2,-1,3)^{\mathrm{T}}$，$Bx = 0$ 的基础解系 $\boldsymbol{\eta}_1 = (1,1,2,1)^{\mathrm{T}}$，$\boldsymbol{\eta}_2 = (0,-3,1,a+1)^{\mathrm{T}}$，

(1) 求矩阵 A；

(2) 求参数 a 为何值，使 $Ax = 0$ 与 $Bx = 0$ 有非零公共解，并求此公共解.

向量 —— 学情测评(A) 答案部分

一、选择题

1.【答案】(B)

【解析】按特征值及特征向量的定义,有

$$A(\boldsymbol{\alpha}_1+\boldsymbol{\alpha}_2)=A\boldsymbol{\alpha}_1+A\boldsymbol{\alpha}_2=\lambda_1\boldsymbol{\alpha}_1+\lambda_2\boldsymbol{\alpha}_2,$$

而 $\boldsymbol{\alpha}_1,A(\boldsymbol{\alpha}_1+\boldsymbol{\alpha}_2)$ 线性无关 $\Leftrightarrow k_1\boldsymbol{\alpha}_1+k_2A(\boldsymbol{\alpha}_1+\boldsymbol{\alpha}_2)=\boldsymbol{0},k_1,k_2$ 恒为 0

$$\Leftrightarrow(k_1+\lambda_1 k_2)\boldsymbol{\alpha}_1+\lambda_2 k_2\boldsymbol{\alpha}_2=\boldsymbol{0},k_1,k_2$$ 恒为 0.

由于不同特征值的特征向量线性无关,所以 $\boldsymbol{\alpha}_1,\boldsymbol{\alpha}_2$ 线性无关,于是

$$\begin{cases} k_1+\lambda_1 k_2=0, \\ \lambda_2 k_2=0, \end{cases} k_1,k_2$$ 恒为 0.

而齐次方程组 $\begin{cases} k_1+\lambda_1 k_2=0, \\ \lambda_2 k_2=0 \end{cases}$ 只有零解,故

$$\begin{vmatrix} 1 & \lambda_1 \\ 0 & \lambda_2 \end{vmatrix}\neq 0 \Leftrightarrow \lambda_2\neq 0.$$

故选(B).

2.【答案】(C)

【解析】原式可化为 $a(\boldsymbol{\alpha}+\boldsymbol{\xi})+b(\boldsymbol{\beta}+\boldsymbol{\eta})+c(\boldsymbol{\gamma}+\boldsymbol{\zeta})+k(\boldsymbol{\alpha}-\boldsymbol{\xi})+l(\boldsymbol{\beta}-\boldsymbol{\eta})+m(\boldsymbol{\gamma}-\boldsymbol{\zeta})=\boldsymbol{0}.$
故选(C).

3.【答案】(C)

【解析】对于(A)项,取 $\boldsymbol{\alpha}_1=\begin{pmatrix}1\\0\end{pmatrix},\boldsymbol{\beta}_1=\begin{pmatrix}0\\1\end{pmatrix}$,则 $\boldsymbol{\alpha}_1$ 与 $\boldsymbol{\beta}_1$ 秩相等,但 $\boldsymbol{\alpha}_1$ 与 $\boldsymbol{\beta}_1$ 并不等价,排除(A)项;

取 $\boldsymbol{\alpha}_1=\begin{pmatrix}1\\1\end{pmatrix},\boldsymbol{\alpha}_2=\begin{pmatrix}1\\2\end{pmatrix},\boldsymbol{\alpha}_3=\begin{pmatrix}2\\1\end{pmatrix}$,可由 $\boldsymbol{\beta}_1=\begin{pmatrix}1\\0\end{pmatrix},\boldsymbol{\beta}_2=\begin{pmatrix}0\\1\end{pmatrix}$ 线性表示,但 $3>2$,可排除(B)项;

取 $\boldsymbol{\alpha}_1=\begin{pmatrix}1\\1\end{pmatrix},\boldsymbol{\alpha}_2=\begin{pmatrix}0\\1\end{pmatrix},\boldsymbol{\alpha}_3=\begin{pmatrix}1\\0\end{pmatrix},\boldsymbol{\alpha}_4=\begin{pmatrix}2\\2\end{pmatrix}$,则 $\boldsymbol{\alpha}_1,\boldsymbol{\alpha}_2,\boldsymbol{\alpha}_3,\boldsymbol{\alpha}_4$ 与 $\boldsymbol{\alpha}_2,\boldsymbol{\alpha}_3,\boldsymbol{\alpha}_4$ 均线性相关,且 $\boldsymbol{\alpha}_1$ 可由 $\boldsymbol{\alpha}_2,\boldsymbol{\alpha}_3,\boldsymbol{\alpha}_4$ 线性表示,排除(D)项.

故选(C).

二、填空题

4.【答案】一切不为零的实数

【解析】$\boldsymbol{\beta}$ 可由 $\boldsymbol{\alpha}_1,\boldsymbol{\alpha}_2,\boldsymbol{\alpha}_3$ 唯一线性表出的充要条件是 $\boldsymbol{\alpha}_1,\boldsymbol{\alpha}_2,\boldsymbol{\alpha}_3$ 线性无关,即

$$\begin{vmatrix} 1-k & 1 & 1 \\ 1 & 1+k & 1 \\ 1 & 1 & k \end{vmatrix} = k(1-k^2)+1+1-(1+k)-(1-k)-k = -k^3 \neq 0,$$

故满足要求的 k 值为一切不为零的实数.

5.【答案】2;2

【解析】向量组 $\boldsymbol{\alpha}_1, \boldsymbol{\alpha}_2, \boldsymbol{\alpha}_3$ 线性无关的充要条件是

$$\begin{vmatrix} 1 & 1 & 1 \\ t & 2 & t \\ 2 & 3 & t \end{vmatrix} = 2t+3t+2t-4-3t-t^2 = -t^2+4t-4,$$

即 $t=2$ 时, $\boldsymbol{\alpha}_1, \boldsymbol{\alpha}_2, \boldsymbol{\alpha}_3$ 线性相关, $t \neq 2$ 时 $\boldsymbol{\alpha}_1, \boldsymbol{\alpha}_2, \boldsymbol{\alpha}_3$ 线性无关.

6.【答案】$\boldsymbol{\gamma} = (2t, 2t, 3t), t \in \mathbf{R}$

【解析】设在两组基下有相同坐标的向量是 $\boldsymbol{\gamma}$, 则

$$\boldsymbol{\gamma} = x_1\boldsymbol{\alpha}_1 + x_2\boldsymbol{\alpha}_2 + x_3\boldsymbol{\alpha}_3 = x_1\boldsymbol{\beta}_1 + x_2\boldsymbol{\beta}_2 + x_3\boldsymbol{\beta}_3,$$

从而

$$x_1(\boldsymbol{\beta}_1-\boldsymbol{\alpha}_1) + x_2(\boldsymbol{\beta}_2-\boldsymbol{\alpha}_2) + x_3(\boldsymbol{\beta}_3-\boldsymbol{\alpha}_3) = \mathbf{0}.$$

设齐次方程组

$$\begin{pmatrix} 1 & 3 & -2 \\ -1 & -1 & -4 \\ 0 & -1 & 3 \end{pmatrix} \begin{pmatrix} x_1 \\ x_2 \\ x_3 \end{pmatrix} = \begin{pmatrix} 0 \\ 0 \\ 0 \end{pmatrix}.$$

由 $\begin{bmatrix} 1 & 3 & -2 \\ -1 & -1 & -4 \\ 0 & -1 & 3 \end{bmatrix} \rightarrow \begin{bmatrix} 1 & 0 & 7 \\ 0 & 1 & -3 \\ 0 & 0 & 0 \end{bmatrix}$, 得

$$x_1 = -7t, x_2 = 3t, x_3 = t, t \in \mathbf{R},$$

故

$$\boldsymbol{\gamma} = -7t\boldsymbol{\alpha}_1 + 3t\boldsymbol{\alpha}_2 + t\boldsymbol{\alpha}_3 = (2t, 2t, 3t)^{\mathrm{T}}, t \in \mathbf{R}.$$

三、解答题

7.【解】对 $\boldsymbol{A} = (\boldsymbol{\alpha}_1, \boldsymbol{\alpha}_2, \boldsymbol{\alpha}_3, \boldsymbol{\alpha}_4, \boldsymbol{\alpha}_5)$ 施行初等行变换,

$$A = \begin{pmatrix} 1 & -1 & -2 & 4 & 3 \\ -1 & 3 & 6 & -1 & -2 \\ 1 & 5 & 10 & 6 & -1 \\ 3 & 1 & a & 10 & b \end{pmatrix} \rightarrow \begin{pmatrix} 1 & -1 & -2 & 4 & 3 \\ 0 & 2 & 4 & 3 & 1 \\ 0 & 6 & 12 & 2 & -4 \\ 0 & 4 & a+6 & -2 & b-9 \end{pmatrix}$$

$$\rightarrow \begin{pmatrix} 1 & -1 & -2 & 4 & 3 \\ 0 & 2 & 4 & 3 & 1 \\ 0 & 0 & 0 & -7 & -7 \\ 0 & 0 & a-2 & -8 & b-11 \end{pmatrix} \rightarrow \begin{pmatrix} 1 & -1 & -2 & 4 & 3 \\ 0 & 2 & 4 & 3 & 1 \\ 0 & 0 & 0 & 1 & 1 \\ 0 & 0 & a-2 & 0 & b-3 \end{pmatrix}.$$

当 $a=2$ 且 $b=3$ 时,$R(\boldsymbol{B})=3$,$\boldsymbol{B}$ 中第 $1,2,4$ 列线性无关,故向量组的秩为 3,$\boldsymbol{\alpha}_1,\boldsymbol{\alpha}_2,\boldsymbol{\alpha}_4$ 构成极大线性无关组.

当 $a \neq 2$ 时,$R(\boldsymbol{B})=4$,$\boldsymbol{B}$ 中第 $1,2,3,4$ 列线性无关,故向量组的秩为 4,$\boldsymbol{\alpha}_1,\boldsymbol{\alpha}_2,\boldsymbol{\alpha}_3,\boldsymbol{\alpha}_4$ 构成极大线性无关组.

当 $b \neq 3$ 时,$R(\boldsymbol{B})=4$,$\boldsymbol{B}$ 中第 $1,2,4,5$ 列线性无关,故向量组的秩为 4,$\boldsymbol{\alpha}_1,\boldsymbol{\alpha}_2,\boldsymbol{\alpha}_4,\boldsymbol{\alpha}_5$ 构成极大线性无关组.

8.【证明】(1) 设 $k_1\boldsymbol{\eta}_1 + k_2(\boldsymbol{\eta}_1 - \boldsymbol{\eta}_2) = \boldsymbol{0}$,则

$$k_1\boldsymbol{A}\boldsymbol{\eta}_1 + k_2(\boldsymbol{A}\boldsymbol{\eta}_1 - \boldsymbol{A}\boldsymbol{\eta}_2) = \boldsymbol{0},$$

即

$$k_1\boldsymbol{b} + k_2(\boldsymbol{b} - \boldsymbol{b}) = \boldsymbol{0}, k_1\boldsymbol{b} = \boldsymbol{0} \Rightarrow k_1 = 0,$$

故进一步有

$$k_2(\boldsymbol{\eta}_1 - \boldsymbol{\eta}_2) = \boldsymbol{0},$$

由于 $\boldsymbol{\eta}_1 \neq \boldsymbol{\eta}_2$,知 $k_2 = 0$.根据定义知 $\boldsymbol{\eta}_1, \boldsymbol{\eta}_1 - \boldsymbol{\eta}_2$ 线性无关.

(2) 由于 $\boldsymbol{\xi}$ 与 $\boldsymbol{\eta}_1 - \boldsymbol{\eta}_2$ 均为 $\boldsymbol{A}\boldsymbol{x} = \boldsymbol{0}$ 的非零解,且由 $R(\boldsymbol{A}) = n-1$ 知,$\boldsymbol{\xi}, \boldsymbol{\eta}_1 - \boldsymbol{\eta}_2$ 线性相关,即存在不全为零的数 k_1, k_2,使得

$$k_1\boldsymbol{\xi} + k_2(\boldsymbol{\eta}_1 - \boldsymbol{\eta}_2) = \boldsymbol{0},$$

易知 $k_1 \neq 0$,否则 $k_2(\boldsymbol{\eta}_1 - \boldsymbol{\eta}_2) = \boldsymbol{0}$ 必有 $k_2 = 0$,这与 k_1, k_2 不全为零矛盾,故

$$\boldsymbol{\xi} = -\frac{k_2}{k_1}\boldsymbol{\eta}_1 + \frac{k_2}{k_1}\boldsymbol{\eta}_2,$$

即 $\boldsymbol{\xi}$ 可由 $\boldsymbol{\eta}_1, \boldsymbol{\eta}_2$ 线性表示,因此 $\boldsymbol{\xi}, \boldsymbol{\eta}_1, \boldsymbol{\eta}_2$ 线性相关.

9.【解】将 $\boldsymbol{\alpha}_1, \boldsymbol{\alpha}_2, \boldsymbol{\alpha}_3, \boldsymbol{\beta}$ 代入 $x_1\boldsymbol{\alpha}_1 + x_2\boldsymbol{\alpha}_2 + x_3\boldsymbol{\alpha}_3 = \boldsymbol{\beta}$,并比较两端分量,得方程组

$$\begin{cases} (\lambda+3)x_1+x_2+2x_3=\lambda, \\ \lambda x_1+(\lambda-1)x_2+x_3=\lambda, \\ (3\lambda+3)x_1+\lambda x_2+(\lambda+3)x_3=3, \end{cases}$$

系数行列式

$$|\boldsymbol{A}|=\begin{vmatrix} \lambda+3 & 1 & 2 \\ \lambda & \lambda-1 & 1 \\ 3\lambda+3 & \lambda & \lambda+3 \end{vmatrix}=\lambda^2(\lambda-1),$$

当 $\lambda\neq0$ 且 $\lambda\neq1$ 时,方程组有唯一解,故 $\boldsymbol{\beta}$ 可由 $\boldsymbol{\alpha}_1,\boldsymbol{\alpha}_2,\boldsymbol{\alpha}_3$ 线性表示,且表示式唯一;

当 $\lambda=1$,$R(\boldsymbol{A})=R(\overline{\boldsymbol{A}})=2$,方程组有无穷多解,故 $\boldsymbol{\beta}$ 可由 $\boldsymbol{\alpha}_1,\boldsymbol{\alpha}_2,\boldsymbol{\alpha}_3$ 线性表示,但表示式不唯一;

当 $\lambda=0$,$R(\boldsymbol{A})=2$,$R(\overline{\boldsymbol{A}})=3$,方程组无解,故 $\boldsymbol{\beta}$ 不能由 $\boldsymbol{\alpha}_1,\boldsymbol{\alpha}_2,\boldsymbol{\alpha}_3$ 线性表示.

向量 —— 学情测评(B) 答案部分

一、选择题

1.【答案】(C)

【解析】(A)、(B) 两项不正确,若将"任意"都改为"存在",结论就正确.(D) 项也不正确,对于矩阵 $\boldsymbol{A}_{m\times n}$,只通过初等列变换是不能保证将其化为 $\begin{pmatrix}\boldsymbol{E}_n\\\boldsymbol{O}\end{pmatrix}$ 的,也可举反例 $\begin{pmatrix}1&0\\0&0\\0&1\end{pmatrix}$ 说明(D) 项不正确,而 $\boldsymbol{A}$ 通过初等行变换化为行最简为 $\begin{pmatrix}\boldsymbol{E}_n\\\boldsymbol{O}\end{pmatrix}$ 形式.

故选(C).

2.【答案】(C)

【解析】若向量 $\boldsymbol{\alpha}_1,\boldsymbol{\alpha}_2,\boldsymbol{\alpha}_3$ 线性无关,则

$$(\boldsymbol{\alpha}_1+\boldsymbol{\alpha}_2,\boldsymbol{\alpha}_2+\boldsymbol{\alpha}_3,k\boldsymbol{\alpha}_1+l\boldsymbol{\alpha}_3)=(\boldsymbol{\alpha}_1,\boldsymbol{\alpha}_2,\boldsymbol{\alpha}_3)\begin{pmatrix}1&0&k\\1&1&0\\0&1&l\end{pmatrix},$$

记为 $\boldsymbol{B}=\boldsymbol{AC}$,由于 $\boldsymbol{\alpha}_1,\boldsymbol{\alpha}_2,\boldsymbol{\alpha}_3$ 线性无关,则 $R(\boldsymbol{A})=3$,因为向量组 $\boldsymbol{\alpha}_1+\boldsymbol{\alpha}_2,\boldsymbol{\alpha}_2+\boldsymbol{\alpha}_3,k\boldsymbol{\alpha}_1+l\boldsymbol{\alpha}_3$ 线性相关,则 $R(\boldsymbol{AC})<3$,所以

$$R(\boldsymbol{C})<3\Rightarrow|\boldsymbol{C}|=0\Rightarrow\begin{vmatrix}1&0&k\\1&1&0\\0&1&l\end{vmatrix}=0\Rightarrow k+l=0.$$

故选(C).

3.【答案】(B)

【解析】令 $A = (\alpha_1^T, \alpha_2^T, \alpha_3^T, \alpha_4^T, \alpha_5^T)$，对矩阵 A 作初等行变换化为行阶梯形矩阵，得

$$A = (\alpha_1^T, \alpha_2^T, \alpha_3^T, \alpha_4^T, \alpha_5^T) = \begin{pmatrix} 1 & 0 & 3 & 1 & 2 \\ -1 & 3 & 0 & -2 & 1 \\ 2 & 1 & 7 & 2 & 5 \\ 4 & 2 & 14 & 0 & 10 \end{pmatrix}$$

$$\rightarrow \begin{pmatrix} 1 & 0 & 3 & 1 & 2 \\ 0 & 3 & 3 & -1 & 3 \\ 0 & 1 & 1 & 0 & 1 \\ 0 & 2 & 2 & -4 & 2 \end{pmatrix} \rightarrow \begin{pmatrix} 1 & 0 & 3 & 1 & 2 \\ 0 & 1 & 1 & 0 & 1 \\ 0 & 0 & 0 & 1 & 0 \\ 0 & 0 & 0 & 0 & 0 \end{pmatrix}.$$

即向量组 $\alpha_1, \alpha_2, \alpha_3, \alpha_4, \alpha_5$ 秩为 3，因此极大无关组含有 3 个线性无关的向量，排除(D)项，根据 A 的行阶梯形，可知 $\alpha_1, \alpha_2, \alpha_4$ 是该向量组的一个极大无关组.

故选(B).

4.【答案】(D)

【解析】对于（A）项，向量组 $\alpha_1, \alpha_2, \cdots, \alpha_m$ 可由向量组 $\beta_1, \beta_2, \cdots, \beta_m$ 线性表示，得 $m = R(\alpha_1, \alpha_2, \cdots, \alpha_m) \leqslant R(\beta_1, \beta_2, \cdots, \beta_m)$，可得 $\beta_1, \beta_2, \cdots, \beta_m$ 线性无关，即（A）项是充分条件.反之，由 $\alpha_1, \alpha_2, \cdots, \alpha_m$ 和 $\beta_1, \beta_2, \cdots, \beta_m$ 都线性无关，得不到向量组 $\alpha_1, \alpha_2, \cdots, \alpha_m$ 可由向量组 $\beta_1, \beta_2, \cdots, \beta_m$ 线性表示，例如 $\alpha_1 = \begin{pmatrix} 1 \\ 0 \\ 0 \end{pmatrix}, \alpha_2 = \begin{pmatrix} 0 \\ 1 \\ 0 \end{pmatrix}, \beta_1 = \begin{pmatrix} 1 \\ 0 \\ 0 \end{pmatrix} \beta_2 = \begin{pmatrix} 0 \\ 0 \\ 1 \end{pmatrix}, \alpha_1, \alpha_2$ 和 β_1, β_2 都线性无关，但 α_1, α_2 不可由 β_1, β_2 线性表示.

对于(B)项，由向量组 $\beta_1, \beta_2, \cdots, \beta_m$ 可由向量组 $\alpha_1, \alpha_2, \cdots, \alpha_m$ 线性表示，得 $R(\beta_1, \beta_2, \cdots, \beta_m) \leqslant R(\alpha_1, \alpha_2, \cdots, \alpha_m) = m$，故 $\beta_1, \beta_2, \cdots, \beta_m$ 有可能线性相关，也可能线性无关.

对于(C)项，分析同（A）项，是充分条件但不是必要条件.

对于(D)项，矩阵 $A = (\alpha_1, \alpha_2, \cdots, \alpha_m)$ 与矩阵 $B = (\beta_1, \beta_2, \cdots, \beta_m)$ 等价，$\alpha_1, \alpha_2, \cdots, \alpha_m$ 线性无关，得 $R(\beta_1, \beta_2, \cdots, \beta_m) = m$，得 $\beta_1, \beta_2, \cdots, \beta_m$ 线性无关，满足充分性，反之由 $\alpha_1, \alpha_2, \cdots, \alpha_m$ 和 $\beta_1, \beta_2, \cdots, \beta_m$ 都线性无关，得 $R(\alpha_1, \alpha_2, \cdots, \alpha_m) = R(\beta_1, \beta_2, \cdots, \beta_m) = m$，得矩阵 $A = (\alpha_1, \alpha_2, \cdots, \alpha_m)$ 与矩阵 $B = (\beta_1, \beta_2, \cdots, \beta_m)$ 等价，满足必要性，所以(D)项是充要条件.

故选(D).

二、填空题

5.【答案】3

【解析】由 $r(\text{I}) = 2$，得 α_1, α_2 线性无关.

由 $r(\text{II}) = 2, \alpha_1, \alpha_2, \alpha_3$ 线性相关，得 α_3 可由 α_1, α_2 线性表示且表示法唯一，即 $\alpha_3 = k_1 \alpha_1 + k_2 \alpha_2$.

由 $r(\text{III}) = 3$，得 $\alpha_1, \alpha_2, \alpha_4$ 线性无关.

$$(\pmb{\alpha}_1, \pmb{\alpha}_2, 2\pmb{\alpha}_3 - 3\pmb{\alpha}_4) = (\pmb{\alpha}_1, \pmb{\alpha}_2, 2k_1\pmb{\alpha}_1 + 2k_2\pmb{\alpha}_2 - 3\pmb{\alpha}_4) = (\pmb{\alpha}_1, \pmb{\alpha}_2, \pmb{\alpha}_4)\begin{pmatrix} 1 & 0 & 2k_1 \\ 0 & 1 & 2k_2 \\ 0 & 0 & -3 \end{pmatrix},$$

令 $\pmb{C} = \begin{pmatrix} 1 & 0 & 2k_1 \\ 0 & 1 & 2k_2 \\ 0 & 0 & -3 \end{pmatrix}$,由 $|\pmb{C}| \neq 0$,可知

$$R(\pmb{\alpha}_1, \pmb{\alpha}_2, \pmb{\alpha}_3 - 3\pmb{\alpha}_4) = R(\pmb{\alpha}_1, \pmb{\alpha}_2, \pmb{\alpha}_4) = 3.$$

6.【答案】$t \neq 7$;$t = 7$,$(-7t+1)\pmb{\alpha}_1 + (5t+1)\pmb{\alpha}_2 + t\pmb{\alpha}_3$,$t \in \mathbf{R}$

【解析】$(\pmb{\alpha}_1, \pmb{\alpha}_2, \pmb{\alpha}_3, \pmb{\beta}) = \begin{pmatrix} 1 & 1 & 2 & 2 \\ 2 & 3 & -1 & 5 \\ 3 & 4 & 1 & t \end{pmatrix} \rightarrow \begin{pmatrix} 1 & 1 & 2 & 2 \\ 0 & 1 & -5 & 1 \\ 0 & 1 & -5 & t-6 \end{pmatrix} \rightarrow \begin{pmatrix} 1 & 1 & 2 & 2 \\ 0 & 1 & -5 & 1 \\ 0 & 0 & 0 & t-7 \end{pmatrix},$

(1) 当 $t \neq 7$ 时,$R(\pmb{\alpha}_1, \pmb{\alpha}_2, \pmb{\alpha}_3) = 2 \neq R(\pmb{\alpha}_1, \pmb{\alpha}_2, \pmb{\alpha}_3, \pmb{\beta}) = 3$,$\pmb{Ax} = \pmb{\beta}$ 无解,$\pmb{\beta}$ 不能由 $\pmb{\alpha}_1, \pmb{\alpha}_2$, $\pmb{\alpha}_3$ 线性表出.

(2) 当 $t = 7$ 时,$R(\pmb{\alpha}_1, \pmb{\alpha}_2, \pmb{\alpha}_3) = 2 = R(\pmb{\alpha}_1, \pmb{\alpha}_2, \pmb{\alpha}_3, \pmb{\beta}) = 2 < 3$,得 $\pmb{Ax} = \pmb{\beta}$ 有无穷多解,由

$$(\pmb{\alpha}_1, \pmb{\alpha}_2, \pmb{\alpha}_3, \pmb{\beta}) \rightarrow \begin{pmatrix} 1 & 0 & 7 & 1 \\ 0 & 1 & -5 & 1 \\ 0 & 0 & 0 & 0 \end{pmatrix}$$

得非齐次线性方程组 $\pmb{Ax} = \pmb{\beta}$ 的通解为

$$\pmb{x} = \begin{pmatrix} -7t+1 \\ 5t+1 \\ t \end{pmatrix}, t \in \mathbf{R},$$

得

$$\pmb{\beta} = (-7t+1)\pmb{\alpha}_1 + (5t+1)\pmb{\alpha}_2 + t\pmb{\alpha}_3, t \in \mathbf{R}.$$

三、解答题

7.【解】(1) 由 $\pmb{\beta}$ 可由向量组 $\pmb{\alpha}_1, \pmb{\alpha}_2, \cdots, \pmb{\alpha}_m$ 线性表出,得

$$\pmb{\beta} = k_1\pmb{\alpha}_1 + k_2\pmb{\alpha}_2 + \cdots + k_m\pmb{\alpha}_m. \qquad ①$$

但 $\pmb{\beta}$ 不能由向量组 $\pmb{\alpha}_1, \pmb{\alpha}_2, \cdots, \pmb{\alpha}_{m-1}$ 线性表出,得 $k_m \neq 0$.从而

$$\pmb{\alpha}_m = -\frac{k_1}{k_m}\pmb{\alpha}_1 - \frac{k_2}{k_m}\pmb{\alpha}_2 - \cdots - \frac{k_{m-1}}{k_m}\pmb{\alpha}_{m-1} + \frac{1}{k_m}\pmb{\beta}.$$

即 $\pmb{\alpha}_m$ 可由向量组 $\pmb{\alpha}_1, \pmb{\alpha}_2, \cdots, \pmb{\alpha}_{m-1}, \pmb{\beta}$ 线性表出.

(2) 假设 $\pmb{\alpha}_m$ 可由向量组 $\pmb{\alpha}_1, \pmb{\alpha}_2, \cdots, \pmb{\alpha}_{m-1}$ 线性表出,即

$$\boldsymbol{\alpha}_m = l_1\boldsymbol{\alpha}_1 + l_2\boldsymbol{\alpha}_2 + \cdots + l_{m-1}\boldsymbol{\alpha}_{m-1}. \qquad ②$$

由 $\boldsymbol{\beta}$ 可由向量组 $\boldsymbol{\alpha}_1, \boldsymbol{\alpha}_2, \cdots, \boldsymbol{\alpha}_m$ 线性表出,即

$$\boldsymbol{\beta} = k_1\boldsymbol{\alpha}_1 + k_2\boldsymbol{\alpha}_2 + \cdots + k_m\boldsymbol{\alpha}_m.$$

将 ② 代入 ① 得 $\boldsymbol{\beta}$ 可由 $\boldsymbol{\alpha}_1, \boldsymbol{\alpha}_2, \cdots, \boldsymbol{\alpha}_{m-1}$ 线性表出,与已知矛盾,假设错误,得 $\boldsymbol{\alpha}_m$ 不能由 $\boldsymbol{\alpha}_1$, $\boldsymbol{\alpha}_2, \cdots, \boldsymbol{\alpha}_{m-1}$ 线性表出.

8.【解】当 $R(\boldsymbol{\alpha}_1, \boldsymbol{\alpha}_2, \boldsymbol{\alpha}_3) = R(\boldsymbol{\beta}_1, \boldsymbol{\beta}_2, \boldsymbol{\beta}_3) = R(\boldsymbol{\alpha}_1, \boldsymbol{\alpha}_2, \boldsymbol{\alpha}_3, \boldsymbol{\beta}_1, \boldsymbol{\beta}_2, \boldsymbol{\beta}_3)$ 时,向量组(Ⅰ)与(Ⅱ)等价.

由 $\begin{bmatrix} 1 & 1 & 1 \\ 0 & 1 & -1 \\ 2 & 3 & a+2 \end{bmatrix} \rightarrow \begin{bmatrix} 1 & 1 & 1 \\ 0 & 1 & -1 \\ 0 & 1 & a \end{bmatrix} \rightarrow \begin{bmatrix} 1 & 1 & 1 \\ 0 & 1 & -1 \\ 0 & 0 & a+1 \end{bmatrix}$ 得

$$R(\boldsymbol{\alpha}_1, \boldsymbol{\alpha}_2, \boldsymbol{\alpha}_3) = \begin{cases} 2, & a = -1, \\ 3, & a \neq -1. \end{cases}$$

由 $\begin{pmatrix} 1 & 2 & 2 \\ 2 & 1 & 1 \\ a+3 & a+6 & a+4 \end{pmatrix} \rightarrow \begin{pmatrix} 1 & 2 & 2 \\ 0 & -3 & -3 \\ a & a & a-2 \end{pmatrix} \rightarrow \begin{pmatrix} 1 & 2 & 2 \\ 0 & -3 & -3 \\ 0 & -a & -a-2 \end{pmatrix} \rightarrow \begin{pmatrix} 1 & 2 & 2 \\ 0 & 1 & 1 \\ 0 & 0 & -2 \end{pmatrix}$ 得

$$R(\boldsymbol{\beta}_1, \boldsymbol{\beta}_2, \boldsymbol{\beta}_3) = 3.$$

(1) 当 $a \neq -1$ 时,$R(\boldsymbol{\alpha}_1, \boldsymbol{\alpha}_2, \boldsymbol{\alpha}_3) = R(\boldsymbol{\beta}_1, \boldsymbol{\beta}_2, \boldsymbol{\beta}_3) = R(\boldsymbol{\alpha}_1, \boldsymbol{\alpha}_2, \boldsymbol{\alpha}_3, \boldsymbol{\beta}_1, \boldsymbol{\beta}_2, \boldsymbol{\beta}_3) = 3$,此时(Ⅰ)与(Ⅱ)等价.

(2) 当 $a = -1$ 时,$R(\boldsymbol{\alpha}_1, \boldsymbol{\alpha}_2, \boldsymbol{\alpha}_3) = 2 \neq R(\boldsymbol{\beta}_1, \boldsymbol{\beta}_2, \boldsymbol{\beta}_3) = 3$,(Ⅰ)与(Ⅱ)不等价.

9.【证明】(1) 构造 $\boldsymbol{A} = \begin{pmatrix} \boldsymbol{\alpha}_1^{\mathrm{T}} \\ \boldsymbol{\alpha}_2^{\mathrm{T}} \\ \boldsymbol{\alpha}_3^{\mathrm{T}} \end{pmatrix}$, $R(\boldsymbol{A}) = 3$.

由 $\boldsymbol{\alpha}_1, \boldsymbol{\alpha}_2, \boldsymbol{\alpha}_3$ 与 $\boldsymbol{\beta}_1, \boldsymbol{\beta}_2$ 均正交,得 $\boldsymbol{\alpha}_i^{\mathrm{T}}\boldsymbol{\beta}_1 = 0, i = 1,2,3, \boldsymbol{\alpha}_i^{\mathrm{T}}\boldsymbol{\beta}_2 = 0, i = 1,2,3$,从而 $\boldsymbol{\beta}_1, \boldsymbol{\beta}_2$ 是 $\boldsymbol{A}\boldsymbol{x} = \boldsymbol{0}$ 的解.

故 $\boldsymbol{\beta}_1, \boldsymbol{\beta}_2$ 可由 $\boldsymbol{A}\boldsymbol{x} = \boldsymbol{0}$ 的基础解系线性表示,得 $R(\boldsymbol{\beta}_1, \boldsymbol{\beta}_2) \leqslant 4 - r(\boldsymbol{A}) = 1$,由 $\boldsymbol{\beta}_1, \boldsymbol{\beta}_2$ 均是非零向量得 $R(\boldsymbol{\beta}_1, \boldsymbol{\beta}_2) \geqslant 1$,从而 $R(\boldsymbol{\beta}_1, \boldsymbol{\beta}_2) = 1$,故 $\boldsymbol{\beta}_1, \boldsymbol{\beta}_2$ 线性相关.

(2) 令 $k_1\boldsymbol{\alpha}_1 + k_2\boldsymbol{\alpha}_2 + k_3\boldsymbol{\alpha}_3 + k\boldsymbol{\beta}_1 = \boldsymbol{0}$, $\qquad$ ①

左乘 $\boldsymbol{\beta}_1^{\mathrm{T}}$ 得,

$$k_1\boldsymbol{\beta}_1^{\mathrm{T}}\boldsymbol{\alpha}_1 + k_2\boldsymbol{\beta}_1^{\mathrm{T}}\boldsymbol{\alpha}_2 + k_3\boldsymbol{\beta}_1^{\mathrm{T}}\boldsymbol{\alpha}_3 + k\boldsymbol{\beta}_1^{\mathrm{T}}\boldsymbol{\beta}_1 = 0,$$

得 $k\boldsymbol{\beta}_1^{\mathrm{T}}\boldsymbol{\beta}_1 = 0$,由 $\boldsymbol{\beta}_1$ 非零得 $\boldsymbol{\beta}_1^{\mathrm{T}}\boldsymbol{\beta}_1 \neq 0$,得 $k = 0$.

将 $k = 0$ 代入 ① 式得

$$k_1\boldsymbol{\alpha}_1 + k_2\boldsymbol{\alpha}_2 + k_3\boldsymbol{\alpha}_3 = \boldsymbol{0},$$

得 $k_1 = k_2 = k_3 = 0$,故 $\boldsymbol{\alpha}_1, \boldsymbol{\alpha}_2, \boldsymbol{\alpha}_3, \boldsymbol{\beta}_1$ 线性无关.

10.【解】(1) 设从基 $\boldsymbol{\alpha}_1,\boldsymbol{\alpha}_2,\boldsymbol{\alpha}_3$ 到基 $\boldsymbol{\beta}_1,\boldsymbol{\beta}_2,\boldsymbol{\beta}_3$ 的过渡矩阵是 $\boldsymbol{C}$,则

$$(\boldsymbol{\beta}_1,\boldsymbol{\beta}_2,\boldsymbol{\beta}_3)=(\boldsymbol{\alpha}_1,\boldsymbol{\alpha}_2,\boldsymbol{\alpha}_3)\boldsymbol{C},$$

方法一： $\boldsymbol{C}=(\boldsymbol{\alpha}_1,\boldsymbol{\alpha}_2,\boldsymbol{\alpha}_3)^{-1}(\boldsymbol{\beta}_1,\boldsymbol{\beta}_2,\boldsymbol{\beta}_3)$

$$=\begin{pmatrix} 1 & 2 & 1 \\ 0 & 1 & 1 \\ -1 & 1 & 1 \end{pmatrix}^{-1}\begin{pmatrix} 0 & -1 & 1 \\ 1 & 1 & 2 \\ 1 & 0 & 1 \end{pmatrix}=\begin{pmatrix} 0 & 1 & 1 \\ -1 & -3 & -2 \\ 2 & 4 & 4 \end{pmatrix}.$$

方法二： 由

$$(\boldsymbol{\alpha}_1,\boldsymbol{\alpha}_2,\boldsymbol{\alpha}_3,\boldsymbol{\beta}_1,\boldsymbol{\beta}_2,\boldsymbol{\beta}_3)=\begin{pmatrix} 1 & 2 & 1 & 0 & -1 & 1 \\ 0 & 1 & 1 & 1 & 1 & 2 \\ -1 & 1 & 1 & 1 & 0 & 1 \end{pmatrix}\rightarrow\begin{pmatrix} 1 & 0 & 0 & 0 & 1 & 1 \\ 0 & 1 & 0 & -1 & -3 & -2 \\ 0 & 0 & 1 & 2 & 4 & 4 \end{pmatrix},$$

得 $\boldsymbol{C}=\begin{pmatrix} 0 & 1 & 1 \\ -1 & -3 & -2 \\ 2 & 4 & 4 \end{pmatrix}.$

(2) 设 $\boldsymbol{\gamma}$ 在基 $\boldsymbol{\alpha}_1,\boldsymbol{\alpha}_2,\boldsymbol{\alpha}_3$ 下的坐标是 $(x_1,x_2,x_3)^{\mathrm{T}}$,则

$$\boldsymbol{\gamma}=x_1\boldsymbol{\alpha}_1+x_2\boldsymbol{\alpha}_2+x_3\boldsymbol{\alpha}_3=(\boldsymbol{\alpha}_1,\boldsymbol{\alpha}_2,\boldsymbol{\alpha}_3)\begin{pmatrix} x_1 \\ x_2 \\ x_3 \end{pmatrix},$$

设 $\boldsymbol{\gamma}$ 在基 $\boldsymbol{\beta}_1,\boldsymbol{\beta}_2,\boldsymbol{\beta}_3$ 下的坐标是 $(y_1,y_2,y_3)^{\mathrm{T}}$,则

$$y_1\boldsymbol{\beta}_1+y_2\boldsymbol{\beta}_2+y_3\boldsymbol{\beta}_3=(\boldsymbol{\beta}_1,\boldsymbol{\beta}_2,\boldsymbol{\beta}_3)\begin{pmatrix} y_1 \\ y_2 \\ y_3 \end{pmatrix}=(\boldsymbol{\alpha}_1,\boldsymbol{\alpha}_2,\boldsymbol{\alpha}_3)\boldsymbol{C}\begin{pmatrix} y_1 \\ y_2 \\ y_3 \end{pmatrix},$$

即

$$\begin{cases} -y_2+y_3=9, \\ y_1+y_2+2y_3=6, \\ y_1+y_3=5, \end{cases}$$

解得

$$y_1=0,y_2=-4,y_3=5.$$

因此 $\boldsymbol{\gamma}$ 在基 $\boldsymbol{\beta}_1,\boldsymbol{\beta}_2,\boldsymbol{\beta}_3$ 下的坐标是 $(0,-4,5)^{\mathrm{T}}$.

由坐标变换公式 $\boldsymbol{x}=\boldsymbol{C}\boldsymbol{y}$,可得

$$\begin{pmatrix} x_1 \\ x_2 \\ x_3 \end{pmatrix}=\begin{pmatrix} 0 & 1 & 1 \\ -1 & -3 & -2 \\ 2 & 4 & 4 \end{pmatrix}\begin{pmatrix} 0 \\ -4 \\ 5 \end{pmatrix}=\begin{pmatrix} 1 \\ 2 \\ 4 \end{pmatrix},$$

则 $\boldsymbol{\gamma}$ 在基 $\boldsymbol{\alpha}_1,\boldsymbol{\alpha}_2,\boldsymbol{\alpha}_3$ 下的坐标是 $(1,2,4)^{\mathrm{T}}$.

(3) 设 $\boldsymbol{\delta}=x_1\boldsymbol{\alpha}_1+x_2\boldsymbol{\alpha}_2+x_3\boldsymbol{\alpha}_3=x_1\boldsymbol{\beta}_1+x_2\boldsymbol{\beta}_2+x_3\boldsymbol{\beta}_3$,则

$$x_1(\boldsymbol{\alpha}_1 - \boldsymbol{\beta}_1) + x_2(\boldsymbol{\alpha}_2 - \boldsymbol{\beta}_2) + x_3(\boldsymbol{\alpha}_3 - \boldsymbol{\beta}_3) = \boldsymbol{0},$$

可得

$$x_1\begin{pmatrix}1\\-1\\-2\end{pmatrix} + x_2\begin{pmatrix}3\\0\\1\end{pmatrix} + x_3\begin{pmatrix}0\\-1\\0\end{pmatrix} = \boldsymbol{0} \Rightarrow \begin{cases}x_1 + 3x_2 = 0,\\-x_1 - x_3 = 0, \Rightarrow x_1 = x_2 = x_3 = 0.\\-2x_1 + x_2 = 0\end{cases}$$

因此 $\boldsymbol{\delta} = \boldsymbol{0}$，即只有零向量在这两组基下具有相同的坐标.

方程组 —— 学情测评(A) 答案部分

一、选择题

1.【答案】(D)

【解析】由题设,行列式 $\begin{vmatrix} t-3 & 9 \\ 1 & t-3 \end{vmatrix} = t(t-6) \neq 0$,即 $t \neq 0$ 且 $t \neq 6$.

故选(D).

2.【答案】(B)

【解析】由 $\boldsymbol{AB} = \boldsymbol{O}$,得 $R(\boldsymbol{A}) + R(\boldsymbol{B}) \leqslant 3$.

当 $k=1, R(\boldsymbol{A})=1$,故 $R(\boldsymbol{B}) \leqslant 2$;当 $k=-3, R(\boldsymbol{A})=2$,故 $R(\boldsymbol{B}) \leqslant 1$,

由 $\boldsymbol{B}$ 是非零矩阵,所以 $R(\boldsymbol{B}) \geqslant 1$,得 $R(\boldsymbol{B}) = 1$.

故选(B).

3.【答案】(C)

【解析】由题设必有 $\boldsymbol{A}^* = \boldsymbol{O}$,从而 $R(\boldsymbol{A}) < n-1$,故 $\boldsymbol{Ax} = \boldsymbol{0}$ 的基础解系中所含解向量的个数 $k > 1$.

故选(C).

4.【答案】(C)

【解析】由 $\boldsymbol{Ax} = \boldsymbol{0}$ 的通解,可得 $\boldsymbol{Ax} = \boldsymbol{0}$ 的基础解系中只含一个解向量,则

$$R(\boldsymbol{A}) = R(\boldsymbol{\alpha}_1, \boldsymbol{\alpha}_2, \boldsymbol{\alpha}_3, \boldsymbol{\alpha}_4) = 3,$$

也可得 $\boldsymbol{A}\begin{pmatrix}1\\0\\-1\\2\end{pmatrix} = \boldsymbol{0}$,即

$$(\boldsymbol{\alpha}_1, \boldsymbol{\alpha}_2, \boldsymbol{\alpha}_3, \boldsymbol{\alpha}_4)\begin{pmatrix}1\\0\\-1\\2\end{pmatrix} = \boldsymbol{0} \Rightarrow \boldsymbol{\alpha}_1 - \boldsymbol{\alpha}_3 + 2\boldsymbol{\alpha}_4 = \boldsymbol{0},$$

故 $\boldsymbol{\alpha}_1, \boldsymbol{\alpha}_3, \boldsymbol{\alpha}_4$ 线性相关，即 $R(\boldsymbol{\alpha}_1, \boldsymbol{\alpha}_3, \boldsymbol{\alpha}_4) < 3$，可得 $(\boldsymbol{\alpha}_1, \boldsymbol{\alpha}_3, \boldsymbol{\alpha}_4)x = 0$ 有非零解.

故选(C).

5.【答案】(C)

【解析】方法一：由 $Ax = \boldsymbol{\alpha}_5$ 的通解形式可得，$(1, -1, 2, 0)^{\mathrm{T}}$ 为 $Ax = 0$ 的解，即

$$\boldsymbol{\alpha}_1 - \boldsymbol{\alpha}_2 + 2\boldsymbol{\alpha}_3 = 0, \tag{①}$$

$(2, 1, 0, 1)^{\mathrm{T}}$ 为 $Ax = \boldsymbol{\alpha}_5$ 的特解，即

$$2\boldsymbol{\alpha}_1 + \boldsymbol{\alpha}_2 + \boldsymbol{\alpha}_4 = \boldsymbol{\alpha}_5, \tag{②}$$

由 ② 可得 $2\boldsymbol{\alpha}_1 + \boldsymbol{\alpha}_2 + \boldsymbol{\alpha}_4 - \boldsymbol{\alpha}_5 = 0$，故(A) 项正确.

由 ① 可得 $\boldsymbol{\alpha}_2 = \boldsymbol{\alpha}_1 + 2\boldsymbol{\alpha}_3$，代入 ② 中得

$$3\boldsymbol{\alpha}_1 + 2\boldsymbol{\alpha}_3 + \boldsymbol{\alpha}_4 = \boldsymbol{\alpha}_5 \Rightarrow \boldsymbol{\alpha}_5 - \boldsymbol{\alpha}_4 - 2\boldsymbol{\alpha}_3 - 3\boldsymbol{\alpha}_1 = 0,$$

故(B) 项正确.

又由 ① 可得 $\boldsymbol{\alpha}_1 = \boldsymbol{\alpha}_2 - 2\boldsymbol{\alpha}_3$，代入 ② 中得

$$3\boldsymbol{\alpha}_2 - 4\boldsymbol{\alpha}_3 + \boldsymbol{\alpha}_4 = \boldsymbol{\alpha}_5 \Rightarrow \boldsymbol{\alpha}_5 - \boldsymbol{\alpha}_4 + 4\boldsymbol{\alpha}_3 - 3\boldsymbol{\alpha}_2 = 0,$$

故(D) 正确.

故选(C).

方法二：由 $Ax = 0$ 的通解形式可得，

$(k+2)\boldsymbol{\alpha}_1 + (1-k)\boldsymbol{\alpha}_2 + 2k\boldsymbol{\alpha}_3 + \boldsymbol{\alpha}_4 = \boldsymbol{\alpha}_5 \Rightarrow (k+2)\boldsymbol{\alpha}_1 + (1-k)\boldsymbol{\alpha}_2 + 2k\boldsymbol{\alpha}_3 + \boldsymbol{\alpha}_4 - \boldsymbol{\alpha}_5 = 0,$ 可见无论 k 取何值，必有 $\boldsymbol{\alpha}_4$.

故选(C).

二、填空题

6.【答案】$k \begin{bmatrix} 0 \\ 0 \\ -3 \\ -3 \end{bmatrix} + \begin{bmatrix} \dfrac{1}{2} \\ 1 \\ 0 \\ \dfrac{1}{2} \end{bmatrix}$ （k 为任意常数）

【解析】由 $R(A) = 3$，可得 $Ax = 0$ 的基础解系中有 $4 - 3 = 1$ 个解向量，则只需构造 $Ax = 0$ 的一个非零解即可.

由已知 $(\boldsymbol{\alpha}_1 + 2\boldsymbol{\alpha}_2 - \boldsymbol{\alpha}_3) - (\boldsymbol{\alpha}_2 + \boldsymbol{\alpha}_3) = \begin{bmatrix} 1 \\ 2 \\ 0 \\ 1 \end{bmatrix} - \begin{bmatrix} 1 \\ 2 \\ 3 \\ 4 \end{bmatrix} = \begin{bmatrix} 0 \\ 0 \\ -3 \\ -3 \end{bmatrix}$ 为 $Ax = 0$ 的非零解，

$$\frac{\boldsymbol{\alpha}_1 + 2\boldsymbol{\alpha}_2 - \boldsymbol{\alpha}_3}{2} = \begin{pmatrix} \dfrac{1}{2} \\ 1 \\ 0 \\ \dfrac{1}{2} \end{pmatrix} \text{ 或 } \frac{\boldsymbol{\alpha}_2 + \boldsymbol{\alpha}_3}{2} = \begin{pmatrix} \dfrac{1}{2} \\ 1 \\ \dfrac{3}{2} \\ 2 \end{pmatrix} \text{ 为 } \boldsymbol{Ax} = \boldsymbol{b} \text{ 的特解(不可给向量乘系数化元素为整数).}$$

故 $\boldsymbol{Ax} = \boldsymbol{b}$ 的通解为 $k\begin{pmatrix} 0 \\ 0 \\ -3 \\ -3 \end{pmatrix} + \begin{pmatrix} \dfrac{1}{2} \\ 1 \\ 0 \\ \dfrac{1}{2} \end{pmatrix}$ (k 为任意常数)(**注**:此通解不唯一).

7.【答案】$\boldsymbol{x} = \boldsymbol{\xi}_1 + k_1(\boldsymbol{\xi}_1 - \boldsymbol{\xi}_2) + k_2(\boldsymbol{\xi}_1 - \boldsymbol{\xi}_3), k_1, k_2 \in \mathbf{R}$

【解析】由解的性质可知,$\boldsymbol{\xi}_1 - \boldsymbol{\xi}_2, \boldsymbol{\xi}_1 - \boldsymbol{\xi}_3$ 是非齐次线性方程组对应的齐次线性方程组的两个线性无关的解向量,得 $4 - R(\boldsymbol{A}) \geqslant 2, R(\boldsymbol{A}) \leqslant 2$,又 $\begin{vmatrix} 2 & 2 \\ 1 & 7 \end{vmatrix} \neq 0, R(\boldsymbol{A}) \geqslant 2$,从而 $R(\boldsymbol{A}) = 2$,故 $\boldsymbol{\xi}_1 - \boldsymbol{\xi}_2, \boldsymbol{\xi}_1 - \boldsymbol{\xi}_3$ 就是对应齐次方程组的一组基础解系,由解的结构可知通解为 $\boldsymbol{x} = \boldsymbol{\xi}_1 + k_1(\boldsymbol{\xi}_1 - \boldsymbol{\xi}_2) + k_2(\boldsymbol{\xi}_1 - \boldsymbol{\xi}_3), k_1, k_2 \in \mathbf{R}$,即 $\boldsymbol{x} = (-9, 1, 2, 11)^{\mathrm{T}} + k_1(-10, 6, -11, 11)^{\mathrm{T}} + k_2(-2, 10, -22, 0)^{\mathrm{T}}, k_1, k_2 \in \mathbf{R}$.

三、解答题

8.【解】(1) 由 $\boldsymbol{AB} = \boldsymbol{O}$ 得 $\boldsymbol{B}$ 的列向量均是 $\boldsymbol{Ax} = \boldsymbol{0}$ 的解向量.

由 $\boldsymbol{B} \neq \boldsymbol{O}$,得 $\boldsymbol{Ax} = \boldsymbol{0}$ 有非零解,得 $|\boldsymbol{A}| = \begin{vmatrix} 1 & 2 & -2 \\ 2 & -1 & \lambda \\ 3 & 1 & -1 \end{vmatrix} = 5(\lambda - 1) = 0$,得 $\lambda = 1$.

(2) 由 $\boldsymbol{B}$ 的列向量是 $\boldsymbol{Ax} = \boldsymbol{0}$ 的解向量,故 $\boldsymbol{B}$ 的列向量可由 $\boldsymbol{Ax} = \boldsymbol{0}$ 的基础解系表示,得 $R(\boldsymbol{B}) \leqslant n - R(\boldsymbol{A})$,又 $\lambda = 1 \Rightarrow R(\boldsymbol{A}) = 2$,得 $R(\boldsymbol{B}) \leqslant n - R(\boldsymbol{A}) = 3 - 2 = 1$,得 $|\boldsymbol{B}| = 0$.

9.【解】由 $\boldsymbol{AB} = \boldsymbol{O}$ 得 $R(\boldsymbol{A}) + R(\boldsymbol{B}) \leqslant 3$,得 $1 \leqslant R(\boldsymbol{A}) \leqslant 2, 1 \leqslant R(\boldsymbol{B}) \leqslant 2$.

(1) 当 $R(\boldsymbol{A}) = 2$ 时,$\boldsymbol{Ax} = \boldsymbol{0}$ 的基础解系中只有一个解向量,由 $\boldsymbol{AB} = \boldsymbol{O}$,得 $\boldsymbol{\alpha}_1 = (1, 2, 3)^{\mathrm{T}}$ 为 $\boldsymbol{Ax} = \boldsymbol{0}$ 的一个基础解系,此时通解为 $\boldsymbol{x} = k\boldsymbol{\alpha}_1, k \in \mathbf{R}$.

(2) 当 $R(\boldsymbol{A}) = 1$ 时,$k \neq 9$ 时,得 $\boldsymbol{Ax} = \boldsymbol{0}$ 的一个基础解系 $\boldsymbol{\alpha}_1 = (1, 2, 3)^{\mathrm{T}}, \boldsymbol{\alpha}_2 = (3, 6, k)^{\mathrm{T}}$,$\boldsymbol{Ax} = \boldsymbol{0}$ 的通解为 $k_1(1, 2, 3)^{\mathrm{T}} + k_2(3, 6, k)^{\mathrm{T}}, k_1, k_2 \in \mathbf{R}$.

当 $k = 9$ 时,知 $\boldsymbol{Ax} = \boldsymbol{0}$ 的一个解为 $\boldsymbol{\alpha}_1 = (1, 2, 3)^{\mathrm{T}}$,由 $\boldsymbol{Ax} = \boldsymbol{0}$ 和 $ax_1 + bx_2 + cx_3 = 0$ 同解,又 a, b, c 不全为零,不妨设 $a \neq 0$,得 $\boldsymbol{\beta} = \left(-\dfrac{b}{a}, 1, 0\right)^{\mathrm{T}}$ 是 $\boldsymbol{Ax} = \boldsymbol{0}$ 的一个解,又 $\boldsymbol{\beta}$ 与 $\boldsymbol{\alpha}_1$ 线性无关,得 $\boldsymbol{Ax} = \boldsymbol{0}$ 通解 $\boldsymbol{x} = k_1\boldsymbol{\beta} + k_2\boldsymbol{\alpha}_1, k_1, k_2 \in \mathbf{R}$.

10.【解】$\bar{A} = \begin{pmatrix} 2 & -2 & 1 & -1 & 1 & 1 \\ 1 & 2 & -1 & 1 & -2 & 1 \\ 4 & -10 & 5 & -5 & 7 & 1 \\ 2 & -14 & 7 & -7 & 11 & -1 \end{pmatrix} \rightarrow \begin{pmatrix} 1 & 2 & -1 & 1 & -2 & 1 \\ 0 & -6 & 3 & -3 & 5 & -1 \\ 0 & 0 & 0 & 0 & 0 & 0 \\ 0 & 0 & 0 & 0 & 0 & 0 \end{pmatrix}$,

选取 x_3, x_4, x_5 为自由未知量，x_1, x_2 为非自由未知量.

令 $x_3 = 2, x_4 = 0, x_5 = 0$，得 $x_2 = 1, x_1 = 0$，得 $\boldsymbol{\alpha}_1 = (0, 1, 2, 0, 0)^T$.

令 $x_3 = 0, x_4 = 2, x_5 = 0$，得 $x_2 = -1, x_1 = 0$，得 $\boldsymbol{\alpha}_2 = (0, -1, 0, 2, 0)^T$.

令 $x_3 = 0, x_4 = 0, x_5 = 6$，得 $x_2 = 5, x_1 = 2$，得 $\boldsymbol{\alpha}_3 = (2, 5, 0, 0, 6)^T$.

令 $x_3 = 0, x_4 = 0, x_5 = 0$，得 $x_2 = \dfrac{1}{6}, x_1 = \dfrac{2}{3}$，得 $\boldsymbol{\eta} = \left(\dfrac{2}{3}, \dfrac{1}{6}, 0, 0, 0\right)^T$.

其中 $\boldsymbol{\alpha}_1, \boldsymbol{\alpha}_2, \boldsymbol{\alpha}_3$ 是非齐次方程组对应的齐次方程的基础解系，$\boldsymbol{\eta}$ 是非齐次方程组的一个特解，故方程组的通解为 $\boldsymbol{x} = \boldsymbol{\eta} + k_1 \boldsymbol{\alpha}_1 + k_2 \boldsymbol{\alpha}_2 + k_3 \boldsymbol{\alpha}_3, k_1, k_2, k_3 \in \mathbf{R}$.

11.【解】设所求齐次线性方程组为 $\boldsymbol{Ax} = \boldsymbol{0}$,

由 $\boldsymbol{A\alpha}_1 = \boldsymbol{0}, \boldsymbol{A\alpha}_2 = \boldsymbol{0}, \boldsymbol{A}(\boldsymbol{\alpha}_1, \boldsymbol{\alpha}_2) = \boldsymbol{0}, (\boldsymbol{\alpha}_1, \boldsymbol{\alpha}_2)^T \boldsymbol{A}^T = \boldsymbol{0}$，令 $\boldsymbol{B} = (\boldsymbol{\alpha}_1, \boldsymbol{\alpha}_2)^T$，$\boldsymbol{A}^T$ 的列向量可由 $\boldsymbol{Bx} = \boldsymbol{0}$ 的基础解系线性表出.

又 $\boldsymbol{B} = \begin{pmatrix} \boldsymbol{\alpha}_1^T \\ \boldsymbol{\alpha}_2^T \end{pmatrix} = \begin{pmatrix} 0 & 1 & 2 & 3 \\ 3 & 2 & 1 & 0 \end{pmatrix} \rightarrow \begin{pmatrix} 1 & 0 & -1 & -2 \\ 0 & 1 & 2 & 3 \end{pmatrix}$，则 $\boldsymbol{Bx} = \boldsymbol{0}$ 的一个基础解系为 $\boldsymbol{\eta}_1 =$

$(1, -2, 1, 0)^T, \boldsymbol{\eta}_2 = (2, -3, 0, 1)^T$，故 $\boldsymbol{A}^T = (\boldsymbol{\eta}_1, \boldsymbol{\eta}_2)$，得 $\boldsymbol{A} = (\boldsymbol{\eta}_1, \boldsymbol{\eta}_2)^T = \begin{pmatrix} 1 & -2 & 1 & 0 \\ 2 & -3 & 0 & 1 \end{pmatrix}$，故

所求齐次方程组为 $\begin{cases} x_1 - 2x_2 + x_3 = 0, \\ 2x_2 - 3x_3 + x_4 = 0. \end{cases}$

12.【解】(1) 对线性方程组（Ⅰ）的系数矩阵进行初等行变换，化为行阶梯形

$$\boldsymbol{A} = \begin{pmatrix} 1 & 1 & 0 & 0 \\ 0 & 1 & 0 & -1 \end{pmatrix} \rightarrow \begin{pmatrix} 1 & 0 & 0 & 1 \\ 0 & 1 & 0 & -1 \end{pmatrix},$$

得 $\boldsymbol{\alpha}_1 = (0, 0, 1, 0)^T, \boldsymbol{\alpha}_2 = (-1, 1, 0, 1)^T$ 为线性方程组（Ⅰ）的一组基础解系.

对线性方程组（Ⅱ）的系数矩阵进行初等行变换，化为行阶梯形

$$\boldsymbol{A} = \begin{pmatrix} 1 & -1 & 1 & 0 \\ 0 & 1 & -1 & 1 \end{pmatrix},$$

得 $\boldsymbol{\eta}_1 = (1, 1, 0, -1)^T, \boldsymbol{\eta}_2 = (-1, 0, 1, 1)^T$ 为线性方程组（Ⅱ）的一组基础解系.

(2) **方法一**：将线性方程组（Ⅰ）的通解 $\boldsymbol{x} = k_1 \boldsymbol{\alpha}_1 + k_2 \boldsymbol{\alpha}_2 = (-k_2, k_2, k_1, k_2)^T$，代入（Ⅱ）得

$\begin{cases} -k_2 - k_2 + k_1 = 0, \\ k_2 - k_1 + k_2 = 0, \end{cases}$ 得 $k_1 = 2k_2$，这说明（Ⅰ）的形如 $\boldsymbol{x} = (-k_2, k_2, 2k_2, k_2)^T$ 的解也是（Ⅱ）的

解，从而是（Ⅰ）和（Ⅱ）的公共解，于是公共解为

$$\boldsymbol{x} = k(-1, 1, 2, 1)^T, k \in \mathbf{R}.$$

方法二:将线性方程组（Ⅰ）和线性方程组（Ⅱ）联立求解.

$$\begin{cases} x_1 + x_2 = 0, \\ x_2 - x_4 = 0, \\ x_1 - x_2 + x_3 = 0, \\ x_2 - x_3 + x_4 = 0, \end{cases}$$

其系数矩阵 $\begin{pmatrix} 1 & 1 & 0 & 0 \\ 0 & 1 & 0 & -1 \\ 1 & -1 & 1 & 0 \\ 0 & 1 & -1 & 1 \end{pmatrix} \rightarrow \begin{pmatrix} 1 & 0 & 0 & 1 \\ 0 & 1 & 0 & -1 \\ 0 & 0 & 1 & -2 \\ 0 & 0 & 0 & 0 \end{pmatrix}$，得其一个基础解系为 $\boldsymbol{\alpha} =$

$(-1,1,2,1)^{\mathrm{T}}$,于是（Ⅰ）和（Ⅱ）的公共解 $\boldsymbol{x} = k(-1,1,2,1)^{\mathrm{T}}, k \in \mathbf{R}$.

方程组 —— 学情测评(B) 答案部分

一、选择题

1.【答案】(B)

取 $(\boldsymbol{A}, \boldsymbol{b}) = \begin{pmatrix} 1 & 0 & 1 \\ 0 & 1 & 2 \\ 0 & 0 & 3 \end{pmatrix}$,满足 $\boldsymbol{A}$ 的列向量组无关,但 $R(\boldsymbol{A}) \neq R(\boldsymbol{A}, \boldsymbol{b})$,则 $\boldsymbol{Ax} = \boldsymbol{b}$ 无解,排

除(A) 项.

取 $(\boldsymbol{A}, \boldsymbol{b}) = \begin{pmatrix} 1 & 0 & 0 & 1 \\ 0 & 1 & 2 & 2 \\ 0 & 0 & 0 & 3 \end{pmatrix}$,满足 $\boldsymbol{A}$ 的列向量组相关,也满足 $\boldsymbol{A}$ 的行向量相关,但 $R(\boldsymbol{A}) \neq$

$R(\boldsymbol{A}, \boldsymbol{b})$,则 $\boldsymbol{Ax} = \boldsymbol{b}$ 无解,排除(C)、(D) 两项.

因为 $\boldsymbol{A}$ 的行向量组线性无关,可得 $R(\boldsymbol{A}) = m$,而 $m = R(\boldsymbol{A}) \leqslant R(\boldsymbol{A}, \boldsymbol{b}) \leqslant m$ (m 为矩阵 $(\boldsymbol{A}, \boldsymbol{b})$ 的行数),则 $R(\boldsymbol{A}, \boldsymbol{b}) = m$,因此 $R(\boldsymbol{A}) = R(\boldsymbol{A}, \boldsymbol{b})$,故 $\boldsymbol{Ax} = \boldsymbol{b}$ 有解.

故选(B).

2.【答案】(B)

【解析】方法一(直接法):由已知可得 $\boldsymbol{Ax} = \boldsymbol{b}$ 的通解 $\begin{pmatrix} x_1 \\ x_2 \\ x_3 \\ x_4 \end{pmatrix} = \begin{pmatrix} k_1 + 4k_2 + 1 \\ 2k_1 - k_2 \\ -k_2 - 1 \\ -2k_1 - k_2 + 1 \end{pmatrix}$,

$\boldsymbol{\alpha}_i$ 是否为 $Ax=b$ 的解, 只需看是否存在 k_1,k_2, 使 $\begin{pmatrix} k_1+4k_2+1 \\ 2k_1-k_2 \\ -k_2-1 \\ -2k_1-k_2+1 \end{pmatrix}=\boldsymbol{\alpha}_i$,

将 $\boldsymbol{\alpha}_1,\boldsymbol{\alpha}_2,\boldsymbol{\alpha}_3,\boldsymbol{\alpha}_4$ 依次代入, 只有 $\boldsymbol{\alpha}_2=\begin{pmatrix} 6 \\ 1 \\ -2 \\ -2 \end{pmatrix}$ 满足条件 $\Rightarrow k_1=1,k_2=1$.

故选(B).

方法二(特殊法): $\boldsymbol{\alpha}_1=\boldsymbol{\xi}_1$, 即 $\boldsymbol{\alpha}_1$ 为 $Ax=0$ 的解, 则排除(A)项.

$\boldsymbol{\alpha}_4=\boldsymbol{\xi}_1+\boldsymbol{\xi}_2$, 即 $\boldsymbol{\alpha}_4$ 也为 $Ax=0$ 的解, 则排除(D)项.

对于(B)、(C)两项, 显然 $\boldsymbol{\alpha}_2=\boldsymbol{\xi}_1+\boldsymbol{\xi}_2+\boldsymbol{\eta}$, 则 $\boldsymbol{\alpha}_2$ 为 $Ax=b$ 的解.

故选(B).

3.【答案】(C)

【解析】由于 $Ax=0$ 的任一非零解都可由向量 $\boldsymbol{\alpha}$ 线性表示, 则可得 $Ax=0$ 的基础解系中只有 1 个解向量, 若含 2 个解向量, 必线性无关, 不可能由同一个向量 $\boldsymbol{\alpha}$ 表示, 因此 $R(A)=2$, 即 $|A|=0 \Rightarrow a=4$ 或 -4.

故选(C).

4.【答案】(B)

【解析】由于 $\boldsymbol{\eta}_1,\boldsymbol{\eta}_2$ 为 $Ax=b$ 的两个不同解, 则可得 $Ax=b$ 有无穷解, 即 $R(A)=R(A \vdots b)<n$, 又因为 $A_{12}\neq 0$, 则可得 $|A|$ 中至少有一个 $n-1$ 阶子式不为 0, 即 $R(A)\geqslant n-1$, 故 $R(A)=n-1$, 那么 $Ax=0$ 的基础解系中解向量的个数为 1 个.

故选(B).

二、填空题

5.【答案】$k(3,1,-1)^{\mathrm{T}}+(0,4,0)^{\mathrm{T}}$ (k 为任意常数)

【解析】由于 $\boldsymbol{\eta}_1,\boldsymbol{\eta}_2$ 为此非齐次方程组 $Ax=b$ 的两个不同解, 则可得 $Ax=b$ 有无穷解, 即 $R(A)=R(A \vdots b)<3$.

而 $(A \vdots b)=\begin{pmatrix} 1 & 1 & 4 & 4 \\ 1 & -1 & 2 & -4 \\ a_1 & a_2 & a_3 & a_4 \end{pmatrix}$ 中第一行与第二行不成比例, 则 $R(A)=R(A \vdots b)=2$,

因此 $Ax=0$ 的基础解系中只含一个解向量, 则只需找一个非零解即可, $\boldsymbol{\eta}_1-\boldsymbol{\eta}_2=(3,1,-1)^{\mathrm{T}}$ 为 $Ax=0$ 的一个非零解, $\boldsymbol{\eta}_1$ 或 $\boldsymbol{\eta}_2$ 为 $Ax=b$ 的特解, 故此方程的通解为 $k(3,1,-1)^{\mathrm{T}}+(0,4,0)^{\mathrm{T}}$ (k 为任意常数).

6.【答案】$k_1(1,3,5)^{\mathrm{T}}+k_2(2,5,7)^{\mathrm{T}}$ (k_1,k_2 为任意常数)

【解析】由 $AB=O \Rightarrow R(A)+R(B) \leqslant 3$，又因为 $R(A)=2$，且 B 为非零矩阵，则可得 $R(B)=1$，即 $R(B^T)=1$，故 $B^T x=0$ 的基础解系中含 2 个解向量，又由 $AB=O \Rightarrow B^T A^T=O$，$A^T$ 的列向量都为 $B^T x=0$ 的解向量，从 A^T 的列向量找两个线性无关列向量就是 $B^T x=0$ 的基础解系，因此 $B^T x=0$ 的通解为 $k_1(1,3,5)^T+k_2(2,5,7)^T$（$k_1,k_2$ 为任意常数）.

7.【答案】$(1,0,0)^T$

【解析】**方法一**：由于 3 阶矩阵 A 为正交矩阵，则 $R(A)=R(A \vdots b)=3$，故 $Ax=b$ 有唯一解. 又因为正交矩阵的特点是行与列向量都为单位向量，模长为 1，由 $a_{11}=1$，可得 $(1,0,0)$，第一列也为 $(1,0,0)^T$，又因为 $AA^T=E=\begin{pmatrix} 1 & 0 & 0 \\ 0 & 1 & 0 \\ 0 & 0 & 1 \end{pmatrix}$，则 $A\begin{pmatrix} 1 \\ 0 \\ 0 \end{pmatrix}=\begin{pmatrix} 1 \\ 0 \\ 0 \end{pmatrix}$，故 $(1,0,0)^T$ 为 $Ax=b$ 的唯一解.

方法二：由 A 是正交矩阵，得 $R(A)=R(A \vdots b)=3$，说明 $Ax=b$ 有唯一解，则可找一个满足 $a_{11}=1$ 的正交矩阵，设 $A=\begin{pmatrix} 1 & 0 & 0 \\ 0 & 1 & 0 \\ 0 & 0 & 1 \end{pmatrix}=E$，故 $A\begin{pmatrix} 1 \\ 0 \\ 0 \end{pmatrix}=\begin{pmatrix} 1 \\ 0 \\ 0 \end{pmatrix}$，因此 $(1,0,0)^T$ 为 $Ax=0$ 的唯一解.

三、解答题

8.【解】对方程组的增广矩阵 $\overline{A}=(A \vdots b)$ 进行初等行变换，化为行阶梯形

$$\overline{A}=(A \vdots b)=\begin{pmatrix} 1 & 1 & -2 & 3 & \vdots & 0 \\ 2 & 1 & -6 & 4 & \vdots & -1 \\ 3 & 2 & p & 7 & \vdots & -1 \\ 1 & -1 & -6 & -1 & \vdots & t \end{pmatrix} \rightarrow \begin{pmatrix} 1 & 1 & -2 & 3 & 0 \\ 0 & 1 & 2 & 2 & 1 \\ 0 & 0 & p+8 & 0 & 0 \\ 0 & 0 & 0 & 0 & \vdots & t+2 \end{pmatrix},$$

当 $t \neq -2$ 时，对任意 p，$R(A) \neq R(\overline{A})$，此时方程组无解；

当 $t=-2$ 时，$R(A)=R(\overline{A})$，方程组有解，

当 $p \neq -8$，$R(A)=R(\overline{A})=3<4$，$\overline{A} \rightarrow \begin{pmatrix} 1 & 0 & 0 & 1 & \vdots & -1 \\ 0 & 1 & 0 & 2 & \vdots & 1 \\ 0 & 0 & 1 & 0 & \vdots & 0 \\ 0 & 0 & 0 & 0 & \vdots & 0 \end{pmatrix}$，通解

$$x=k\begin{pmatrix} -1 \\ -2 \\ 0 \\ 1 \end{pmatrix}+\begin{pmatrix} -1 \\ 1 \\ 0 \\ 0 \end{pmatrix}, k \in \mathbf{R};$$

又当 $p=-8,R(\boldsymbol{A})=R(\overline{\boldsymbol{A}})=2<4,\overline{\boldsymbol{A}}\rightarrow\begin{pmatrix}1 & 0 & -4 & 1 & \vdots & -1 \\ 0 & 1 & 2 & 2 & \vdots & 1 \\ 0 & 0 & 0 & 0 & \vdots & 0 \\ 0 & 0 & 0 & 0 & \vdots & 0\end{pmatrix}$,通解

$$\boldsymbol{x}=k_1\begin{pmatrix}4 \\ -2 \\ 1 \\ 0\end{pmatrix}+k_2\begin{pmatrix}-1 \\ -2 \\ 0 \\ 1\end{pmatrix}+\begin{pmatrix}-1 \\ 1 \\ 0 \\ 0\end{pmatrix},k_1,k_2\in\mathbf{R}.$$

9.【解】$|\boldsymbol{A}|=\begin{vmatrix}1 & 1 & 1 \\ a & b & c \\ a^2 & b^2 & c^2\end{vmatrix}=(c-b)(c-a)(b-a),$

(1) 当 $b\neq a,b\neq c,a\neq c$ 时，$|\boldsymbol{A}|\neq0$,方程组仅有零解.

(2) 当 $a=b\neq c$ 时，

$$\boldsymbol{A}=\begin{pmatrix}1 & 1 & 1 \\ a & a & c \\ a^2 & a^2 & c^2\end{pmatrix}\rightarrow\begin{pmatrix}1 & 1 & 1 \\ 0 & 0 & c-a \\ 0 & 0 & c^2-a^2\end{pmatrix}\rightarrow\begin{pmatrix}1 & 1 & 1 \\ 0 & 0 & 1 \\ 0 & 0 & 0\end{pmatrix}\rightarrow\begin{pmatrix}1 & 1 & 0 \\ 0 & 0 & 1 \\ 0 & 0 & 0\end{pmatrix},$$

通解 $\boldsymbol{x}=k(-1,1,0)^{\mathrm{T}},k\in\mathbf{R}.$

同理当 $a=c\neq b$ 时,通解 $\boldsymbol{x}=k(-1,0,1)^{\mathrm{T}},k\in\mathbf{R},$

当 $a\neq b=c$ 时,通解 $\boldsymbol{x}=k(0,-1,1)^{\mathrm{T}},k\in\mathbf{R},$

当 $a=b=c$ 时,$\boldsymbol{A}\rightarrow\begin{pmatrix}1 & 1 & 1 \\ 0 & 0 & 0 \\ 0 & 0 & 0\end{pmatrix}$,通解 $\boldsymbol{x}=k_1\begin{pmatrix}-1 \\ 1 \\ 0\end{pmatrix}+k_2\begin{pmatrix}-1 \\ 0 \\ 1\end{pmatrix},k_1,k_2\in\mathbf{R}.$

10.【证明】由 $R(\boldsymbol{A})=n,\boldsymbol{A}=\begin{pmatrix}\boldsymbol{\alpha}_1 \\ \boldsymbol{\alpha}_2 \\ \vdots \\ \boldsymbol{\alpha}_n\end{pmatrix}$,得 $R\begin{pmatrix}\boldsymbol{\alpha}_1 \\ \boldsymbol{\alpha}_2 \\ \vdots \\ \boldsymbol{\alpha}_r\end{pmatrix}=r.$ 故 $\begin{pmatrix}\boldsymbol{\alpha}_1 \\ \boldsymbol{\alpha}_2 \\ \vdots \\ \boldsymbol{\alpha}_r\end{pmatrix}\boldsymbol{x}=\boldsymbol{0}$ 的基础解系中含有 $n-r$

个线性无关的向量.

利用行列式按行展开的形式代入验证得

$$\begin{pmatrix}\boldsymbol{\alpha}_1 \\ \boldsymbol{\alpha}_2 \\ \vdots \\ \boldsymbol{\alpha}_r\end{pmatrix}\boldsymbol{\beta}_i=\begin{pmatrix}a_{11} & a_{12} & \cdots & a_{1n} \\ a_{21} & a_{22} & \cdots & a_{2n} \\ \vdots & \vdots & & \vdots \\ a_{r1} & a_{r2} & \cdots & a_{rn}\end{pmatrix}\begin{pmatrix}A_{r+i,1} \\ A_{r+i,2} \\ \vdots \\ A_{r+i,n}\end{pmatrix}=\begin{pmatrix}0 \\ 0 \\ \vdots \\ 0\end{pmatrix},i=1,2,\cdots,n-r,$$

故 $\boldsymbol{\beta}_1,\boldsymbol{\beta}_2,\cdots,\boldsymbol{\beta}_{n-r}$ 是 $\begin{pmatrix} \boldsymbol{\alpha}_1 \\ \boldsymbol{\alpha}_2 \\ \vdots \\ \boldsymbol{\alpha}_r \end{pmatrix} x = \boldsymbol{0}$ 的解向量.

又由 $R(\boldsymbol{A})=n,R(\boldsymbol{A}^*)=n,\boldsymbol{A}^*$ 的列向量线性无关,再结合向量组整体线性无关则部分线性无关,得 $\boldsymbol{\beta}_1,\boldsymbol{\beta}_2,\cdots,\boldsymbol{\beta}_{n-r}$ 线性无关,故 $\boldsymbol{\beta}_1,\boldsymbol{\beta}_2,\cdots,\boldsymbol{\beta}_{n-r}$ 是 $\begin{pmatrix} \boldsymbol{\alpha}_1 \\ \boldsymbol{\alpha}_2 \\ \vdots \\ \boldsymbol{\alpha}_r \end{pmatrix} x = \boldsymbol{0}$ 的一组基础解系.

11.【解】由 $\boldsymbol{AX}=\boldsymbol{B}$,求未知矩阵 $\boldsymbol{X}$,相当于将未知矩阵 $\boldsymbol{X}=(\boldsymbol{X}_1,\boldsymbol{X}_2,\boldsymbol{X}_3)$ 和 $\boldsymbol{B}=(\boldsymbol{B}_1,\boldsymbol{B}_2,\boldsymbol{B}_3)$ 进行列分块,转化成 3 个非齐次线性方程组 $\boldsymbol{AX}_i=\boldsymbol{B}_i,i=1,2,3$ 的求解.

由 $(\boldsymbol{A},\boldsymbol{B})=\begin{pmatrix} 1 & 3 & 3 & 2 & -1 & 1 \\ 2 & 6 & 9 & 7 & 4 & -1 \\ -1 & -3 & 4 & 4 & 13 & -7 \end{pmatrix} \rightarrow \begin{pmatrix} 1 & 3 & 0 & -1 & -7 & 4 \\ 0 & 0 & 1 & 1 & 2 & -1 \\ 0 & 0 & 0 & 0 & 0 & 0 \end{pmatrix}$,

得 $\boldsymbol{X}_1=(-3k_1-1,k_1,1)^{\mathrm{T}},\boldsymbol{X}_2=(-3k_2-7,k_2,2)^{\mathrm{T}},\boldsymbol{X}_3=(-3k_3+4,k_3,-1)^{\mathrm{T}}$,

故未知矩阵 $\boldsymbol{X}=\begin{pmatrix} -3k_1-1 & -3k_2-7 & -3k_3+4 \\ k_1 & k_2 & k_3 \\ 1 & 2 & -1 \end{pmatrix},k_1,k_2,k_3 \in \mathbf{R}.$

12.【解】(1) 由于 $\boldsymbol{\xi}_1,\boldsymbol{\xi}_2$ 为 $\boldsymbol{Ax}=\boldsymbol{0}$ 的基础解系,则 $\boldsymbol{A}(\boldsymbol{\xi}_1,\boldsymbol{\xi}_2)=\boldsymbol{0}$,

记 $\boldsymbol{B}=(\boldsymbol{\xi}_1,\boldsymbol{\xi}_2)=\begin{pmatrix} 1 & 1 \\ 3 & 2 \\ 0 & -1 \\ 2 & 3 \end{pmatrix}$,则 $\boldsymbol{AB}=\boldsymbol{O} \Rightarrow \boldsymbol{B}^{\mathrm{T}}\boldsymbol{A}^{\mathrm{T}}=\boldsymbol{O}$,若令 $\boldsymbol{A}^{\mathrm{T}}=x$,则 $\boldsymbol{B}^{\mathrm{T}}x=\boldsymbol{0}$. 又

$$\boldsymbol{B}^{\mathrm{T}}=\begin{pmatrix} 1 & 3 & 0 & 2 \\ 1 & 2 & -1 & 3 \end{pmatrix} \rightarrow \begin{pmatrix} 1 & 0 & -3 & 5 \\ 0 & 1 & 1 & -1 \end{pmatrix},$$

则 $\boldsymbol{B}^{\mathrm{T}}x=\boldsymbol{0}$ 的基础解系为 $\boldsymbol{\alpha}_1=(3,-1,1,0)^{\mathrm{T}},\boldsymbol{\alpha}_2=(-5,1,0,1)^{\mathrm{T}}$,因此 $\boldsymbol{A}^{\mathrm{T}}=(k_1\boldsymbol{\alpha}_1,k_2\boldsymbol{\alpha}_2)$,故

$$\boldsymbol{A}=\begin{pmatrix} 3k_1 & -k_1 & k_1 & 0 \\ -5k_2 & k_2 & 0 & k_2 \end{pmatrix},k_1,k_2 \text{ 为任意非零常数.}$$

(2) 要使 $\boldsymbol{Ax}=\boldsymbol{0}$ 与 $\boldsymbol{Bx}=\boldsymbol{0}$ 有非零公共解,即存在一组不全为零的数 k_1,k_2,k_3,k_4,使 $k_1\boldsymbol{\xi}_1+k_2\boldsymbol{\xi}_2=k_3\boldsymbol{\eta}_1+k_4\boldsymbol{\eta}_2$,令 $\boldsymbol{P}=(\boldsymbol{\xi}_1,\boldsymbol{\xi}_2,\boldsymbol{\eta}_1,\boldsymbol{\eta}_2),x=(k_1,k_2,-k_3,-k_4)^{\mathrm{T}}$,则此方程为 $\boldsymbol{Px}=\boldsymbol{0}$.

要使 $\boldsymbol{Px}=\boldsymbol{0}$ 有非零解,即 $R(\boldsymbol{P})<4$.

$$\boldsymbol{P}=\begin{pmatrix} 1 & 1 & 1 & 0 \\ 3 & 2 & 1 & -3 \\ 0 & -1 & 2 & 1 \\ 2 & 3 & 1 & a+1 \end{pmatrix} \rightarrow \begin{pmatrix} 1 & 1 & 1 & 0 \\ 0 & 1 & 2 & 3 \\ 0 & 0 & 1 & 1 \\ 0 & 0 & 0 & a+1 \end{pmatrix},$$

当 $a=-1$ 时，$Px=0$ 有非零解，即 $Ax=0$ 与 $Bx=0$ 有非零公共解，解得 $Px=0$ 的非零解为 $C(2,-1,-1,1)^{\mathrm{T}}$（$C$ 为非零常数），即 $k_1=2C,k_2=-C,k_3=C,k_4=-C$.

因此 $Ax=0$ 与 $Bx=0$ 有非零公共解为 $2C\boldsymbol{\xi}_1-C\boldsymbol{\xi}_2=C(2\boldsymbol{\xi}_1-\boldsymbol{\xi}_2)=C(1,4,1,1)^{\mathrm{T}}$ 或 $C\boldsymbol{\eta}_1-C\boldsymbol{\eta}_2=C(\boldsymbol{\eta}_1-\boldsymbol{\eta}_2)=C(1,4,1,1)^{\mathrm{T}}$（$C$ 为任意非零常数）.